普通高等教育信息技术类系列教材

数字素养与人工智能技术应用

主　编　胡成松　周　兵
副主编　刘雄华　陈立佳　宋文哲　吴　悦

科学出版社
北　京

内 容 简 介

数字素养是数字化时代学生必备的核心素养，全面提升学生数字素养是培养数字化时代创新人才的必由之路。本书共 10 章，内容涵盖信息技术基础、新兴信息技术、人工智能概述、生成式人工智能与提示词工程、AI 工具的实用技能及人工智能素养与风险。读者通过学习本书，不仅能够掌握信息技术和人工智能的核心技术和应用方法，还能够培养批判性思维和伦理意识。

本书适合作为高等院校信息技术和人工智能相关专业的教材，也可作为对相关领域感兴趣的自学者的参考书。

图书在版编目（CIP）数据

数字素养与人工智能技术应用 / 胡成松, 周兵主编. -- 北京 : 科学出版社, 2025. 8. -- (普通高等教育信息技术类系列教材). -- ISBN 978-7-03-082297-0

Ⅰ. TP18

中国国家版本馆 CIP 数据核字第 2025XP3146 号

责任编辑：戴 薇 李 莎 / 责任校对：赵丽杰

责任印制：吕春珉 / 封面设计：东方人华平面设计部

科学出版社 出版

北京东黄城根北街 16 号

邮政编码：100717

http://www.sciencep.com

三河市骏杰印刷有限公司印刷

科学出版社发行　各地新华书店经销

*

2025 年 8 月第 一 版　开本：787×1092 1/16

2025 年 8 月第一次印刷　印张：15 3/4

字数：369 000

定价：59.00 元

（如有印装质量问题，我社负责调换）

销售部电话 010-62136230　编辑部电话 010-62138978-2046

前　　言

在信息技术迅猛发展的今天，人工智能（artificial intelligence，AI）正逐渐渗透到人们生活的方方面面，从智能手机到自动驾驶汽车，从智能家居到智慧城市，人工智能的应用无处不在。为了适应这一时代潮流，培养具有创新精神和实践能力的新兴信息技术人才，我们精心编写了本书。

本书旨在为读者提供一个全面、系统的学习平台，以掌握信息技术和人工智能领域的基础知识和应用技能。本书内容紧跟时代发展，覆盖了从基础理论到前沿应用的广泛主题，主要具有以下特点。

（1）系统性与前沿性。本书内容系统全面，既包括信息技术基础和新兴信息技术的介绍，也涵盖人工智能的基本概念及多种 AI 工具的应用，确保读者能够紧跟技术发展的步伐。

（2）融入课程思政。本书在介绍技术知识的同时，注重课程思政的融入，帮助学生树立正确的价值观和科技观，激发学生的爱国情怀与社会责任感，同时培养学生严谨的科学精神和创新意识，使其在未来的工作中更好地贡献自己的力量。

本书共 10 章。第 1 章信息技术基础，介绍信息技术的基本概念和发展历程，为后续的学习打下坚实的基础。第 2 章新兴信息技术，探讨大数据、云计算、物联网等新兴信息技术，这些技术是推动社会进步和经济发展的重要力量。第 3 章人工智能概述，带领读者走进人工智能的世界，了解其发展历程、基本原理和主要应用领域。第 4 章生成式人工智能与提示词工程，介绍常用的生成式人工智能工具的使用及提示词的设计原则与技巧。第 5 章使用 AI 工具制作文档，介绍如何利用 AI 技术进行内容生成和文档制作，这些技能在现代办公和学习中具有广泛的应用价值。第 6 章使用 AI 工具进行表格处理，介绍如何利用 AI 提高数据处理的效率和准确性。第 7 章使用 AI 工具制作演示文稿和第 8 章使用 AI 工具生成图像及音视频展示了 AI 在多媒体内容创作中的应用，这些技术可以帮助用户更高效地制作专业级别的演示文稿和多媒体作品。第 9 章使用 AI 工具生成程序，探讨了 AI 在软件开发中的应用，包括代码生成和智能编程等。第 10 章人工智能素养与风险，讨论了人工智能技术的发展对社会、经济和伦理的影响，以及培养正确的人工智能素养与风险意识的方法，旨在帮助读者全面理解人工智能技术的社会价值，使其在享受人工智能便利的同时，能够有效规避其潜在的风险。

本书编写分工如下：第 1～4 章由胡成松编写，第 5 章和第 10 章由吴悦编写，第 6 章和第 8 章由宋文哲编写，第 7 章和第 9 章由陈立佳编写。全书由胡成松、周兵、刘雄华统稿。

本书在编写过程中，得到了武汉工商学院、汉江师范学院等学校领导的大力支持，在此表示感谢。

希望本书能够成为学习新兴信息技术和人工智能的良师益友。无论是初学者还是有一定基础的专业人士，都能从中获得宝贵的知识和技能。在学习过程中，鼓励积极参与实践，不断探索和创新，将所学知识应用到实际工作和生活中。

由于编者水平有限，书中难免存在疏漏之处，敬请广大读者批评指正，以便修订时充实完善。

编　者

2025 年 4 月

目　录

第 1 章　信息技术基础 …… 1
1.1　信息技术发展历史 …… 2
1.1.1　从机械计算到电子计算 …… 2
1.1.2　个人计算机的发展 …… 6
1.2　计算机的基本工作原理及结构 …… 7
1.2.1　计算机的基本工作原理 …… 7
1.2.2　指令和指令系统 …… 9
1.2.3　计算机系统结构 …… 11
1.3　计算机系统概述 …… 13
1.3.1　计算机硬件系统 …… 13
1.3.2　计算机软件系统 …… 17
1.4　数据在计算机中的表示 …… 19
1.4.1　常用数制的表示方法 …… 19
1.4.2　常用数制之间的转换 …… 21
1.4.3　数据存储的组织形式 …… 22
1.4.4　数值型数据的编码 …… 23
1.4.5　非数值型数据的编码 …… 24
1.5　数字时代与数字经济 …… 27
1.5.1　数字时代 …… 28
1.5.2　数字经济 …… 29
1.6　数字素养 …… 30
1.6.1　数字素养的概念 …… 30
1.6.2　数字素养的重要性 …… 31
1.6.3　我国的数字素养发展目标 …… 32
1.6.4　大学生提升数字素养的方式 …… 33
习题 …… 34
第 2 章　新兴信息技术 …… 36
2.1　大数据 …… 37
2.1.1　大数据的定义 …… 37
2.1.2　大数据的特征 …… 37
2.1.3　大数据处理技术 …… 38
2.1.4　大数据处理平台与工具 …… 39

2.1.5 大数据的应用……42
2.1.6 大数据的发展趋势……43
2.2 云计算……44
2.2.1 云计算概述及特点……44
2.2.2 云计算的应用……45
2.2.3 云计算面临的问题……46
2.3 物联网……47
2.3.1 物联网关键技术……48
2.3.2 物联网的应用……50
2.4 5G 技术……51
2.4.1 5G 概述……51
2.4.2 5G 关键技术……52
2.4.3 5G 技术应用……54
2.5 区块链……55
2.5.1 区块链概述……56
2.5.2 区块链核心技术……57
2.5.3 区块链技术应用……58
2.6 元宇宙……59
2.6.1 虚拟现实和增强现实的概念……59
2.6.2 虚拟现实和增强现实的核心技术……60
2.6.3 元宇宙的应用场景……61
2.6.4 元宇宙的发展趋势……62
习题……63
第 3 章 人工智能概述……65
3.1 人工智能的定义……66
3.2 人工智能的发展历程……66
3.2.1 孕育期（1943～1955 年）……66
3.2.2 形成期（1956～1973 年）……67
3.2.3 第一次低谷期（1974～1979 年）……67
3.2.4 应用发展期（1980～1986 年）……68
3.2.5 第二次低谷期（1987～2000 年）……68
3.2.6 稳步发展期（21 世纪初至今）……69
3.3 人工智能的分类……70
3.3.1 基于技术实现方式的分类……70
3.3.2 基于智能水平的分类……70
3.4 人工智能的行业应用……71
3.5 人工智能的未来发展趋势……73

3.6　人工智能相关技术……74
3.6.1　机器学习……74
3.6.2　深度学习……81
3.6.3　自然语言处理……84
3.6.4　专家系统……87
3.6.5　计算机视觉……90
3.7　人工智能主要技术应用案例——自动驾驶……92
习题……94
第 4 章　生成式人工智能与提示词工程……96
4.1　大模型与 AIGC……97
4.1.1　大模型的崛起……97
4.1.2　AIGC 概述……97
4.2　AIGC 的典型应用场景……100
4.2.1　生成文档……100
4.2.2　生成图像及音视频……101
4.2.3　辅助编程与测试……102
4.3　提示词工程……103
4.3.1　提示词的基本概念与重要性……103
4.3.2　提示词的设计原则与技巧……103
习题……104
第 5 章　使用 AI 工具制作文档……106
5.1　简单文档处理……107
5.1.1　使用 AI 工具生成文档……107
5.1.2　使用 WPS 优化简历排版……113
5.2　长文档处理……120
5.2.1　使用 AI 工具生成论文大纲及润色检查……120
5.2.2　WPS 助力论文排版……122
5.3　AI 助手在文档处理中的应用……133
习题……133
第 6 章　使用 AI 工具进行表格处理……135
6.1　简单表格处理……136
6.1.1　使用 AI 工具获取数据……137
6.1.2　使用 WPS 进行表格格式化……139
6.1.3　使用函数对数据进行分析……143
6.2　图表处理……144
6.2.1　使用豆包获取数据……144
6.2.2　使用 WPS 处理图表……147

6.3 WPS AI 在表格处理中的应用 …… 156
6.3.1 借助 WPS AI 实现表格智能生成与结构搭建 …… 156
6.3.2 利用 WPS AI 进行数据分析与公式推荐 …… 159
6.3.3 运用 WPS AI 提升图表与可视化表达效率 …… 160
习题 …… 162
第 7 章 使用 AI 工具制作演示文稿 …… 163
7.1 基本文稿处理 …… 164
7.1.1 借助 AI 工具轻松搭建演示文稿框架 …… 164
7.1.2 演示文稿制作的得力助手——WPS …… 166
7.2 进阶技巧——让演示文稿“动”起来 …… 172
7.2.1 巧用 AI 工具打造个性化面试演示文稿 …… 172
7.2.2 WPS 动画设置与放映技巧 …… 174
7.3 AI 助手赋能演示文稿创作 …… 181
7.3.1 借助 WPS AI 搭建演示文稿框架 …… 181
7.3.2 利用 WPS AI 增添演示文稿亮点 …… 185
习题 …… 191
第 8 章 使用 AI 工具生成图像及音视频 …… 193
8.1 生成图像 …… 194
8.1.1 生成图像 AI 简介 …… 194
8.1.2 文生图 …… 195
8.1.3 图生图 …… 196
8.1.4 制作节日庆典海报插画 …… 198
8.2 生成音频 …… 201
8.2.1 生成音频 AI 简介 …… 201
8.2.2 基本用法与注意事项 …… 201
8.3 生成视频 …… 205
8.3.1 即梦 AI 简介 …… 205
8.3.2 基本用法与注意事项 …… 205
8.4 制作数字人 …… 208
8.4.1 数字人——24 小时智能替身 …… 208
8.4.2 三步打造数字人 …… 209
习题 …… 212
第 9 章 使用 AI 工具生成程序 …… 213
9.1 使用 AI 工具生成简单程序 …… 214
9.1.1 常见的 AI 编程工具简介 …… 214
9.1.2 使用 AI 工具生成简单程序的步骤 …… 215
9.1.3 生成猜数字游戏程序示例 …… 216

9.2　AI 工具帮助程序查错和改错 …… 218
9.2.1　程序常见错误类型 …… 218
9.2.2　利用 AI 工具查找错误 …… 218
9.2.3　改正猜数字游戏程序中的错误示例 …… 219
9.3　在本地 IDE 中使用编程助手 …… 220
习题 …… 224
第 10 章　人工智能素养与风险 …… 225
10.1　人工智能素养与使用规范 …… 226
10.1.1　人工智能素养核心框架 …… 226
10.1.2　人工智能使用规范 …… 228
10.2　人工智能风险 …… 231
10.2.1　冲击传统行业与就业风险 …… 232
10.2.2　知识产权风险 …… 233
10.2.3　数据隐私与安全风险 …… 234
10.3　人工智能伦理与数字安全支撑体系 …… 235
10.3.1　数据隐私保护 …… 235
10.3.2　人工智能伦理与算法治理 …… 236
10.4　数字社会责任与全球治理 …… 237
10.4.1　网络行为规范与数字公民素养 …… 237
10.4.2　技术普惠与包容性发展 …… 237
10.4.3　全球协作与数字治理机制 …… 238
习题 …… 238
参考文献 …… 239

第 1 章　信息技术基础

学习目标

- 了解计算机的发展历程。
- 了解计算机的基本工作原理及结构组成。
- 了解计算机的硬件系统和软件系统构成。
- 掌握二进制、八进制、十进制、十六进制之间相互转换的规则。
- 了解数字经济及数字素养的概念。

课程思政案例

“计算机先锋”：王选院士突破国际技术壁垒，推动中国计算机发展

20 世纪 70 年代，我国印刷业仍以铅字排版为主，效率低下且劳动强度大。1974 年 8 月，在周恩来总理的布置下，国家设立了重点科技攻关项目“汉字信息处理系统工程”(简称“748 工程”)，旨在推动汉字信息处理技术的现代化。王选在得知该项目后，敏锐地意识到其重要性，决定投身于汉字激光照排系统的研发。

王选团队当时的科研条件极为艰苦，只有一台国产计算机供全体研究人员轮流使用，机器稳定性差，每次开关机都会损坏元器件，只能昼夜不关机。程序和数据的输入需要手动将指令打在穿孔纸带上，打错了还得在纸带上补窟窿。王选在身体患有多种疾病的情况下，带领团队在极其艰苦的条件下，经过无数次的试验和改进，最终在 1979 年 7 月 27 日成功输出了第一张报纸样张。20 世纪 80 年代初，美、英、日等国的激光照排厂商纷纷来华抢夺市场。国内几乎一边倒地主张引进国外系统，王选团队面临巨大的压力。许多人质疑王选的技术能否成功，甚至称他为“数学骗子”。王选坚持将科研成果转化为实际应用，带领团队不断改进系统，使其能够适应市场需求。1985 年起，汉字激光照排系统开始在国内报业和书刊出版业推广应用。1993 年，该系统已占领国内报业 99%和书刊出版业 90%的市场。汉字激光照排系统不仅在国内取得巨大成功，还打入了日本和韩国市场，占领了 80%的海外华文报业市场。

王选院士发明汉字激光照排系统的过程，是一段充满艰辛与挑战的历程。他凭借敏锐的洞察力、坚定的信念和顽强的毅力，带领团队攻克了重重技术难题，成功实现了汉字信息的高效存储和快速输出。这一发明不仅推动了中国印刷业的现代化，还为中华文化的传播和数字化发展奠定了坚实基础。王选院士的创新精神、奉献精神和家国情怀，为后人树立了光辉的榜样。

（根据网络资料改写）

信息技术对人类发展的影响是深远且全面的，它作为现代社会的重要基石，不仅极大地提升了生产效率，推动了经济的快速增长，还深刻地改变了人们的生活方式、工作习惯及社会结构。信息技术的发展充分体现了人类文明的发展。古代信息技术比较落后，人类文明也比较落后；在现代社会，数字化、网络化和智能化等手段的广泛应用，使信息的获取、处理和传递变得前所未有的便捷和高效，极大地拓宽了人们的视野和认知边界。

本章主要介绍信息技术的基本知识，包括计算机的发展、计算机系统的组成、新兴信息技术的一些基本概念等内容。

1.1 信息技术发展历史

信息技术发展主要分为早期、近代及现代 3 个发展阶段。其中，早期信息技术的主要体现是语言、文字及印刷术的发明及应用，近代信息技术的主要体现是电子计算机的诞生，现代信息技术的主要体现是计算机与通信技术结合，即互联网的普及。本节主要介绍信息技术发展的后两个阶段的技术。

1.1.1 从机械计算到电子计算

欧洲文艺复兴时期，人们长期被神权压抑的创造力得到了空前释放，自然科学技术也得到了很大发展。制造一台能帮助人们进行计算的机器，成为一些科学家的理想和不懈努力。但限于当时的科技水平，大都失败了。计算机的发展经历了机械式计算机、机电式计算机和电子计算机 3 个阶段。

1. 机械式计算机阶段

1622 年，英国数学家威廉·奥特雷德（William Oughtred）发明了能进行 6 位数加减法的滑动计算尺。

1642 年，法国数学家布莱瑟·帕斯卡（Blaise Pascal）采用与钟表类似的齿轮传动装置，设计出能进行 8 位十进制计算的加法器（图 1-1）。

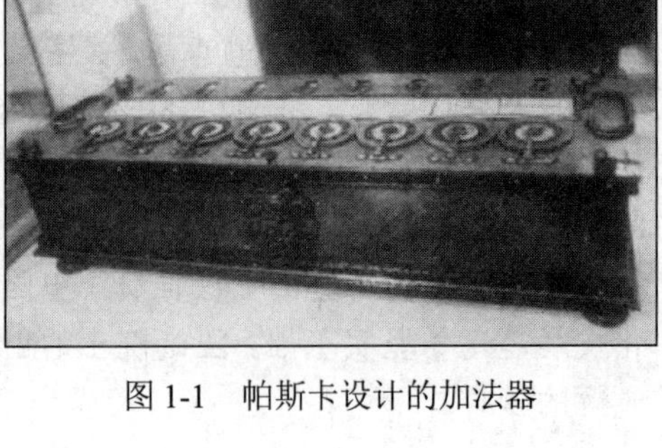

图 1-1　帕斯卡设计的加法器

2. 机电式计算机阶段

1822 年，英国数学家查尔斯·巴比奇（Charles Babbage）提出差分机和分析机模型（图 1-2），它由以前的每次只能完成一次算术运算，发展为能够自动完成某个特定的完整运算过程。此后，巴贝奇又设计了一种程序控制的通用分析机，它是现代通用计算机的雏形，其设计理论非常超前，但限于当时的技术条件而未能实现。

图 1-2 查尔斯·巴比奇提出的差分机和分析机模型

1941 年，德国科学家康拉德·楚泽（Konrad Zuse）最先采用电气元件制造计算机，他制成的全自动继电器计算机 Z-3，已具备浮点记数、二进制运算、数字存储地址的指令形式等现代计算机的特征。这台计算机总共设有 2000 个电开关，使用了继电器作为电气元件，是当时世界上具有最高水平编程语言的计算机。

3. 电子计算机阶段

电子计算机主要是利用电子技术实现信息的存储、检索、处理和传输，主要依赖电子元件（如电子管、晶体管、集成电路等）进行运算和控制。

第一台现代电子数字计算机是阿塔纳索夫-贝瑞计算机（Atanasoff-Berry Computer，ABC），由美国爱荷华州立大学的物理系副教授约翰·文森特·阿塔纳索夫（John Vincent Atanasoff）和他的研究生克利福特·贝瑞（Clifford Berry）在 1939 年 10 月研制成功，并于 1942 年完成最终测试（图 1-3）。1990 年，阿塔纳索夫获得了全美最高科技奖项——国家科技奖。

图 1-3　第一台现代电子数字计算机 ABC

1946 年，美国宾夕法尼亚大学物理学家约翰・莫克利（John Mauchly）等成功地研制出了电子数字积分计算机（electronic numerical integrator and calculator，ENIAC）。随后数学家约翰・冯・诺依曼（John von Neumann）领导的设计小组实现重大突破。1945 年他们发表了一个全新的“存储程序式通用电子计算机”设计方案，1946 年 6 月，冯・诺依曼等提出了更为完善的设计报告《电子计算机装置逻辑结构初探》。1949 年，英国剑桥大学数学实验室率先研制成功电子离散时序自动计算机（electronic discrete sequential automatic computer，EDSAC）。至此，电子计算机发展的萌芽时期遂告结束，开始了现代计算机的发展时期。

在现代计算机诞生后的几十年中，计算机所采用的基本电子元器件已经经历了电子管、晶体管、中小规模集成电路、大规模和超大规模集成电路 4 个发展阶段（表 1-1）。

表 1-1　计算机的 4 个发展阶段

发展阶段	时间	基本电子元件	技术特点
1	1946～1957 年	电子管	穿孔卡片和磁鼓，使用机器语言和汇编语言
2	1958～1964 年	晶体管	主存储器采用磁芯存储器，磁鼓和磁盘开始用于辅助存储器。主要用于科学计算，中、小型计算机开始大量生产
3	1965～1970 年	中小规模集成电路	大型化、集中式计算、远程终端
4	1971 年至今	大规模和超大规模集成电路	超大型化、微型化、嵌入式、图形用户界面、多媒体、网络通信、网格计算

1）第一代（1946～1957 年）

第一代计算机采用电子管作为基本电子元件。当时，主存储器有水银延迟线存储器、阴极射线示波管静电存储器、磁鼓和磁心存储器等类型。由于电子管体积大、耗电量大，这一代计算机运算速度低，存储容量小，可靠性差，造价昂贵。在计算机中，几乎没有什么软件配置，编制程序用机器语言或汇编语言。计算机主要用于科学计算和军事应用方面。代表机型为 1952 年由冯・诺依曼设计的离散变量自动电子计算机（electronic discrete variable automatic computer，EDVAC），这台计算机共采用 2300 个电子管，运算速度比 ENIAC 提高了 10 倍，冯·诺依曼“程序存储”的设想首次在这台计算机上得到了体现。

2）第二代（1958～1964 年）

第二代计算机采用晶体管作为基本电子元件。第二代计算机另一个重要的特点是存储器的革命。1951 年，当时尚在美国哈佛大学计算机实验室的华人留学生王安发明了磁芯存储器，这项技术彻底改变了继电器存储器的工作方式和与处理器的连接方法，也大幅缩小了存储器的体积，为第二代计算机的发展奠定了基础。

这个阶段，计算机软件配置开始出现，一些高级程序设计语言相继问世。例如，科学计算用的 FORTRAN、商业事务处理用的 COBOL、符号处理用的 LISP 等高级语言开始进入实用阶段。操作系统也初步成形，使计算机的使用方式由手工操作改变为自动作业管理。

3）第三代（1965～1970 年）

第三代计算机采用中小规模集成电路作为基本电子元件。计算机的体积和耗电量显著减小，计算速度也显著提高，存储容量大幅度增加。半导体存储器逐步取代了磁芯存储器的主存储器地位，磁盘成了不可缺少的辅助存储器，并且开始普遍采用虚拟存储技术。

同时，计算机的软件技术也有了较大的发展，出现了操作系统和编译系统，以及更多的高级程序设计语言。计算机的应用开始进入许多领域。1964 年，由 IBM 公司推出的 IBM System/360 计算机是第三代计算机的代表产品（图 1-4）。

图 1-4　IBM System/360 计算机

4）第四代（1971 年至今）

第四代计算机采用大规模和超大规模集成电路作为主要功能部件。主存储器使用了集成度更高的半导体存储器，计算机运算速度高达每秒几亿次至数百万亿次。在这个阶段，计算机体系结构有了较大发展，并行处理、多机系统、计算机网络等都已进入实用阶段。软件方面也更加丰富，出现了网络操作系统、分布式操作系统及各种实用软件。

1.1.2 个人计算机的发展

20 世纪 70 年代，个人计算机（personal computer，PC）的概念开始出现。个人计算机是一种用于个人使用的计算机设备，相对于主机计算机来说，它更小巧、便携，并且更加易于使用。1975 年，比尔·盖茨（Bill Gates）和保罗·艾伦（Paul Allen）在美国华盛顿州的一间车库里创办了微软公司，他们的目标是为个人计算机开发操作系统软件。同年，美国的一家公司推出了第一台个人计算机 Altair 8800（图 1-5），这是一台基于 Intel 8080 微处理器的计算机。虽然 Altair 8800 并不像现代个人计算机那样易于使用，但它标志着个人计算机的诞生。

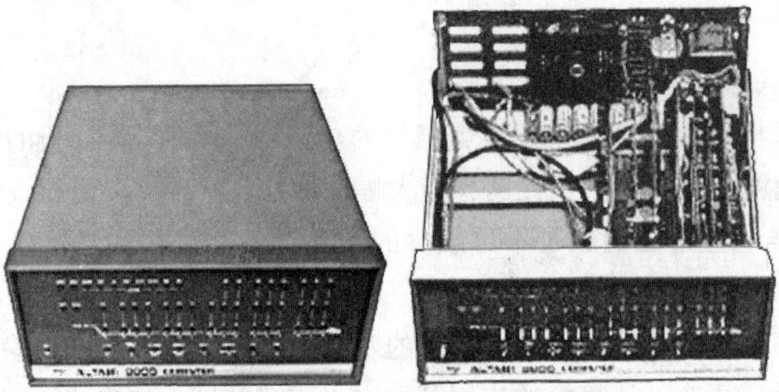

图 1-5 第一台个人计算机 Altair 8800

随着时间的推移，个人计算机进入了一个快速发展的时期。1977 年，苹果公司推出了第一台个人计算机 Apple Ⅱ，这是一台集成了键盘、显示器和存储设备的完整系统。Apple Ⅱ的成功使个人计算机开始进入家庭和学校，成为人们日常生活中的重要工具。1981 年，IBM 推出了 IBM PC 5150（图 1-6），这是一台基于 Intel 8088 微处理器的个人计算机。IBM PC 的成功使个人计算机的标准化得以确立，同时也推动了软件和硬件的发展。此后，个人计算机市场开始出现了众多的竞争对手，如康柏、戴尔等公司相继推出了自己的个人计算机产品。

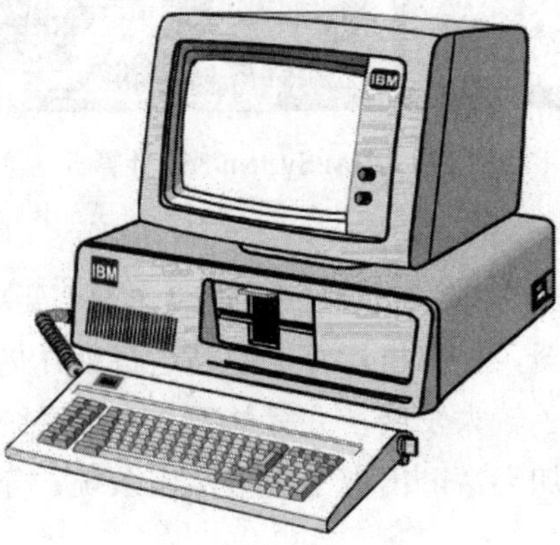

图 1-6 IBM PC 5150

20 世纪 90 年代，个人计算机进入了一个新的阶段。图形用户界面（graphical user interface，GUI）的出现使操作更加简单直观。微软公司推出的 Windows 操作系统成为个人计算机的主流操作系统，它为用户提供了更多的功能和便利性。同时，互联网的普及也为个人计算机带来了新的应用场景，人们可以通过个人计算机上网冲浪、发送电子邮件等。这一时期，个人计算机的性能不断提升，价格逐渐降低，进一步推动了其普及和应用。

进入 21 世纪，随着移动技术的发展，便携式个人计算机开始流行起来。2001 年，苹果公司推出了 iPod，这是一款革命性的便携式音乐播放器，它的问世为苹果公司带来了巨大的商业成功，并推动了个人计算机与移动设备的融合。2007 年，苹果公司推出了第一代 iPhone，成功引领了智能手机的潮流，人们开始使用手机进行更多的计算和沟通。同时，平板计算机的出现也改变了人们对个人计算机的认知。平板计算机更加轻薄便携，适合移动办公和娱乐。

1.2　计算机的基本工作原理及结构

计算机是一个复杂的系统，如果详细地分析一台计算机的体系结构和工作原理，将是一件十分困难的事情。然而，如果从层次结构的角度来分析，这一过程将变得简单很多。

1.2.1　计算机的基本工作原理

现代计算机的基本工作原理是由冯•诺依曼于 1946 年首先提出来的。冯•诺依曼提出了程序存储式电子数字自动计算机的方案，并确定了计算机硬件体系结构。这种体系结构被称为冯•诺依曼体系结构，从第一代计算机至第四代计算机，一直没有突破这种体系结构，目前绝大多数计算机是基于冯•诺依曼体系结构而开发的。冯•诺依曼的主要思想可概括为以下三点。

1. 冯·诺依曼计算机结构模型

冯•诺依曼计算机结构模型主要包括运算器、控制器、存储器、输入设备和输出设备 5 大组成部分。冯•诺依曼计算机结构模型如图 1-7 所示。

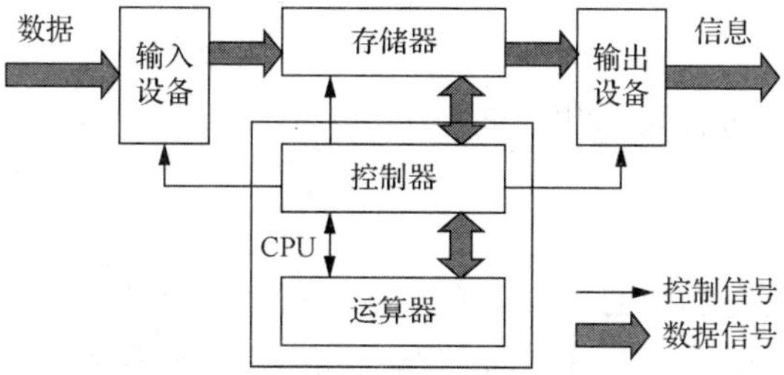

图 1-7　冯•诺依曼计算机结构模型

运算器也称算术逻辑单元（arithmetic logic unit，ALU），是计算机进行算术运算和逻辑运算的部件。算术运算有加、减、乘、除等。逻辑运算有与运算、或运算、非运算等。在控制器的控制下，运算器从存储器中取出数据进行运算，然后将运算结果写回存储器中。

控制器主要用来控制程序和数据的输入/输出（input/output，I/O），以及各个部件之间的协调运行。控制器由程序计数器、指令寄存器、指令译码器和其他控制单元组成。控制器工作时，根据程序计数器中的地址，从存储器中取出指令，送到指令寄存器中，经指令译码器译码后，再由控制器发出一系列命令信号，送到有关硬件部位，引起相应动作，完成指令所规定操作。

存储器的主要功能是存放运行中的程序和数据。在冯·诺依曼计算机结构模型中，存储器是指内存单元。存储器中有成千上万个内存单元，每个内存单元存放一组二进制信息。对存储器的基本操作是数据的写入或读取，这个过程称为“内存访问”。为了便于存入或取出数据，存储器中所有内存单元均按顺序依次编号，每个单元的编号称为“内存地址”，当运算器需要从存储器某单元读取或写入数据时，控制器必须提供内存单元的地址。

输入设备的一个功能是用来将现实世界中的数据输入计算机，如输入数字、文字、图形、电信号等，并且转换为计算机熟悉的二进制码。它的另一个功能是由用户对计算机进行操作控制。常见的输入设备有键盘、鼠标、数码相机等设备。还有一些设备既可以作为输入设备，也可以作为输出设备，如硬盘、U 盘、网卡等。

输出设备将计算机处理的结果转换为用户熟悉的形式，如数字、文字、图形、声音、视频等。常见的输出设备有显示器、打印机、硬盘、U 盘、音箱、网卡等。

在现代计算机中，往往将运算器和控制器制造在一个集成电路芯片内，这个芯片称为中央处理器（central processing unit，CPU）。CPU 的主要工作是在内存单元或 I/O 设备之间传输数据；进行算术和逻辑运算；通过逻辑判断，控制程序的流向。CPU 性能的高低，往往决定了一台计算机性能的高低。

2. 采用二进制形式表示数据和指令

指令是人们对计算机发出的用来完成一个最基本操作的工作命令，它由计算机硬件来执行。指令和数据在代码形式上并无区别，都是由 0 和 1 组成的二进制代码序列，只是各自约定的含义不同。在计算机中采用二进制，可以使信息的数字化更加容易实现，并可以用二值逻辑元件进行表示和处理。

3. 存储程序

这是冯·诺依曼思想的核心内容。程序是人们为解决某一实际问题而编写的指令集合，指令设计及调试过程称为程序设计。存储程序意味着事先将编制好的程序（包含指令和数据）存入计算机存储器（内存）中，计算机在运行程序时就能自动地、连续地从存储器中依次取出指令并执行。计算机的功能在很大程度上取决于程序所具有的功能，或者说，计算机程序越多，计算机功能越多。

1.2.2　指令和指令系统

1. 指令

指令是能被计算机识别并执行的二进制代码，它规定了计算机能完成的某一种操作。指令的数量与类型由 CPU 决定。内存单元用于存放程序和数据，程序由一系列指令组成，这些指令在内存单元中是有序存放的。什么时候执行哪一条指令由 CPU 中的控制单元决定。数据是用户需要处理的信息，它包括用户的具体数据和这个数据在内存单元中的地址。

一条指令通常由操作码和操作数两部分组成，如：

操作码	操作数

操作码指明该指令要完成的操作类型或性质，如取数、做加法或输出数据等。操作码的二进制位数决定了机器操作指令的条数。当使用定长操作码格式时，若操作码位数为 N，则指令条数可有 2^N 条。

操作数指明操作对象的内容或所在的内存单元地址（地址码），操作数在大多数情况下是地址码，地址码可以有多个。从地址码得到的仅是数据所在的地址，可以是源操作数的存放地址，也可以是操作结果的存放地址。

2. 指令系统

一台计算机的所有指令的集合，称为该计算机的指令系统。不同类型的计算机，指令系统的指令条数有所不同。但无论哪种类型的计算机，指令系统都应具有以下功能的指令。

数据传送指令：用于在存储器与 CPU 之间进行数据传输。

数据处理指令：用于对数据进行算术、逻辑或关系运算。

程序控制指令：用于控制程序中指令的执行，如条件转移、无条件转移、调用子程序、返回、停机等。

I/O 指令：用于实现外部设备与主机之间的数据传输。

其他指令：用于管理计算机的硬件和软件等。

3. 指令的执行

对计算机来说，所有复杂的事务处理都可以简化成为两种最基本的操作：二进制数据传输和二进制数据操作。因此，从软件运行层次来看，冯·诺依曼计算机结构模型是一台指令执行机器。一条程序指令的执行可能包含许多操作，但是，主要由“取指令”“指令译码”“指令执行”“结果写回”4 种基本操作构成，这个过程不断重复进行，如图 1-8 所示。

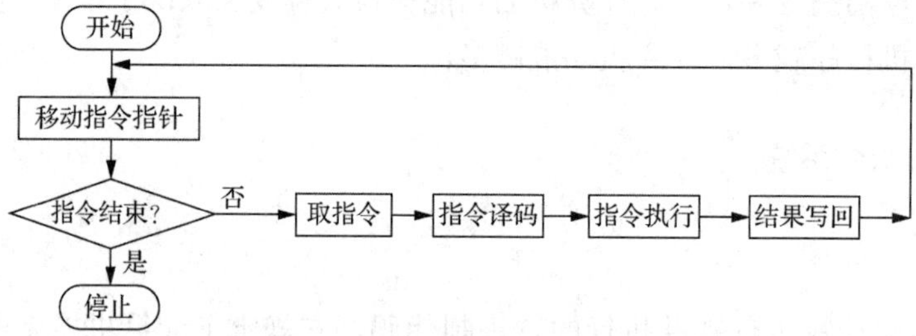

图 1-8　计算机中一条指令的执行过程

（1）取指令。在 CPU 内部有一个指令寄存器，它保存着当前所处理指令的内存单元地址。当 CPU 开始工作时，便按照指令寄存器地址，通过地址总线，查找到指令在内存单元的位置，然后利用数据总线将内存单元的指令传送到 CPU 内部的高速缓存。取指令工作过程如图 1-9 所示。

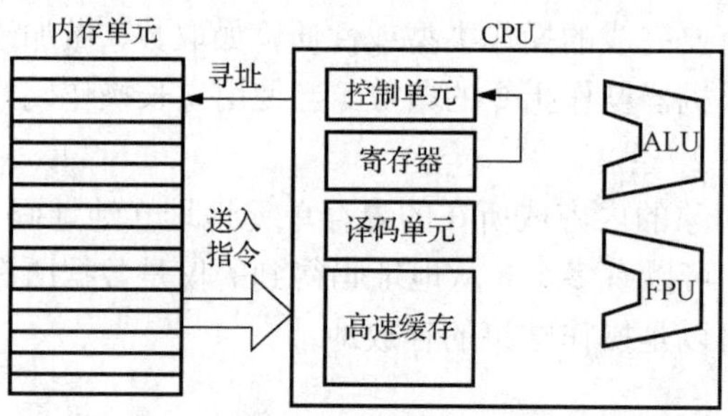

图 1-9　取指令工作过程

（2）指令译码。CPU 内部的译码单元将解释指令的类型与内容，并且判定这条指令的作用对象（操作数），并且将操作数从内存单元读入 CPU 内部的高速缓存中。译码实际上就是将二进制指令代码翻译成为特定的 CPU 电路微操作，然后由控制器传送给 ALU。指令译码工作过程如图 1-10 所示。

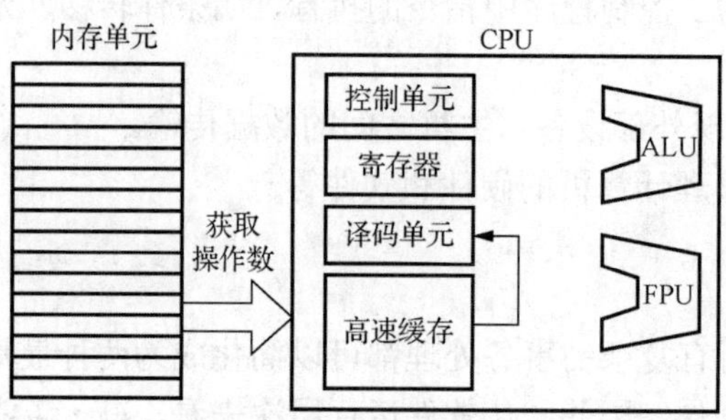

图 1-10　指令译码工作过程

（3）指令执行。控制器根据不同的操作对象，将指令送入不同的处理单元。如果是整数运算、逻辑运算、内存单元存取、一般控制指令等，则送入 ALU 处理。如果操作对象是浮点数据（如三角函数运算），则送入浮点处理单元（floating point unit，FPU）进行处理。如果在运算过程中需要相应的用户数据，则 CPU 首先从数据高速缓存中读取相应数据。如果数据高速缓存中没有用户需要的数据，则 CPU 通过数据通道，从内存单元中获取必要的数据，运算完成后输出运算结果。指令执行工作过程如图 1-11 所示。

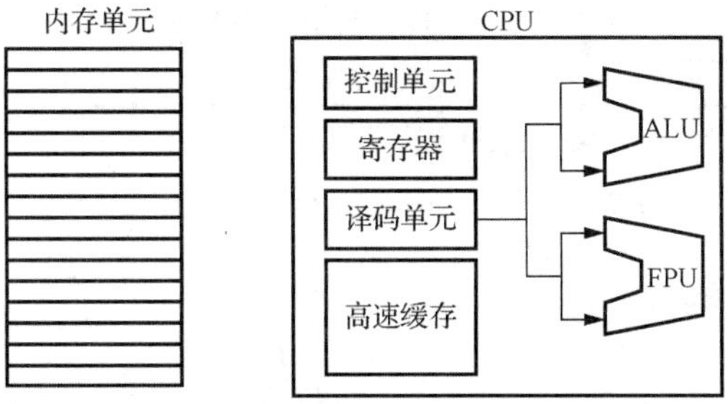

图 1-11　指令执行工作过程

（4）结果写回。将 ALU 或 FPU 的处理结果写回到高速缓存或内存单元中。运算结果写回工作过程如图 1-12 所示。

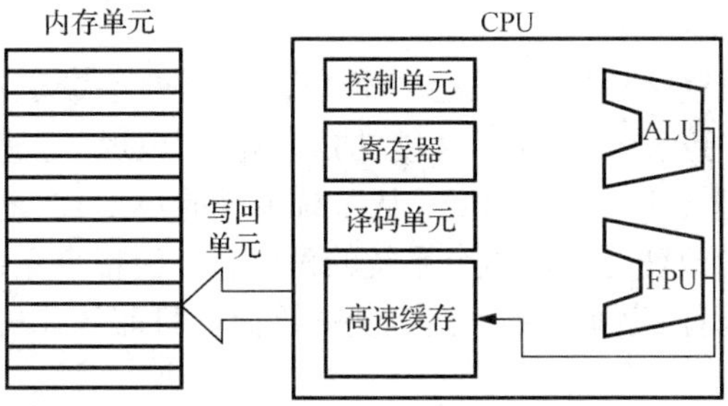

图 1-12　运算结果写回工作过程

在 CPU 解释和执行指令之后，控制单元告诉指令寄存器从内存单元中读取下一条指令。这个过程不断重复执行，最终产生用户在显示器上所看到的结果。事实上，各种程序都是由一系列指令和数据组成的。计算机的工作就是自动和连续地执行一系列指令，而程序开发人员的工作就是编制程序。

1.2.3　计算机系统结构

目前计算机采用以 CPU 为核心的控制中心分层结构。Intel 酷睿 i7 计算机的控制中心系统结构如图 1-13 所示。计算机系统结构可以用“1-2-3 规则”简要说明，即 1 个 CPU、2 大芯片、3 级结构。

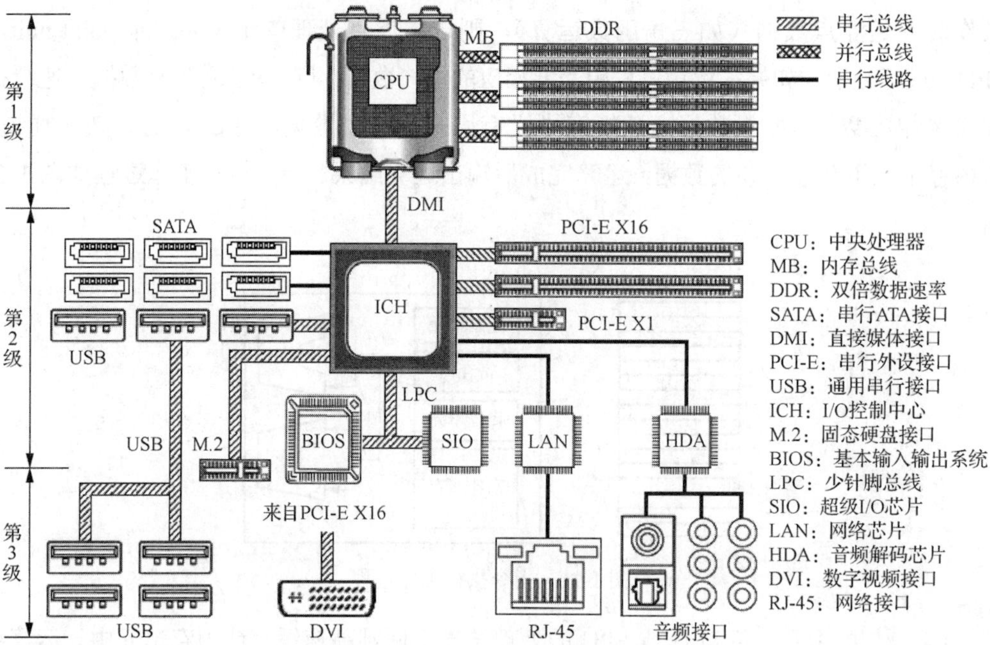

图 1-13 Intel 酷睿 i7 计算机的控制中心系统结构

1. 1 个 CPU

CPU 处于控制中心系统结构的顶层（第 1 级），控制系统运行状态，下面的数据必须逐级上传到 CPU 进行处理。从系统性能的角度看，CPU 运行速度显著高于其他设备，设备在系统中的位置越往下，性能越低。从系统组成的角度看，CPU 的更新换代将导致南桥芯片、内存类型的改变等。从指令系统的角度看，当指令系统发生变化时，必然引起 CPU 结构的变化，而内存系统不一定改变。因此，目前计算机系统仍然是以 CPU 为中心进行设计。

2. 2 大芯片

在 2 大芯片中，南桥芯片负责数据的上传与下送。南桥芯片连接着多种外部设备，它提供的接口越多，计算机的功能扩展性越强。基本输入输出系统（basic input/output system，BIOS）芯片则主要解决硬件系统与软件系统的兼容性问题。

3. 3 级结构

控制中心系统结构分为 3 级，具有以下特点：从速度的角度看，第 1 级工作频率最高，然后速度逐级降低；从 CPU 访问频率的角度看，第 3 级最低，然后逐级升高；从系统性能的角度看，前端总线和南桥芯片容易成为系统瓶颈，然后逐级次之；从连接设备多少的角度看，第 1 级的 CPU 最少，然后逐级增加。在计算机系统结构中，上层设备较少，但是速度很快。CPU 和南桥芯片一旦出现问题（如发热），可能导致致命故障。下层接口和设备较多，发生故障的概率也较大（如接触性故障），但是这些设备一般不会造成致命性故障。

1.3　计算机系统概述

一个完整的计算机系统由硬件系统和软件系统两部分组成。硬件系统是构成计算机系统的各种物理设备的总称。软件系统是运行、管理和维护计算机的各类程序和文档的总称。通常把不安装任何软件的计算机称为“裸机”。计算机之所以能够应用到各个领域，是由于软件的丰富多彩，能够出色地按照人们的意图完成各种不同的任务。一个完整的计算机系统组成如图 1-14 所示。

- 计算机系统
  - 硬件
    - 主机
      - CPU
      - 主板系统：主板、信号连接线
      - 内存系统：DRAM（如DDR SDRAM 1/2/3/4等）
      - 外存系统：硬盘、光盘、固态硬盘、U盘
      - 显示系统：显卡、显示器
      - 音频系统：声卡、音箱、话筒
      - 网络系统：网卡、调制解调器、网线
      - BIOS系统：BIOS芯片、CMOS芯片
      - 常用外设：电源、机箱、键盘、鼠标、散热装置
    - 外设
      - 输出设备：打印机、刻录机、投影仪等
      - 输入设备：手写笔、触摸屏、扫描仪、数码相机、数码摄像机等
      - 其他设备：电源接线盒、不间断电源、净化电源等
  - 软件
    - 系统软件
      - 操作系统：如Windows、Linux、FreeBSD、macOS等
      - 网络服务：如IIS、Serv-U、Exchange Server等
      - 数据库系统：如Oracle Database、MySQL、Access等
      - 程序设计语言：如C++、Java、Visual Basic等
      - 语言处理程序：如Java语言虚拟机、语言编译程序等
    - 应用软件
      - 办公自动化软件：如Office、WPS等
      - 多媒体软件：如Photoshop、Flash、Premiere Pro等
      - 辅助设计软件：如AutoCAD、Visio、Protel等
      - 企业应用软件：如财务管理软件、企业管理软件、工程管理软件等
      - 网络应用软件：如浏览器、QQ、迅雷、Dreamweaver等
      - 安全防护软件：如杀毒软件、防火墙软件、漏洞补丁等
      - 系统工具软件：如数据恢复软件、优化软件、磁盘工具等
      - 娱乐休闲软件：如游戏软件、电子杂志、看图软件、音频播放器、视频播放器等

图 1-14　计算机系统组成

1.3.1　计算机硬件系统

不同类型的计算机在硬件组成上有一些区别。例如，大型计算机往往安装在成排的大型机柜中，网络服务器往往不需要显示器，笔记本计算机将大部分外设集成在一起。台式计算机主要由主机、显示器、键盘鼠标三大部件组成。在计算机硬件设备中，CPU是核心部件，它决定了一台计算机的基本规格与性能。

图 1-15 所示为一台计算机主机内各硬件构成。主机上部是符合 ATX 规范的开关电

源，它的功能是将220V的交流市电转换成为微型计算机工作需要的+3.3V、±5V、±12V直流电压，电源功率为200～450W，电源的散热风扇是微型计算机噪声的发生地。

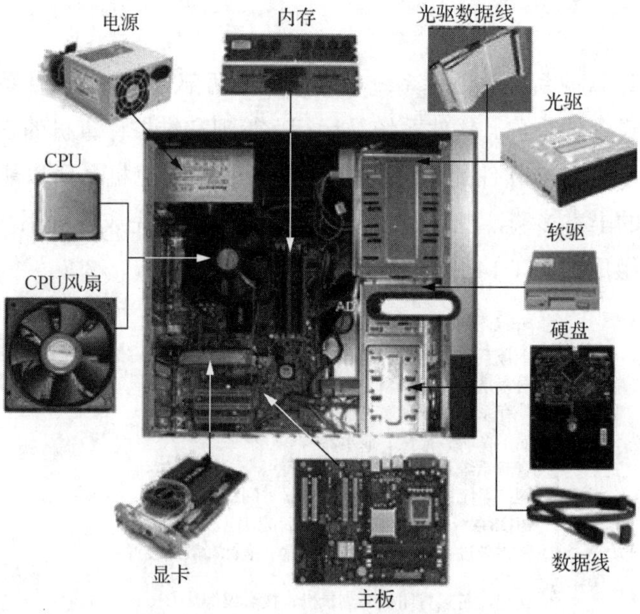

图1-15　计算机主机内各硬件构成

机箱中的主板上安装有CPU、内存条、显卡等设备。CPU在机箱内主板上部，其上通常配备一个铝质散热片和散热风扇。内存条安装在主板右侧的内存插槽上，对双倍数据速率同步动态随机存储器（double data rate synchronous dynamic random access memory，DDR SDRAM）来说，其可以插在其中任何一个内存插槽上。显卡在机箱中间位置，插在主板上的PCI-E插槽上。有些机箱内部可能看不到独立的显卡，这是因为显卡与主板北桥芯片集成在一起了。大部分主板还集成了声卡、网卡等功能。

机箱右侧是光驱、硬盘等设备，由于它们都是机电一体化设备，因此工作时应避免振动。尤其当主机面板上硬盘灯闪烁时，表示硬盘正在工作，此时不要振动主机，以免对硬盘造成伤害。

主机的外观虽然五花八门，但基本功能是相同的。在主机前面有光驱、电源开关、复位按键、电源灯、硬盘灯、前置USB接口、前置音频接口等。

1. CPU

CPU也称为微处理器（microprocessor），它是计算机系统中最重要的一个部件。CPU是整个计算机系统的控制中心，它严格按照规定的脉冲频率工作。一般来说，工作频率越高，CPU工作速度越快，能够处理的数据量也就越大，功能也就越强。

CPU外观看上去是一个矩形块状物，中间凸起部分是CPU核心部分封装的金属壳，金属封装壳内部是一片指甲大小的、薄薄的硅晶片，称为CPU核心。在这块小小的硅片上，密布着上亿个晶体管，它们相互配合、协调工作，完成各种复杂的运算和操作。

金属封装壳周围是 CPU 基板，它将 CPU 内部的信号引接到 CPU 针脚上。基板下面有许多密密麻麻的镀金针脚，它是 CPU 与外部电路连接的通道。

CPU 由半导体硅芯片核心、基板、针脚、电容、散热金属壳等部件组成(图 1-16)。

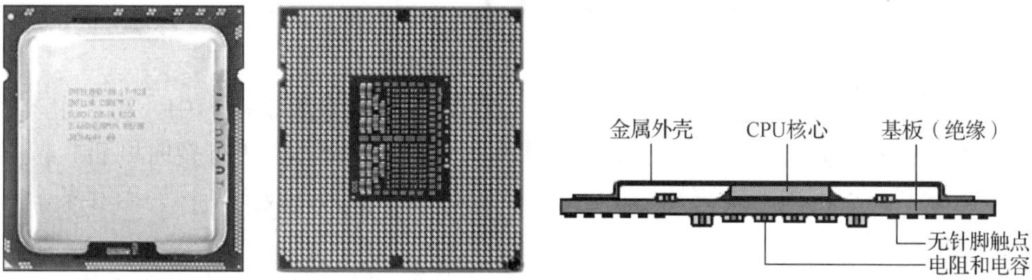

（a）CPU正面　（b）CPU背面　（c）CPU内部结构

图 1-16 Intel 公司 CPU 外观和基本结构

CPU 始终围绕着速度与兼容两个目标进行设计。CPU 的技术指标相当多，如系统结构、指令系统、处理字长、工作频率、高速缓存容量、加工线路宽度、工作电压、插座类型等。

CPU 处理字长是指 CPU 内部运算单元通用寄存器一次处理二进制数据的位数。目前，CPU 通用寄存器宽度有 32 位和 64 位两种类型，64 位 CPU 的处理速度更高。由于 X86 系列 CPU 是向下兼容的，因此 16 位、32 位的软件可以运行在 32 位或 64 位的 CPU 中。目前计算机的 CPU 绝大部分为 64 位产品。

提高 CPU 工作频率可以提高 CPU 性能，现在主流的 CPU 工作频率为 2.0GHz 以上。继续大幅度提高 CPU 工作频率受到了生产工艺的限制。由于 CPU 是在半导体硅片上制造的，在硅片上的元件之间需要导线进行连接，在高频状态下要求导线越细、越短越好，这样才能减小导线分布电容等杂散信号干扰，以保证 CPU 运算正确。

2. *存储系统*

随着计算机功能的增强，操作系统和应用程序也越来越庞大，对存储器容量的需求也快速增长。不同存储器的工作原理不同，性能也不同。

计算机的存储系统分为内部存储器（简称为内存或主存）和外部存储器（简称为外存或辅存），能够直接与 CPU 进行数据交换的存储器称为内存，与 CPU 间接交换数据的存储器称为外存。

1）内存

内存用于存放计算机进行数据处理所必需的原始数据、中间结果、最后结果及指示计算机工作的程序。内存是微型计算机的主要技术指标之一，其容量大小和性能直接影响程序运行情况。

内存由大量的半导体存储单元组成，每个存储单元可存放 1 位（bit）二进制数据，通常使用 b 来表示，8 个存储单元称为一个字节（byte），通常使用 B 来表示。内存容量是指存储单元中的字节数。

内存可分为随机存储器（random access memory，RAM）和只读存储器（read only memory，ROM）。随机存储器又分为静态随机存储器（static random access memory，SRAM）和动态随机存储器（dynamic random access memory，DRAM）。

SRAM 的存储单元电路工作状态稳定，速度快，不需要刷新，只要不掉电，数据不会丢失。SRAM 一般应用在 CPU 内部作为高速缓存。

DRAM 中存储的信息是以电荷形式保存在集成电路中的小电容中，由于电容的漏电，因此数据容易丢失。为了保证数据不丢失，必须对 DRAM 进行定时刷新。

现在微型计算机内存均采用 DRAM 芯片安装在专用电路板上，称为内存条。

2）外存

（1）硬盘。硬盘是一种外部存储器，由于它的存储容量大、数据存取方便、价格便宜等优点，目前已经成为保存用户数据重要的外部存储设备。但是硬盘也是微型计算机中很“娇气”的部件，容易出现各种故障。硬盘如果出现故障，意味着用户的数据安全受到了严重威胁。另外，硬盘（图 1-17）的读写是一种机械运动，因此相对于 CPU、内存、显卡等设备，数据处理速度要慢得多，从“木桶效应”角度来看，可以说硬盘是计算机性能提高的瓶颈。

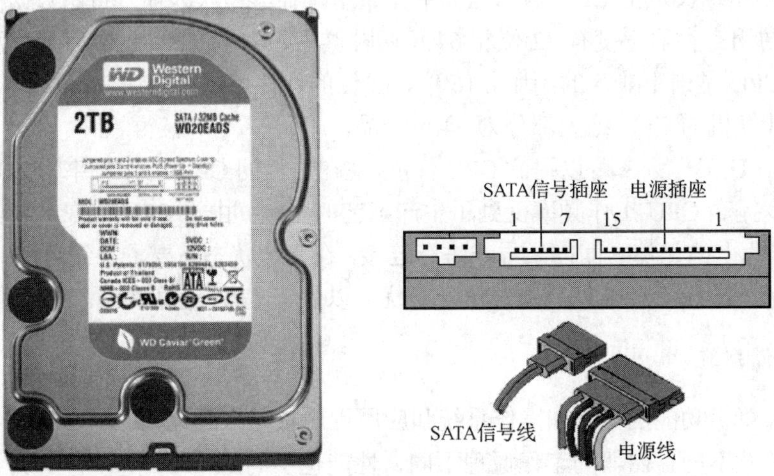

图 1-17　硬盘外观与接口

硬盘的存储容量目前有 320GB、500GB、1TB、2TB 或更高。按照硬盘尺寸（磁盘直径）分类，有 3.5in（1in=2.54cm）、2.5in 等规格，目前市场以 3.5in 硬盘为主流。2.5in 硬盘主要用于笔记本计算机和移动硬盘。硬盘的接口有 IDE 接口（已经淘汰）、SATA 接口、SCSI 接口、USB 接口等。SATA 接口硬盘主要用于台式计算机，SCSI 接口硬盘主要用于早期 PC 服务器，USB 接口硬盘主要用于移动存储设备。

（2）闪存（flash memory）。闪存具备 DRAM 快速存储的优点，也具备硬盘永久存储的特性。闪存可以利用现有半导体工艺生产，缺点是读写速度较 DRAM 慢，而且擦写次数也有限制。

U 盘是一种采用快闪存储器的可移动存储设备，通过 USB 接口与计算机交换数据。

U 盘具有即插即用的功能，使用者只需将它插入 USB 接口就能被计算机自动检测。U 盘在读写、复制及删除数据等操作上非常方便。目前，U 盘的存储容量达到了 1TB。由于 U 盘具有外观小巧、携带方便、抗震、容量大等优点，因此，受到用户的普遍欢迎。

3. 计算机的主要性能指标

计算机的主要性能指标是速度与容量。处理速度越快，计算机在相同时间内处理的数据就越多，计算机性能越好。存储器容量也是衡量计算机性能的一个重要指标。对大容量存储器的需求主要源于两个方面：一方面是由于海量数据的需要；另一方面，为了保证计算机的处理速度，需要对数据进行预取缓存。计算机的性能可以通过专用的基准测试软件进行评估。以高清视频播放为例：由于高清视频的数据量庞大，低性能计算机会出现播放卡顿和画面失真等问题。为了得到更好的画面质量，就必须使用高频率的 CPU 和大容量内存。

（1）CPU 字长。CPU 字长是指 CPU 能够同时处理二进制数据的位数。它直接关系到计算机的运算速度、精度和性能。CPU 字长有 8 位、16 位、32 位、64 位，当前主流产品的 CPU 字长为 64 位。

（2）时钟频率。时钟频率是指在单位时间内发出的脉冲数，通常以兆赫兹（MHz）为单位。微型计算机中的时钟频率主要有 CPU 时钟频率和总线时钟频率，如酷睿 i7 3.4GHz CPU，其 CPU 主频为 3.4GHz。主频越高，计算机的运算速度越快。

（3）内存容量。计算机中内存容量越大，运行速度越快。一些操作系统和大型应用软件常对内存容量有要求，如鸿蒙系统，建议内存配置 8GB 或以上，Windows 10 最低内存配置为 2GB，建议内存配置为 8GB 或以上。

（4）外部设备配置。计算机外部设备的性能也对系统有直接影响，包括硬盘的配置、硬盘接口的类型与容量、显示器的分辨率、打印机的型号与速度等。

1.3.2 计算机软件系统

计算机软件包括程序与程序运行时所需的数据，以及与这些程序和数据有关的文档资料。计算机软件系统是计算机上可运行程序的总和。没有安装软件的计算机是无法进行任何工作的，不能从键盘、鼠标接收信息和操作命令，也不能在显示器屏幕上显示信息，更不能运行可以实现各种操作的应用程序。

计算机软件可以分为系统软件和应用软件，系统软件的数量相对较少，应用软件数量较多。软件也可以分为商业软件与共享软件。商业软件功能强大，软件收费也高，软件售后服务较好。共享软件大部分是免费或少量收费的，一般来说不提供软件售后服务。

1. 系统软件

系统软件居于计算机系统中最靠近硬件的一层。其他软件一般都需要通过系统软件发挥作用。系统软件是用于计算机管理、监控、维护和运行的软件，通常包括操作系统、网络服务、数据库系统、程序设计语言等各种程序。

1）操作系统

操作系统是对计算机硬件资源和软件资源进行控制和管理的大型程序。它是最基本的系统软件，其他软件必须在操作系统的支持下才能运行。操作系统一般包括进程管理、作业管理、存储管理、设备管理、文件管理等功能。目前常用的操作系统有 Windows 10、Windows 11、Linux 等，网络操作系统有 Windows Server、Linux、Free BSD 等。

2）网络服务

操作系统本身提供了一些小型的网络服务功能，对于大型的网络服务，必须由专业软件提供。网络服务程序提供大型的网络后台服务，主要用于网络服务提供商和企业网络管理人员。个人用户在利用网络进行工作和娱乐时，就是由这些软件提供服务。例如，提供网页服务的 Web 服务软件有 IIS、Apache、Domino 等，提供网络文件下载的服务软件有 Serv-U 等，提供邮件服务的软件有 Exchange Server、Lotus Domino、Sendmail 等。

3）数据库系统

数据库系统主要由数据库和数据库管理系统（database management system，DBMS）组成。数据库可以简单理解为“数据仓库”，它是按一定方式组织起来的相关数据的集合。数据库管理系统是对数据库进行有效管理和操作的软件，是用户与数据库之间的接口。数据库管理系统提供了管理数据库的一套命令，包括数据库的建立、修改、检索、统计、排序等功能。数据库管理系统是建立信息管理系统（如财务管理、企业管理等）的主要软件。常用的数据库软件有 Oracle Database、SQL Server、MySQL 等。

4）程序设计语言

程序设计语言是用来编写程序的语言，它是人与计算机交换信息的工具。程序设计语言一般分为机器语言、汇编语言、高级语言三类。常用高级语言如表 1-2 所示。

表 1-2　常用高级语言

语言名称	应用领域	语言特点
Python	面向对象程序开发	简单易学，但程序运行效率较低
Java	网络、通信编程	程序可以跨软件或硬件平台应用，但较为复杂
C	科学计算、数据处理	简单易学，但功能有限，常用于小型程序设计
C++	大型系统程序设计	功能非常强大，但过于复杂
C#	网络编程	功能强大、简单易学，常用于网络脚本编程

5）语言处理程序

用汇编语言和高级语言编写的程序称为源程序，不能被计算机直接执行，必须把它们翻译成机器语言程序，才能被计算机识别及执行。这种翻译也是由程序实现的，不同的语言有不同的翻译程序，这些翻译程序统称为语言处理程序。

语言处理程序一般包含在开发软件或操作系统内，如 IE 浏览器就带有动态服务器页面（active server pages，ASP）脚本语言解释功能；也有些是独立的，如 Java 语言虚拟机。语言编译程序一般都附带在开发系统内，如 Visual C++开发系统就带有程序编译器。

2. 应用软件

应用软件也可以分为两类。第一类是针对某个应用领域的具体问题而开发的程序，具有很强的实用性、专业性。这些软件可以由专业软件公司开发，也可以由企业人员自行开发。正是这些专用软件的应用，使计算机日益渗透到社会的各行各业。但是，这类应用软件使用范围小，导致了开发成本过高，通用性不强，对软件的升级和维护有很大的依赖性。第二类是一些大型专业软件公司开发的通用型应用软件，这些软件功能非常强大，适用性非常好，应用也非常广泛。由于软件的销售量大，因此，相对于第一类应用软件而言，价格便宜很多。例如，办公自动化软件 WPS、Microsoft Office，多媒体应用软件 Photoshop、Authorware，辅助设计软件 AutoCAD，电子电路辅助设计软件 Protel，即时聊天软件 QQ、微信等。

1.4　数据在计算机中的表示

信息是丰富多彩的，有数值、文字、声音、图形、图像、视频等。但是计算机本质上只能处理二进制数据，因此必须将各种信息转换成为计算机能够接收和处理的二进制数据，这种转换往往由外部设备和计算机自动进行。输入计算机中的各种数据都要转换成二进制数据存储，计算机才能进行运算和处理；同样，从计算机中输出的数据也要进行逆向转换，转换过程如图 1-18 所示。

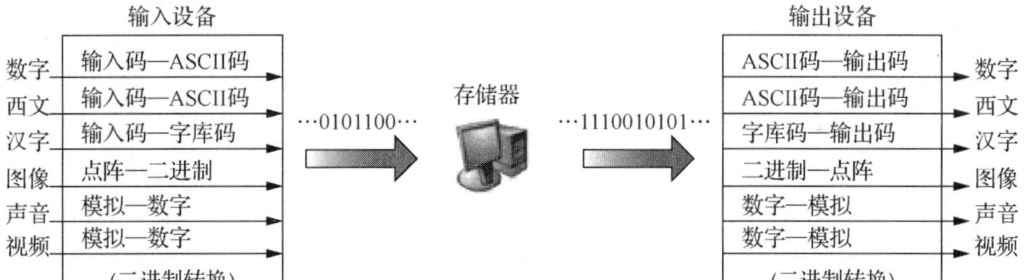

图 1-18　各类数据在计算机中的转换过程

1.4.1　常用数制的表示方法

1. 十进制数

十进制数是人类最早使用的数制。十进制数的运算规则是“逢十进一，借一当十”，需要用到的数字符号有 10 个，分别是 0、1、2、3、4、5、6、7、8、9。

十进制中各数字符号的权为 10 的整数次幂，个位的权为 1（10^0），十位的权为 10（10^1），百位的权为 100（10^2）……例如，十进制数 23 可以表示为 $2\times10^1+3\times10^0$。

为了便于区分，十进制数用下标或在数字尾部加 D 表示，例如，$(23)_{10}$ 或 23D。

2. 二进制数

计算机硬件电路使用十进制数设计时，会导致计算机设计和制造非常复杂，因此在计算机内部采用二进制数进行存储、传输和计算。用户输入的各种信息，由计算机软件和硬件自动转换为二进制数，在数据处理完成后，再由计算机自动转换为用户熟悉的十进制数或其他信息。

基于同样的原理，二进制数只有两种状态，基本数字符号为 0 和 1，二进制数的运算规则是“逢二进一，借一当二”，各数字符号的权为 2 的整数次幂，分别为 2^0、2^1、2^2…。例如，二进制数 10111 可以表示为 $1\times2^4+0\times2^3+1\times2^2+1\times2^1+1\times2^0$。

二进制数用下标或在数字尾部加 B 表示，例如，$(10111)_2$ 或 10111B。

3. 十六进制数

当用二进制表示一个大数时，位数太多，计算机专业人员辨认困难，因此经常采用十六进制数来表示二进制数。十六进制的数码是 0、1、2、3、4、5、6、7、8、9、A、B、C、D、E、F。运算规则是“逢十六进一，借一当十六”。计算机内部并不采用十六进制数进行运算，引入十六进制数的原因是计算机专业人员可以很方便地将十六进制数转换为二进制数。

为了便于区分，十六进制数用下标或在数字尾部加 H 表示，例如，$(18)_{16}$ 或 18H。

常用数制之间的对应关系如表 1-3 所示。

表 1-3 常用数制之间的对应关系

十进制数	十六进制数	二进制数
0	0	0000
1	1	0001
2	2	0010
3	3	0011
4	4	0100
5	5	0101
6	6	0110
7	7	0111
8	8	1000
9	9	1001
10	A	1010

续表

十进制数	十六进制数	二进制数
11	B	1011
12	C	1100
13	D	1101
14	E	1110
15	F	1111

4. 任意进制数的表示方法

任何一种进位制都能用有限几个基本数字符号表示出所有的数，一般称进位制为基数，如十进制的基数为 10，二进制的基数为 2。位于不同数位上的数字符号有不同的位权，简称权。对于任意的 R 进制数，其基本数字符号为 R 个，任意进制的数可以用如下式子表示：

$$\mathrm{A}_n\cdots\mathrm{A}_1\mathrm{A}_0\mathrm{A}_{-1}\cdots\mathrm{A}_{-m}(R)=\mathrm{A}_nR^n+\cdots+\mathrm{A}_1R^1+\mathrm{A}_0R^0+\mathrm{A}_{-1}R^{-1}+\mathrm{A}_{-2}R^{-2}+\cdots+\mathrm{A}_{-m}R^{-m}$$

其中，A 为任意进制数字符号；R 为基数；n、m 为数字位数和权，整数为 n+1 位，小数为 m 位。

如：

十进制数 12.34 可以表示为 $1\times10^1+2\times10^0+3\times10^{-1}+4\times10^{-2}$；

二进制数$(1001.01)_2$ 可以表示为 $1\times2^3+0\times2^2+0\times2^1+1\times2^{-0}+0\times2^{-1}+1\times2^{-2}$；

十六进制数$(8F.3D)_{16}$ 可以表示为 $8\times16^1+15\times16^0+3\times16^{-1}+13\times16^{-2}$。

1.4.2　常用数制之间的转换

1. 二进制数与十进制数之间的转换

二进制数转换成十进制数时，可以采用按权相加的方法，这种方法是按照十进制数的运算规则，将二进制数各位的数码乘以对应的权再累加起来。

如：

将$(1101.101)_2$ 转换成十进制数。

解：$(1101.101)_2=(2^3+2^2+2^0+2^{-1}+2^{-3})_{10}=(8+4+1+0.5+0.125)_{10}=(13.625)_{10}$

在二进制数到十进制数的转换过程中，要频繁地计算 2 的整数次幂。表 1-4 给出了 2 的整数次幂和十进制数值的对应关系。

表 1-4　2 的整数次幂与十进制数值的对应关系

2^n	2^8	2^7	2^6	2^5	2^4	2^3	2^2	2^1	2^0	2^{-1}	2^{-2}	2^{-3}
十进制数值	256	128	64	32	16	8	4	2	1	0.5	0.25	0.125

2. 十进制数与二进制数之间的转换

当十进制数转换为二进制数时，整数部分与小数部分必须分开转换。对于整数部分，采用除 2 取余法，就是将已知十进制数的整数部分反复除以 2，如果相除之后余数为 1，则对应于二进制数的相应位为 1；如果余数为 0，则相应位为 0。第一次除法得到的余数是二进制数的低位（第 K_0 位），最后一次余数是二进制数的高位（第 K_{n-1} 位）。从低位到高位逐次进行，直到商为 0。最后一次除法所得的余数为 K_{n-1}，则 K_{n-1}、$K_{n-2}\cdots K_1$、K_0 为所求二进制数的整数部分。

对于小数部分，采用乘 2 取整法。就是将已知的十进制纯小数反复乘以 2，每次乘 2 之后，所得数的整数部分为 1，相应位为 1，如果整数部分为 0，则相应位为 0。从高位向低位逐次进行，直到满足精度要求或乘 2 后的小数部分为 0。最后一次乘 2 所得的整数部分为 K_{-m}。转换后，所得的纯二进制小数为 $0.K_{-1}K_{-2}\cdots K_{-m}$。

3. 二进制数与十六进制数之间的转换

对于二进制整数，只要自右向左将每 4 位二进制数分为一组，不足 4 位时，在前面添 0，补足 4 位，每组对应一位十六进制数；对于二进制小数，只要自左向右将每 4 位二进制数分为一组，不足 4 位时，在后面添 0，补足 4 位，然后每组对应一位十六进制数，即可得到十六进制数。

如：

$(\underline{0010}\ \underline{0110}\ \underline{1101}.\underline{1100}\ \underline{1000})_2=(26D.C8)_{16}$

  2 6 D . C 8

4. 十六进制数与二进制数之间的转换

将十六进制数转换成二进制数非常简单，只要以小数点为界，向左或向右每一位十六进制数用相应的 4 位二进制数表示，然后将其连在一起即可完成转换。

如：

$(23B.E5)_{16}=(\underline{0010}\ \underline{0011}\ \underline{1011}\ .\ \underline{1110}\ \underline{0101})_2$

  2 3 B . E 5

1.4.3 数据存储的组织形式

1. 位

表示一位二进制信息，可存放一个 0 或 1。位是计算机中存储信息的最小单位。由于每位二进制只能表示两种状态，一位二进制数根本无法表示自然界大多数信息，因此，位数越多，表示的信息量越大。对于二进制位来说，R 位二进制可以表示 2^R 个数据。

2. 字节

计算机中表示存储容量的基本单位是字节（B），由 8 个二进制位组成。表示存储容量的单位还有千字节（kilobyte，KB）、兆字节（megabyte，MB）、吉字节（gigabyte，GB）、太字节（terabyte，TB）、拍字节（petabyte，PB）、艾字节（exabyte，EB）等，它们的换算如下：

$$1KB=1024B=2^{10}B$$

$$1MB=1024KB=2^{20}B$$

$$1GB=1024MB=2^{30}B$$

$$1TB=1024GB=2^{40}B$$

$$1PB=1024TB=2^{50}B$$

$$1EB=1024PB=2^{60}B$$

3. 字

一个字通常由一个或多个字节构成。计算机进行数据处理时，一次存取、加工和传送的数据长度称为字长。计算机的字长决定了 CPU 一次操作所能处理的数据的长度，取决于机器类型、数据类型和使用者的要求。由此可见，计算机的字长越长，其性能越优越。常用的固定字长有 8 位、16 位、32 位、64 位和 128 位等，表示数据的个数分别为 2^8、2^{16}、2^{32}、2^{64} 和 2^{128} 等。

1.4.4　数值型数据的编码

在计算机中表示一个数值型数据一般要考虑以下 3 个问题。

（1）数的长度。在数学中，数的长度是指它用十进制表示时所占的实际位数，如 1234 的长度为 4，在计算机中，数的长度按位来计算，但因为存储容量常以字节为计量单位，所以数据长度也常以字节为单位计算。计算机中同一类型的数据具有相同的数据长度，与数据的实际长度无关。

（2）数的符号。由于数据有正负之分，在计算机中必然要采用一种方法来描述数的符号。一般是用数的最高位（左边第一位）来表示数的正负号，并约定 0 表示正号，1 表示负号。

（3）小数点的表示。当所需要处理的数含有小数部分时，就出现了小数点如何表示的问题。在计算机中并不用某个二进制位来表示小数点，而是隐含规定小数点的位置。根据小数点的位置是否固定，数可以分为定点和浮点两种表示方法。

二进制电信号可以人为地规定为各种信息，为了快速方便地处理信息，每种类型的信息都需要按一定的规律来编码。当使用电信号表示数据时，尽量按照人们习惯的进位方式来表示和处理，但二进制不能直观地表示负数和小数形式的数据，因此，计算机采用了原码、反码、补码，以及定点数和浮点数等不同的编码来表示数值型数据。

1. 整数的表示

1）正整数在计算机中的表示

这里先介绍两个概念：

（1）真值数——符合人们使用习惯的数的原始表示形式，即带正（+）、负（-）符号的数。

（2）机器数——数据在机器中的实际表示形式，即用 0、1 分别表示正、负的数。

假设机器字长为 16 位，设 x=+86，则 x 的真值为 $x=+(000\ 0000\ 0101\ 0110)_2$；假设机器字长为 16 位，设 x=−86，则 x 的真值为 $x=-(000\ 0000\ 0101\ 0110)_2$；假设机器字长为 16 位，设 x=0，则 x 的真值为 $x=-(000\ 0000\ 0000\ 0000)_2$ 或者 $x=+(000\ 0000\ 0000\ 0000)_2$。

这里只简单介绍整数的机器数原码表示、机器数反码表示和机器数补码表示。对于正数，3 种表示都相同，即 x 的原码=x 的反码=x 的补码=x。

2）负整数在计算机中的表示

因为整数有正数也有负数，而计算机中只能用二进制数信息来表示正负号。人们统一规定整数的正号在最高位用 0 来表示，负号在最高位用 1 来表示。这样，在表示机器数的计算机字长中，最高位用来表示符号位，其余的才表示数值。

2. 浮点数的表示

浮点数是指带有小数的数。例如，−122.0 是一个浮点数，可表示为$-120.0=-(1111000.0)_2=-1.111\times2^6=-11.11\times2^5=-111.1\times2^4=-1111\times2^3$。

可见，浮点数可以写作 $x=s\times2^e$，即浮点数存储时分别用尾数 s 和指数 e 来表示，且随着小数点的左右浮动，同一个数的 s 和 e 可以变化，表示不唯一，不便于数据处理。因此，必须进行规范化表示，即要求尾数 s 值除 0 以外，必须写成±1.bb…b 的形式，这样 s 和 e 的值也就唯一了。显然，−120.0 的规范化表示为-1.111×2^6。

1.4.5 非数值型数据的编码

1. 字符的编码

字符包括字母、数字、标点符号及特殊控制字符。目前，国际上广泛使用的是美国信息交换标准代码（American Standard Code for Information Interchange，ASCII）。ASCII 码诞生于 1963 年，用于计算机内部字符的存储和计算机与外设的通信。标准的 ASCII 码为 7 位（即 D6～D0 位），存储时用一个字节表示（最高位 D7 用 0 表示），如表 1-5 所示。

表 1-5　ASCII 码

ASCII 值	控制字符	ASCII 值	控制字符	ASCII 值	控制字符	ASCII 值	控制字符
0	NUT	32	(space)	64	@	96	ˋ
1	SOH	33	!	65	A	97	a
2	STX	34	”	66	B	98	b
3	ETX	35	#	67	C	99	c
4	EOT	36	$	68	D	100	d
5	ENQ	37	%	69	E	101	e
6	ACK	38	&	70	F	102	f
7	BEL	39	’	71	G	103	g
8	BS	40	(	72	H	104	h
9	HT	41	)	73	I	105	i
10	LF	42	*	74	J	106	j
11	VT	43	+	75	K	107	k
12	FF	44	,	76	L	108	l
13	CR	45	-	77	M	109	m
14	SO	46	.	78	N	110	n
15	SI	47	/	79	O	111	o
16	DLE	48	0	80	P	112	p
17	DCI	49	1	81	Q	113	q
18	DC2	50	2	82	R	114	r
19	DC3	51	3	83	X	115	s
20	DC4	52	4	84	T	116	t
21	NAK	53	5	85	U	117	u
22	SYN	54	6	86	V	118	v
23	TB	55	7	87	W	119	w
24	CAN	56	8	88	X	120	x
25	EM	57	9	89	Y	121	y
26	SUB	58	:	90	Z	122	z
27	ESC	59	;	91	[	123	{
28	FS	60	<	92	\	124	|
29	GS	61	=	93	]	125	}
30	RS	62	>	94	^	126	～
31	US	63	?	95	—	127	DEL

2. 汉字的编码

汉字编码是在计算机的存储、交换、检索操作中使用的编码，因此又称作内码。目前，大多采用两个字节的汉字编码，即每个汉字用 16 位来表示。汉字的应用范围较广，其编码字符集也不相同，如有 GB/GBK 码和 BIG5 码等。

1）输入码

键盘是计算机的主要输入设备之一，输入码就是用英文键盘输入汉字时的编码。输入汉字一般有两种途径：一是由计算机自动识别汉字，要求计算机模拟人的智能；二是由人将相应的计算机编码以手动方式用键盘输入计算机。前者主要有手写笔、语音识别和扫描识别等，后者有区位码、全拼、五笔字型、微软拼音和智能 ABC 等，它们都属于外码。按照编码原理，汉字输入码主要分为 4 类，即顺序码（通常无重码，如区位码、国标码、电报码等）、音码（如智能 ABC、微软拼音、全拼和搜狗拼音输入法等）、形码（如五笔字型），以及将汉字的音、形相结合的音形码（自然码）或者形音码。

2）国标码

1980 年我国制定了 GB 2312—1980 标准，颁布了一套用于汉字信息交换的代码，共收录汉字 6763 个、各种字母符号 682 个，合计 7445 个图形字符。其中，常用汉字（一级汉字）3755 个，以拼音为序；二级汉字 3008 个，以偏旁部首为序。根据 2017 年第 7 号公告和强制性标准整合精简结论，自 2017 年 3 月 23 日起，该标准转化为推荐性标准，不再强制执行。

由于 GB/T 2312—1980 表示的汉字数量比较有限，后来又相继出现了 GB 13000.1—1993（已废止）、GBK、GB 18030—2000（已废止）等汉字编码标准。

目前最新的国家标准是 GB 18030—2022，是我国计算机系统必须遵循的基础性标准之一。与 GB/T 2312—1980 完全兼容，与 GBK 基本兼容，支持 GB 13000.1—1993 及 Unicode 的全部统一汉字，共收录汉字 70244 个。

3）区位码

在 GB/T 2312—1980 的编码方式中，国家标准将汉字和图形符号排列在一个 94 行 94 列的二维代码表中，每两个字节分别用两位十进制数来编码，第一个字节的编码称为区码，第二个字节的编码称为位码，这就是区位码。例如，“保”字，它在二维代码表中位于第 17 区第 3 位，那么其区位码就是 1703。

国标码并不完全等同于区位码，它是由区位码稍加转换而得到的。转换方法是，先将十进制区位码的区码和位码分别转换成十六进制的区码和位码，再将转换后的区码和位码分别加上 20H，就得到了国标码。例如，“保”的区位码为 1703D→1103H→1103H+2020H→3123H，国标码为 3123H。

4）机内码

国标码是汉字信息交换的标准编码，但是因为其两个字节的最高位规定成了 0，这样一个汉字的国标码就很容易被误认为是两个西文字符的 ASCII 码。于是，在计算机内部也就无法采用国标码。对此可以采用变形后的国标码，也就是将国标码的两个字节的高位由两个 0 变成两个 1，这就成了机内码。

5）Unicode

Unicode 又称统一码、单一码、万国码，是计算机科学领域里的一项业界标准，是计算机工业界为了解决传统编码方案的局限，支持多语言环境，避免编码之间的冲突，统一地表示世界各国的文字，发起制定的一项编码标准。它对世界上大部分的文字系统进行了整理、编码，使计算机可以用更为简单的方式来呈现和处理文字。

在 Unicode 标准中，编码空间的整数范围是从 0 到 10FFFF（十六进制），共 1114112 个可用的码点，不仅可以包含当今世界使用的所有语言文字和其他符号，也足够容纳绝大多数具有历史意义的古文字和符号。

Unicode 的实现方式不同于编码方式，一个字符的 Unicode 编码是确定的，但是在实际传输过程中，由于不同系统平台的设计差异，以及出于节省空间的目的，对 Unicode 编码的实现方式有所不同。Unicode 的实现方式又称为 Unicode 转换格式（unicode transformation format，UTF），它指定如何将每个码点表示为一个或多个编码单元序列，用于在计算机内存储或在网络上传送。Unicode 标准提供了三种不同的编码格式，使用 8 位、16 位和 32 位编码单元，分别称为 UTF-8、UTF-16、UTF-32。UTF-8 是一种变长的编码方式，它使用 1～4 字节表示一个符号，对不同范围的字符使用不同长度的编码；UTF-16 则对常用的字符（基本多语言平面）采用 2 字节 16 位二进制数进行编码，不常用的采用 4 字节 32 位二进制数进行编码；UTF-32 统一采用 4 字节 32 位二进制数进行编码。

Unicode 的发展由非营利机构统一码联盟负责，目前 Unicode 最新的版本是 6.3，其字符集收录的字符已经超过 10 万个。Unicode 标准已经被工业界广泛采用，如苹果、惠普、IBM、微软、甲骨文等公司都在其产品和系统中支持 Unicode。

3. 多媒体信息的编码

图形、图像、声音和视频等多媒体信息要在计算机中处理和存储，都需要经过数字化，以二进制形式的某种编码来表示，不过其过程和形式要复杂得多。

1）声音的编码

声音是一种连续变化的模拟量，可以通过模/数转换器对声音信号按照固定的频率进行抽样，再把抽样的结果转换为二进制的数字量，这样声音就可以进行存储和处理了。

2）图像的表示

图像需要分割成很小的单元，每个最小单元就是一个像素，再将每个像素的颜色（或亮度）用二进制进行编码。

1.5　数字时代与数字经济

数字时代，是人类社会发展历程中的一个重要阶段，它以数字技术为核心驱动力，深刻改变着人们的生活、工作、学习及社会交往的方方面面。在数字时代，信息以数字化的形式存储、处理和传输，极大地提高了信息的传播效率和处理速度，使人们能够更加便捷地获取和分享知识，促进了知识的快速更新和创新。

1.5.1 数字时代

数字时代的到来，得益于一系列关键技术的突破和发展。其中，计算机技术的不断进步为数字时代的到来奠定了坚实的基础。从早期的大型机到如今的个人计算机和平板计算机，计算机的性能不断提升，体积越来越小，功能越来越强大，使人们能够随时随地使用计算机设备进行各种数字化操作。同时，互联网的普及更是加速了数字时代的进程。互联网将全球各地的计算机网络连接在一起，形成了一个庞大的信息共享平台，人们可以通过互联网获取海量的信息资源，进行远程办公、在线学习、电子商务、社交娱乐等各种活动，打破了时间和空间的限制，极大地拓展了人类的活动范围和交流方式。

在数字时代，数据成为一种重要的生产要素和资产。随着各种数字化设备和系统的广泛应用，数据的产生量呈爆炸式增长。这些数据涵盖了人们生活的各个领域，包括个人的消费行为、健康状况、社交关系，企业的生产运营数据、市场销售数据，以及政府的公共服务数据等。通过对这些海量数据的收集、存储、分析和挖掘，可以发现其中隐藏的规律和价值，为个人、企业和政府的决策提供有力支持。例如，个人可以通过分析自己的健康数据，更好地管理自己的健康状况；企业可以通过分析消费者的购买数据，了解消费者的需求和偏好，从而制定更加精准的市场营销策略；政府可以通过分析公共服务数据，优化资源配置，提高公共服务的质量和效率。

数字时代还催生了许多新的商业模式和业态。电子商务、移动支付、共享经济、数字媒体、在线教育、远程医疗等新兴行业蓬勃发展，为人们的生活带来了极大的便利，同时也推动了经济的转型升级。以电子商务为例，它改变了传统的购物方式，消费者可以通过互联网轻松地浏览和购买全球各地的商品，而企业也能够突破地域限制，拓展市场范围，提高销售效率。移动支付则让人们在购物、出行、缴费等场景中无须携带现金，只需通过手机操作即可完成支付，极大地提高了支付的便捷性和安全性。共享经济模式则充分利用了闲置资源，提高了资源的利用效率，如共享单车、共享汽车、共享办公空间等，为人们提供了更加灵活、经济的使用方式。

此外，数字时代还对社会文化产生了深远的影响。数字技术为文化的传播和创新提供了新的平台和手段，使文化作品的创作、传播和消费更加便捷和多样化。数字媒体的兴起，如社交媒体、视频网站、数字音乐平台等，让每个人都有机会成为内容的创作者和传播者，极大地丰富了文化的表现形式和内容。同时，数字技术也促进了文化的交流和融合，不同国家和地区的文化通过互联网相互传播和交流，增进了人们对不同文化的了解和认同，推动了全球文化的多元发展。

1.5.2　数字经济

数字经济是数字时代经济发展的新形态，它是以数据资源为关键生产要素，以现代信息网络为重要载体，以信息通信技术的有效使用为效率提升和经济结构优化的重要推动力的一系列经济活动。数字经济涵盖了数字产业化和产业数字化两个方面，是推动经济高质量发展的重要引擎。

数字产业化是数字经济的核心组成部分，它主要包括电子信息制造业、软件和信息技术服务业、电信业等基础数字产业。这些产业是数字经济发展的基础支撑，为数字经济的其他领域提供了关键的技术和产品支持。例如，电子信息制造业生产各种计算机硬件、通信设备、智能终端等产品，为数字经济的运行提供了物质基础；软件和信息技术服务业开发各种软件系统和提供信息技术服务，为数字经济的各个领域提供技术支持和解决方案；电信业则通过建设通信网络基础设施，保障数据的高效传输和通信的顺畅。

产业数字化则是数字经济的融合部分，它是指传统产业通过应用数字技术，实现生产方式、商业模式和组织形式的创新和变革，从而提升生产效率、优化资源配置、创造新的价值。产业数字化涉及的领域非常广泛，包括农业、制造业、服务业等各个传统产业。例如，在农业领域，通过应用物联网（internet of things，IoT）、大数据、人工智能等数字技术，可以实现精准农业，提高农业生产效率和农产品质量；在制造业领域，工业互联网、智能制造等技术的应用，推动了制造业的智能化升级，提高了生产效率、降低了生产成本、提升了产品质量；在服务业领域，数字技术的应用催生了电子商务、数字金融、智慧物流等新兴服务业，改变了传统服务业的发展模式和竞争格局。

数字经济的发展具有如下显著的特点。

（1）数字经济具有高创新性。数字技术的快速发展和不断更新，为数字经济的创新提供了强大的动力。企业和创业者可以在数字技术的基础上，不断探索新的商业模式、产品和服务，满足消费者日益多样化和个性化的需求。

（2）数字经济具有强渗透性。数字技术能够快速地渗透到各个传统产业和领域，与传统产业深度融合，推动传统产业的数字化转型和升级。这种渗透性使数字经济的发展具有广泛的带动作用，能够带动整个经济结构的优化和升级。

（3）数字经济具有广覆盖性。数字经济的发展不受地域限制，通过互联网可以将全球各地的资源和市场连接在一起，实现资源的优化配置和市场的全球化拓展。这种覆盖性使数字经济具有巨大的发展空间和潜力，能够为经济增长提供持续的动力。

数字经济的发展对经济增长和社会发展产生了深远的影响。从经济增长的角度来看，数字经济是推动经济高质量发展的重要引擎。数字经济的发展能够提高生产效率，降低生产成本，创造新的经济增长点，促进经济结构的优化和升级。相关研究数据显示，数字经济对经济增长的贡献率已经超过了传统经济，成为经济增长的重要支撑。从社会发展的角度来看，数字经济的发展也为社会带来了诸多积极的变化。数字经济的发展促进了就业结构的优化，创造了大量新的就业机会，如数字技术研发人员、数字营销人员、电子商务运营人员等。同时，数字经济的发展也推动了公共服务的数字化转型，提高了公共服务的质量和效率，如智慧教育、智慧医疗、智慧交通等，为人们的生活带来了极大的便利。

1.6 数字素养

在当今数字化浪潮席卷全球的时代，数字素养正成为每个人立足社会、拥抱未来的关键能力。从日常的便捷支付、信息获取，到职场的高效办公、创新协作，再到社会层面的网络沟通、数据解读，数字技术已深度融入各个角落。提升数字素养，不仅是适应数字生活的必然要求，更是把握数字机遇、应对数字挑战、实现个人全面发展和社会全面进步的重要基石。具备数字素养，意味着能够自信地驾驭数字世界，创造更美好的生活，推动更智慧的社会发展。

1.6.1 数字素养的概念

数字素养是指个人在数字时代所具备的能够有效利用数字技术进行学习、工作、生活和社交等一系列活动的知识、技能、态度和价值观的综合体现。它不仅包括对数字技术的基本操作技能，如计算机操作、网页浏览、办公软件使用等，还包括对数字信息的理解、分析、评估和创造能力，以及在数字环境中进行有效沟通、协作和解决问题的能力。数字素养是数字时代人们必备的基本素质之一，是个人在数字时代生存和发展的重要基础。

数字素养的内涵可以从以下几个方面进行具体阐述。

（1）数字技术操作能力。这是数字素养的基础部分，包括对各种数字设备和软件的熟练操作。例如，能够熟练使用计算机进行文档编辑、表格处理、演示文稿制作；能够熟练使用智能手机进行拍照、录像、安装和使用各种应用程序；能够熟练使用网络浏览器进行网页浏览、信息搜索、在线学习等。这些基本的数字技术操作能力是人们在数字时代进行日常活动所必需的。

（2）数字信息素养。数字信息素养是指个人在数字环境中对信息的获取、理解、评估、分析和创造的能力。在数字时代，信息的海量性和复杂性使人们需要具备更强的信息素养，才能有效地从海量的信息中获取有价值的信息，并对其进行准确的评估和分析。例如，能够通过搜索引擎快速准确地找到所需的信息；能够对网络上的各种信息进行甄别，判断其真实性和可靠性；能够对获取的信息进行整理和分析，提取有价值的知识和观点；能够利用所获取的信息进行创新和创造，如撰写文章、制作视频、开发软件等。

（3）数字沟通与协作能力。在数字时代，人们的沟通和协作方式发生了巨大的变化，数字沟通与协作能力成为数字素养的重要组成部分。这包括能够熟练使用各种数字通信工具，如电子邮件、即时通信软件、社交媒体等进行有效的沟通；能够利用数字平台进行团队协作，如在线协作编辑文档、共享项目资源、进行远程会议等；能够理解不同数字沟通工具的特点和适用场景，选择合适的沟通方式和工具进行沟通和协作；能够遵守数字沟通的礼仪和规范，进行文明、有效的沟通。

（4）数字安全与隐私保护意识。在数字时代，数字安全和隐私保护至关重要。数字安全与隐私保护意识是指个人对数字环境中安全风险的认识和防范能力，以及对个人隐私的保护意识。这包括了解常见的数字安全威胁，如计算机病毒、网络诈骗、信息泄露等，并掌握相应的防范措施，如安装杀毒软件、设置复杂的密码、不随意点击不明链接等；能够保护自己的个人隐私信息，如不随意在不可信的网站上注册个人信息、不随意分享个人敏感信息等；了解数字安全和隐私保护的相关法律法规，遵守法律法规，维护自己的合法权益。

（5）数字创新与学习能力。数字时代是一个快速变化的时代，数字技术的不断更新和创新要求人们具备持续学习和创新的能力。数字创新与学习能力是指个人能够主动学习和掌握新的数字技术、工具和应用，能够利用数字技术进行创新和创造，能够适应数字时代的变化和发展。例如，能够主动关注和学习新的数字技术趋势，如人工智能、大数据、区块链等；能够利用数字技术进行创新实践，如开发新的应用程序、设计创意数字内容等；能够通过在线学习平台、数字教育资源等进行自主学习，不断提升自己的数字素养和专业技能。

1.6.2 数字素养的重要性

在数字时代，数字素养对于个人、社会和国家的发展都具有极其重要的意义。它不仅影响个人的生活质量和发展机会，也关系到社会的数字化转型和国家的竞争力。

对于个人而言，数字素养是适应数字时代生活的基本能力。在日常生活中，人们需要使用数字设备进行沟通、购物、娱乐、学习等活动。例如，通过智能手机进行移动支付、使用社交媒体与朋友交流、利用在线学习平台提升自己的知识和技能等。如果缺乏数字素养，个人将难以享受数字时代带来的便利和高效，甚至可能在数字鸿沟中被边缘化。数字鸿沟是指不同群体之间在数字技术的获取、使用和应用能力上的差距。此外，数字素养也是个人职业发展的关键因素。在当今的就业市场中，越来越多的工作岗位要求具备一定的数字技能，如数据分析、软件开发、数字营销等。具备较高数字素养的人能够更好地适应数字化工作环境，提升工作效率和创新能力，从而获得更多的职业发展机会和更高的收入水平。

对于社会而言，数字素养是推动社会数字化转型的重要基础。社会的数字化转型需要大量具备数字素养的人才来推动和实现。只有当社会成员普遍具备较高的数字素养时，才能更好地利用数字技术提升公共服务水平、优化社会治理模式、促进文化传承与创新等。例如，在智慧城市建设中，需要居民具备一定的数字素养，能够熟练使用各种数字服务，如在线政务服务平台、智能交通系统等，才能真正实现城市的智能化管理和便捷化服务。同时，数字素养的普及也有助于缩小数字鸿沟，促进社会公平。通过提升全民数字素养，可以缩小这种差距，让更多的人能够享受到数字时代的发展成果，促进社会的和谐发展。

对于国家而言，数字素养是提升国家竞争力的重要支撑。在数字时代，数字经济成为国家经济发展的新引擎，而数字素养是数字经济发展的关键要素之一。一个国家的数字素养水平越高，其数字经济的发展潜力就越大，国家的竞争力也就越强。例如，在一些发达国家，政府高度重视数字素养教育，通过制定相关政策和措施，大力提升全民数字素养，从而推动了数字经济的快速发展，增强了国家的经济实力和国际竞争力。此外，数字素养也是国家科技创新的重要基础。科技创新需要大量具备数字素养的人才来推动，他们能够熟练运用数字技术进行科研创新，开发出更多具有竞争力的数字产品和服务，提升国家的科技水平和创新能力。

1.6.3 我国的数字素养发展目标

近年来，我国高度重视数字素养的发展，将其作为推动数字中国建设和提升国家竞争力的重要战略举措。我国的数字素养发展目标主要包括以下几个方面。

（1）提升全民数字素养水平。我国致力于提升全民的数字素养，使更多的人能够掌握基本的数字技术操作技能，具备一定的数字信息素养、数字沟通与协作能力、数字安全与隐私保护意识及数字创新与学习能力。通过开展数字素养教育和培训，普及数字技术知识，提高全民的数字素养意识，缩小不同群体之间的数字鸿沟，促进社会的公平与和谐发展。

（2）培养高素质数字人才队伍。高素质的数字人才是数字经济发展的重要支撑。我国注重培养和引进一批具有国际领先水平的数字技术专家、创新人才和创新团队，加强数字技术相关专业的教育和培训，提高数字人才的培养质量。同时，鼓励高校、科研机构和企业加强合作，建立产学研用协同创新机制，为数字人才提供良好的发展环境和创新平台，培养造就一支适应数字经济发展需求的高素质数字人才队伍。

（3）推动数字素养与数字经济发展深度融合。我国将数字素养的发展与数字经济的发展紧密结合，通过提升全民数字素养，为数字经济的发展提供强大的人才支持和智力保障。同时，数字经济的发展也为数字素养的提升提供了丰富的实践场景和应用需求。例如，在数字产业化领域，通过培养数字技术人才，推动电子信息制造业、软件和信息技术服务业等基础数字产业的发展；在产业数字化领域，通过提升传统产业从业人员的数字素养，促进传统产业的数字化转型和升级，推动数字经济与实体经济的深度融合，实现经济高质量发展。

（4）加强数字素养教育体系建设。我国不断完善数字素养教育体系，将数字素养教育纳入国民教育体系，从基础教育阶段开始，逐步培养学生的信息意识和数字素养。同时，加强职业教育和继续教育中的数字素养教育，为不同年龄段、不同职业群体提供多样化的数字素养培训课程和学习资源。此外，还鼓励社会力量参与数字素养教育，通过建设数字素养教育基地、开展数字素养培训活动等方式，形成全社会共同参与数字素养教育的良好氛围。

1.6.4 大学生提升数字素养的方式

大学生作为新时代的青年群体，是数字时代的主力军，提升数字素养对于他们的个人发展和未来职业竞争力至关重要。大学生可以通过以下几种方式来提升自己的数字素养。

（1）加强数字技术学习。大学生应主动学习和掌握各种数字技术知识和技能。在大学课程中，除了学习专业课程外，还应选修一些与数字技术相关的课程，如计算机编程、数据分析、人工智能等。此外，还可以通过在线学习平台、专业书籍、技术博客等渠道，自主学习新的数字技术知识，拓宽自己的数字技术视野。例如，利用 Coursera、edX 等在线学习平台上的优质课程，学习 Python 编程、机器学习（machine learning，ML）等热门数字技术。

（2）培养数字信息素养。在数字时代，信息的海量性和复杂性要求大学生具备较强的数字信息素养。大学生要学会使用搜索引擎、数据库等工具高效地获取信息，并能够对获取的信息进行甄别、评估和分析，判断其真实性和可靠性。同时，要注重信息的整理和管理，学会使用各种工具对信息进行分类、存储和共享。例如，在进行学术研究或论文写作时，能够准确地查找和引用高质量的学术文献，并对文献进行整理和分析，提取有价值的观点和数据。

（3）提升数字沟通与协作能力。大学生应注重提升自己的数字沟通与协作能力。在日常学习和生活中，要熟练使用各种数字通信工具，如电子邮件、即时通信软件、社交媒体等进行有效的沟通。同时，要积极参与团队项目和协作学习活动，学会利用数字平台进行团队协作，如在线协作编辑文档、共享项目资源、组织远程会议等。例如，在小组作业中，可以通过在线文档工具进行协作编辑，提高团队协作效率。

（4）增强数字安全与隐私保护意识。数字安全和隐私保护是数字时代的重要问题，大学生应增强自己的数字安全与隐私保护意识。要了解常见的数字安全威胁，如计算机病毒、网络诈骗、信息泄露等，并掌握相应的防范措施，如安装杀毒软件、设置复杂的密码、不随意点击不明链接等。同时，要注意保护自己的个人隐私信息，不随意在不可信的网站上注册个人信息，不随意分享个人敏感信息。例如，在使用社交媒体时，要注意隐私设置，避免个人信息被过度曝光。

（5）培养数字创新与学习能力。数字时代是一个快速变化的时代，大学生应具备持续学习和创新的能力。要关注数字技术的发展动态，主动学习和掌握新的数字技术、工具和应用。同时，要积极参与创新实践活动，如参加创新创业大赛、科研项目等，利用数字技术进行创新和创造。例如，可以利用人工智能技术开发智能应用，或利用大数据技术进行数据分析和预测，提升自己的数字创新能力和实践能力。

（6）参与社会实践与实习。实践是提升数字素养的重要途径。大学生应积极参与社会实践和实习活动，将所学的数字技术知识和技能应用到实际工作中，积累实践经验。例如，可以在互联网企业、科技公司等实习，参与实际的项目开发和运营，了解数字技术在企业中的应用和创新，提升自己的数字素养和职业能力。

（7）培养终身学习意识。数字技术的快速发展要求大学生树立终身学习的意识。大学生要认识到数字素养的提升是一个持续的过程，需要不断学习和更新知识。在大学毕业后，也要继续关注数字技术的发展动态，通过参加培训课程、学习在线课程、阅读专业书籍等方式，不断提升自己的数字素养，以适应数字时代的发展需求。

通过以上这些方式，大学生可以全面提升自己的数字素养，为个人的发展和未来的职业生涯奠定坚实的基础，更好地适应数字时代的发展需求，成为具有创新精神和实践能力的高素质人才。

习题

一、单项选择题

1. 计算机的基本工作原理不包括（　　）。

A. 指令和指令系统　　B. 微型计算机系统结构
C. 云计算　　D. 计算机的基本工作原理

2.（　　）不是计算机硬件系统的一部分。

A. CPU　　B. 内存　　C. 操作系统　　D. 硬盘

3. 计算机硬件系统的基本组成包括（　　）。

A. 输入设备、输出设备、存储器、运算器、控制器
B. 输入设备、输出设备、存储器、显示器、键盘
C. 输入设备、输出设备、存储器、运算器、鼠标
D. 输入设备、输出设备、存储器、运算器、打印机

4. 下列不属于计算机软件的是（　　）。

A. 操作系统　　B. 数据库管理系统
C. 硬盘　　D. 办公软件

5. 在计算机中，1KB 等于（　　）B。

A. 1000　　B. 1024　　C. 512　　D. 2048

6. 在信息技术发展历史中，个人计算机的发展主要得益于（　　）的突破。

A. 机械制造技术　　B. 电子管技术
C. 晶体管技术　　D. 量子计算技术

7. 计算机的基本工作原理中，（　　）不是计算机执行指令的基本步骤。

A. 取指令　　B. 指令译码
C. 指令执行　　D. 存储指令

8．计算机系统概述中，（　　）不属于计算机硬件系统的组成部分。

A．CPU　　B．存储器

C．操作系统　　D．输入/输出设备

9．在数据在计算机中的表示中，（　　）编码方式用于表示字符。

A．ASCII　　B．二进制

C．八进制　　D．十六进制

10．在数字素养的培养中，（　　）不是提升数字素养的有效方式。

A．学习在线课程　　B．阅读相关书籍

C．进行实地考察　　D．参与项目实践

二、问答题

1．简述从机械计算到电子计算的转变过程。

2．描述计算机的基本工作原理。

3．解释计算机系统结构的主要组成部分。

4．简述计算机硬件和软件的关系。

5．计算机硬件系统和计算机软件系统如何协同工作？

第2章　新兴信息技术

学习目标

- 理解大数据的定义及特征。
- 了解云计算的特点及应用领域。
- 掌握物联网、5G技术的基本概念及关键技术。
- 了解区块链、元宇宙的基本概念和应用领域。

课程思政案例

5G技术：引领科技前沿，助力中国科技强国梦

在深圳市南山区那片被电子元件堆砌的工业区，一盏灯曾照亮中国科技史上最壮丽的突围。1987年，43岁的任正非用凑来的2.1万元创立了华为公司，从代理香港交换机起步，在简陋的仓库里开启了一场以“中华有为”为名的科技长征。经过30余载的艰苦奋斗，华为5G技术领跑全球，这盏灯依然在风暴中倔强燃烧，映照出中国科技自立自强的脊梁。

任正非的童年浸透着饥饿与坚韧。贵州山区的煤油灯下，父亲用《资本论》为他种下“知识是唯一不会被剥夺的财富”的信念。1983年转业至深圳后，他因被骗200万元负债累累，带着父母和弟弟妹妹挤进棚屋，却用“床垫文化”在砖房里组装出第一台华为交换机。1993年，他押上全部身家研发C&C08数字程控交换机，面对首批设备50%的故障率，工程师们裹着军大衣在义乌机房里鏖战两个月，最终撕开跨国巨头垄断的市场缺口。

当全球为6G高频段押注时，任正非带领华为选择厘米波中频段，以“十年磨一剑”的定力深耕5G。面对外部重重技术封锁，海思芯片用“备胎转正”打破芯片封锁，鸿蒙系统在安卓断供危机中重构生态链。2023年，搭载国产7nm麒麟芯片的华为Mate 60横空出世，宣告中国在5G手机领域实现了较高的自主可控性。

从棚屋里的交换机到5G时代的“科技方舟”，任正非与华为的故事诠释了何为真正的“破晓者”：在至暗时刻凿出光明的裂缝，在技术封锁中锻造出中国的科技脊梁。这盏灯照亮的不仅是华为的征程，更是一个民族在科技浪潮中挺立潮头的信念。

（根据网络资料改写）

新兴信息技术是指以云计算、大数据、物联网、人工智能等为代表的新兴技术领域。这些技术不仅是科技进步的象征，更是推动产业升级、提升社会治理效能的关键力量。通过智能化、数字化手段，新兴信息技术正在深刻改变着人们的生活方式、工作模式和思维方式，对于社会进步与经济发展具有深远意义和影响。

2.1　大数据

现在的社会是一个高速发展的社会，科技发达，信息流通，人们之间的交流越来越密切，生活也越来越方便，大数据就是这个高科技时代的产物。大数据技术的战略意义不在于掌握庞大的数据信息，而在于对这些含有意义的数据进行专业化处理。换而言之，如果把大数据比作一种产业，那么这种产业实现盈利的关键，在于提高对数据的加工能力，通过加工实现数据的增值。大数据并不在“大”，而在于“有用”。价值含量、挖掘成本比数量更为重要。对于很多行业而言，如何利用这些大规模数据是赢得竞争成功的关键。

大数据作为一种概念和思潮由计算领域发端，之后逐渐延伸到科学和商业领域。经过多年来的发展和沉淀，人们对大数据已经形成基本共识：大数据现象源于互联网及其延伸所带来的无处不在的信息技术应用以及信息技术的不断低成本化。大数据泛指无法在可容忍的时间内用传统信息技术和软硬件工具对其进行获取、管理和处理的巨量数据集合，需要可伸缩的计算体系结构以支持其存储、处理和分析。

2.1.1　大数据的定义

对于大数据，研究机构 Gartner 给出了这样的定义：大数据是需要新处理模式才能具有更强的决策力、洞察发现力和流程优化能力来适应海量、高增长率和多样化的信息资产。

麦肯锡全球研究所对大数据给出的定义是，一种规模大到在获取、存储、管理、分析方面远超传统数据库软件工具能力范围的数据集合，具有海量的数据规模、快速的数据流转、多样的数据类型和价值密度低四大特征。

2.1.2　大数据的特征

大数据主要具有以下的“4V”特征。

（1）大量化（volume）：大数据的非结构化的超大规模和增长，比结构化数据增长快 10～50 倍，是传统数据仓库的 10～50 倍。

（2）快速化（velocity）：大数据处理时，采用实时分析而非批量式分析，如数据输入、处理与丢弃等处理，能立竿见影而非事后见效。

（3）多样化（variety）：大数据包括结构化、半结构化和非结构化数据，非结构化数据越来越成为数据的主要部分。据互联网数据中心（Internet Data Center，IDC）的调查报告，企业中80%的数据是非结构化数据，这些数据每年都按指数增长60%。大数据包含有很多不同形式（文本、图像、视频、机器日志）、不同结构的数据，无模式或者模式不明显，具有不连贯的语法或句义。

（4）价值化（value）：大数据蕴含的大量的不相关信息，对未来趋势与模式的可预测分析，深度复杂分析（机器学习，人工智能）等蕴含着大量的价值。

2.1.3 大数据处理技术

在大数据技术不断应用落地的同时，大量的新技术不断涌现，其中核心的技术就是大数据处理技术。大数据处理技术包括大数据采集技术、大数据预处理技术、大数据存储及管理技术、大数据分析技术、大数据可视化等。

（1）大数据采集技术：通过各种数据爬取和采集技术获取大数据的过程，这个过程必须关注针对大数据源的智能识别、感知、适配、传输、接入等技术。一般来说，数据采集方式分为系统日志采集法和网络数据采集法。比较常用的是网络数据采集法中的网络爬虫。

（2）大数据预处理技术：对已经完成收集的数据进行辨析、抽取、清洗等操作。数据抽取可以将复杂的数据转化为单一或者便于处理的结构，而数据清洗则是去除用户不关心的数据内容，从而实现数据的“去噪”，提高数据分析的精准度。

（3）大数据存储及管理技术：大数据需要建立相应的数据库，并对其进行管理和调用。主要目的是解决大数据的可存储、可表示、可处理、可靠性和有效传输等几个核心的问题。

（4）大数据分析技术：大数据分析是数据分析的核心环节，是对已有数据通过各种分析手段，实现数据价值的过程。相对于原来少量数据可以使用Excel完成分析而言，面对大数据庞大的数据量，需要采用更多的技术来实现。

（5）大数据可视化：让数据说明的问题更加直观，也是数据分析最终结果的体现。

在我国，大数据发展已经上升到国家战略。2021年，工业和信息化部发布的《“十四五”大数据产业发展规划》中，就明确将大数据发展上升至战略高度。该规划提出，到2025年我国大数据产业测算规模突破3万亿元，年均复合增长率保持25%左右，形成创新力强、附加值高、自主可控的现代化产业体系。重点任务包括培育数据要素市场、强化数据全生命周期治理、构建稳定高效产业链、推动工业与行业大数据深度应用，并设置数据安全铸盾等专项行动，通过技术创新、标准引领和基础设施升级，全面支撑数字中国建设。

2.1.4 大数据处理平台与工具

1. 数据采集常用的平台和工具

数据采集是大数据处理的第一步，它涉及从各种数据源收集数据。这些数据源包括企业内部的各种业务系统、外部互联网上的公开数据、传感器采集的实时数据等。数据采集技术的关键在于如何高效地收集、整合和传输这些数据。在数据采集阶段常用的平台和工具如下。

（1）Apache Flume 是一个分布式、可靠和高可用的日志收集和聚合系统。它可以将来自不同数据源的数据收集起来，并将其传输到 Hadoop 或其他存储系统中。Flume 具有高度的可扩展性和灵活性，可以支持多种数据源和传输协议。此外，Flume 还提供了丰富的配置选项和插件机制，方便用户根据自己的需求进行定制和扩展。

（2）Apache Kafka 是一个分布式流处理平台，也可以用于数据采集。它可以构建实时数据管道，支持高吞吐量和低延迟的数据传输。Kafka 通过消息队列和发布-订阅机制，实现数据的异步传输和可靠存储。此外，Kafka 还提供了丰富的应用程序接口（application program interface，API）和工具，方便用户进行数据的生产和消费。

（3）Sqoop 是一个在 Hadoop 和关系数据库服务器之间传送数据的工具。它可以将关系数据库中的数据导入 Hadoop 的 HDFS、Hive 等存储系统中，也可以将 Hadoop 中的数据导出到关系数据库中。Sqoop 支持多种关系数据库和 Hadoop 存储系统，并提供了丰富的配置选项和命令行接口。

2. 大数据预处理常用的工具和平台

大数据预处理是指在数据分析之前，对原始数据进行清洗、填补、平滑、合并、规格化、一致性检验等一系列操作，旨在提高数据质量，为后期分析工作奠定基础，其对应的主要工具和平台如下。

（1）Excel 是一款功能强大的电子表格软件，广泛应用于数据分析和预处理环节。用户可以使用 Excel 进行数据清洗、转换、聚合等操作，还可以利用 VBA、条件格式化、数据透视表等功能，提高数据处理的效率和准确性。Excel 适用于小规模数据的预处理，是数据分析师和商务人士常用的工具之一。

（2）Python 及其数据处理库。Python 是一种流行的编程语言，拥有丰富的数据处理库，如 pandas、NumPy、scikit-learn 等。pandas 提供了高效的数据结构（如 DataFrame）和数据分析工具，支持数据清洗、转换、聚合等操作；NumPy 提供大规模的多维数组和矩阵运算功能，是 pandas 等数据处理库的基础；scikit-learn 则专注于数据挖掘和数据分析，提供了丰富的数据预处理算法和工具。Python 及其数据处理库以其强大的功能和灵活性，成为大数据预处理领域的重要工具。

（3）R 语言及其数据处理包。R 语言是一种专门用于统计分析和数据挖掘的编程语言，拥有丰富的数据处理包，如 dplyr、tidyverse 等。dplyr 提供了一套用于数据操作的函数，如筛选、排序、连接、分组和汇总等，方便用户进行数据预处理；tidyverse 则包含了一系列的数据处理和分析工具。R 语言及其数据处理包以其专注于统计分析和数据挖掘的特点，在大数据预处理领域具有独特的优势。

（4）结构化查询语言（structured query language，SQL）是一种数据库查询语言，也是数据预处理的重要工具之一。通过 SQL 的 SELECT 语句，用户可以对数据进行筛选、清洗和转换等操作。同时，SQL 还支持数据聚合和连接等操作，方便用户进行数据整合和分析。SQL 适用于关系数据库中的数据预处理，是数据库管理员和数据分析师常用的工具之一。

3. 大数据存储平台

数据存储是大数据处理的重要环节，它涉及如何高效地存储和管理大规模数据集。由于大数据数量庞大、种类繁多，传统的关系型数据库已经无法满足需求。因此，大数据处理平台通常采用分布式存储系统来支持大规模数据的存储和高效访问，以下是常用的大数据存储平台。

（1）Hadoop 是一个开源的分布式计算框架，其核心组件 HDFS（Hadoop distributed file system）是大数据存储的核心。HDFS 用于在商用硬件上存储和处理大规模数据集，具有高容错性、高吞吐量和可扩展性。它通过将数据分块存储在不同的节点上，实现了数据的分布式存储和并行访问，能够处理 PB 级别的数据。Hadoop 还提供了一个丰富的生态系统，包括 Hive、HBase、Pig 等组件，支持复杂的数据处理和分析任务。Hadoop 是大数据存储领域较为成熟和广泛应用的平台之一。

（2）Google BigQuery 是 Google Cloud 提供的一个完全托管的数据仓库服务，专为处理和分析大规模数据集而设计。它基于谷歌（Google）公司强大的基础设施，能够实现高效、实时的数据分析。BigQuery 采用了列式存储技术，允许用户只读取查询需要的列，从而提高了查询性能。它还支持 SQL，用户可以通过简单的 SQL 语句对存储在 BigQuery 中的数据进行分析。BigQuery 无须用户管理底层硬件资源，提供了灵活的按需付费模式，是企业和组织进行大数据存储和分析的理想选择。

（3）Snowflake 是一个云数据平台，提供数据仓库、数据湖和数据流服务。它采用多集群共享数据架构，将计算与存储分离，实现了弹性扩展和高效的数据访问。Snowflake 支持多种数据格式和来源，包括结构化、半结构化和非结构化数据，并提供了强大的数据转换和清洗功能。它还提供了高性能的查询引擎和实时的数据加载能力，使用户能够快速、准确地获取所需的数据。Snowflake 以其易用性、灵活性和高效性，在大数据存储和分析领域获得了广泛认可。

（4）Amazon S3（simple storage service）是亚马逊云提供的一个对象存储服务，专为从任意位置存储和检索任意数量的数据而设计。S3 具有高可用性、高扩展性和安全性等特性。它适用于存储各种类型的文件，如图片、视频、日志文件等，并支持通过亚马逊云科技（Amazon Web Services，AWS）的其他服务进行数据的分析和处理。S3 还提供了丰富的元数据管理功能和细粒度的访问控制，使用户能够灵活地管理数据访问权限。作为亚马逊云的核心服务之一，S3 在大数据存储领域具有广泛的应用场景和强大的市场竞争力。

4. 大数据分析工具

数据分析是大数据处理的重要环节，它涉及如何对处理后的数据进行深入分析和挖掘。利用数据分析技术，可以发现数据中的潜在模式和规律，并为企业提供有价值的业务洞察和决策支持。数据分析技术的关键在于如何选择合适的算法和模型，并准确地解释和分析结果，以下为一些常用的大数据分析工具。

（1）Spark 是一个快速、通用的大数据处理框架，提供了比 Hadoop MapReduce 更快的计算速度和更多的功能。Spark 基于内存计算，能够在内存中进行数据处理，显著提高处理速度。它支持批处理、实时处理、机器学习和图计算等多种数据处理模式，并提供了丰富的 API，支持 Java、Scala、Python 和 R 等多种编程语言。Spark 的核心组件包括 Spark SQL、Spark Streaming、MLlib（机器学习库）和 GraphX（图计算库），使其成为一个多功能的数据处理平台。

（2）FineBI 是一款功能强大的商业智能工具，专注于数据分析和可视化。它支持多种数据源的连接和集成，具有强大的数据处理能力和灵活的可视化展示功能。用户可以通过简单的拖拽操作实现复杂的数据分析和展示，无须编写代码。FineBI 提供了丰富的模板和图表库，帮助用户快速构建数据分析系统，提升决策效率。同时，它还支持实时数据分析，能够快速响应变化的数据环境。FineBI 因其易用性和强大的数据分析能力而受到广泛欢迎。

（3）Power BI 是微软公司推出的一款商业智能工具，专为数据分析和可视化而设计。它支持多种数据源的连接和集成，能够轻松地进行数据集成和处理。Power BI 提供了丰富的数据可视化功能，如图表、仪表盘、地图等，帮助用户直观地展示和理解数据。同时，它还支持实时数据分析，能够快速响应变化的数据环境。Power BI 与微软公司其他产品（如 Excel 和 Azure）的紧密集成，使用户能够更加方便地导入和分析数据。它的自助式数据分析功能允许用户无须编写代码即可进行复杂的数据分析，大幅降低了数据分析的门槛。

5. 数据可视化工具

数据可视化是大数据处理的重要环节之一，它将分析后的数据以直观、易懂的形式呈现出来。通过图表、报表、仪表盘等形式，数据可视化技术可以帮助用户更好地理解数据和分析结果，并发现数据中的潜在模式和规律。数据可视化技术的关键在于如何选择合适的可视化方式和工具，并准确地传达信息，常用的数据可视化工具如下。

（1）Tableau 是一款强大的数据可视化工具，提供了直观的拖拽界面和丰富的图表类型。用户可以通过 Tableau 轻松创建各种类型的图表、仪表盘和报告，并实时获取和更新数据。Tableau 还支持与各种数据源（如 Excel、SQL 数据库、云服务等）进行集成和交互操作，方便用户进行数据的导入和导出操作。

（2）Power BI 也提供了丰富的数据可视化功能。Power BI 与微软生态系统深度集成，可以轻松与 Office 365、Azure、Dynamics 365 等微软公司的产品进行集成和交互操作。Power BI 还支持自定义可视化组件和报表模板功能，使用户可以根据自己的需求进行定制和扩展操作。

（3）ECharts 是一个开源的 JavaScript 可视化库，主要用于构建数据可视化图表。ECharts 提供了丰富的图表类型，如柱状图、折线图、饼图、散点图、地图等，并且支持多种交互功能，如图例切换、数据缩放、鼠标悬停提示等。ECharts 的图表配置灵活，用户可以通过简单的 JSON 格式来配置图表的样式和行为。此外，ECharts 还支持多种数据格式，如数组、对象、CSV 等，方便用户导入和展示数据。ECharts 因其易用性和强大的功能被广泛应用于 Web 开发、数据分析和可视化等领域。

2.1.5 大数据的应用

大数据产业正快速发展成为新兴信息技术和服务业态，即对数量巨大、来源分散、格式多样的数据进行采集、存储和关联分析，并从中发现新知识、创造新价值、提升新能力。大数据价值创造的关键在于大数据的应用。随着大数据技术的飞速发展，大数据应用已经融入各行各业，包括金融、汽车、餐饮、电信、能源、娱乐等在内的社会各行各业都已经融入了大数据的痕迹。

1. 销售大数据促进商业快速发展

企业对客户购买商品的海量数据进行分析后，进行合理决策，进一步促进商业的快速发展。其中，典型代表为美国沃尔玛公司。沃尔玛有一个庞大的大数据生态系统，每天处理数 TB 级的新数据和 PB 级的历史数据，分析涵盖了数以百万计的产品数据和不同来源地的数亿客户数据。沃尔玛的分析系统每天分析接近 1 亿关键词，优化每个关键词的搜索结果，从而应用大数据技术提高销售业绩。

2. 交通大数据促进城市交通

在城市交通拥堵越来越严重的今天，利用大数据分析预测并治理拥堵不失为一条有效途径。交通部门通过交通外围感知设备实时获取道路占有率、流量、速度、饱和度等数据，及时感知道路拥堵情况；运用交通专业模型及算法，在地理信息空间上进行相关路网承载能力计算，判定拥堵情况是常态化拥堵还是临时性瓶颈拥堵，找出交通组织的差距，然后对相关的路网及路口进行分析及关联，找出拥堵问题的解决策略。产生拥堵的因素很多，在大数据分析的基础上，找出造成拥堵的关键因素：如果是外地车流量及货车通行比例过高，可通过制定限行策略进行限流；如果是路口通行不畅，可以通过改变信号机配时方案，提升路口的通行能力；如果是路网局部承载的交通流过高，可以通过实时智能分流策略，进行诱导与信号同步，有效引导交通流向。

3. 医疗大数据保障人类健康

近年来，很多国家在积极推进医疗信息化发展，医疗大数据的应用体现在多个方面，如慢性病管理、医疗保险、医药研发、医院管理决策辅助、健康管理等。

2.1.6　大数据的发展趋势

虽然大数据有了不错的进展，但是依旧处于起步阶段。现在的大数据仍然面临着很大的挑战。然而，大数据的发展趋势非常乐观，其体现在如下方面。

（1）数据的资源化。大数据成为企业和社会关注的重要战略资源，并已成为争相抢夺的新焦点。因此，企业必须提前制订大数据营销战略计划，抢占市场先机。

（2）与云计算的深度结合。大数据离不开云处理，云处理为大数据提供了弹性可拓展的基础设备，是产生大数据的平台之一。自 2013 年开始，大数据技术已开始和云计算技术紧密结合，预计未来两者的关系将更加密切。除此之外，物联网、移动互联网等新兴计算形态，也将一齐助力大数据革命，让大数据营销发挥出更大的影响力。

（3）科学理论的突破。随着大数据的快速发展，就像计算机和互联网一样，大数据很有可能是新一轮的技术革命。随之兴起的数据挖掘、机器学习和人工智能等相关技术，可能会改变数据世界中的很多算法和基础理论，实现科学技术上的突破。

（4）数据科学和数据联盟的成立。未来，数据科学将成为一门专门的学科，被越来越多的人所认知。各大高校将设立专门的数据科学类专业，也会催生一批与之相关的新的就业岗位。与此同时，基于数据这个基础平台，也将建立起跨领域的数据共享平台，之后，数据共享将扩展到企业层面，并且成为未来产业的核心一环。

（5）数据泄露泛滥。未来几年数据泄露事件的增长率也许会继续攀升，除非数据在其源头就能够得到安全保障。所有企业，无论规模大小，都需要重新审视今天的安全定义。企业需要从新的角度来确保自身及客户数据安全，所有数据在创建之初便需要获得安全保障，而非在数据保存的最后一个环节，仅仅加强后者的安全措施已被证明于事无补。

（6）数据管理成为核心竞争力。当“数据资产是企业核心资产”的概念深入人心之后，企业对于数据管理便有了更清晰的界定，将数据管理作为企业核心竞争力。持续发展、战略性规划与运用数据资产成为企业数据管理的核心。数据资产管理效率与主营业务收入增长率、销售收入增长率显著正相关，数据资产的管理效果将直接影响企业的财务表现。

（7）数据质量是商业智能（business intelligence，BI）成功的关键。采用自助式商业智能工具进行大数据处理的企业将会脱颖而出。其中要面临的一个挑战是，很多数据源会带来大量低质量数据。想要获得成功，企业需要理解原始数据与数据分析之间的差距，从而消除低质量数据并通过 BI 获得更佳决策。

（8）数据生态系统复合化程度加强。大数据环境不只是一个单一的、巨大的计算机网络，而是一个由终端设备提供商、基础设施提供商、网络服务提供商、网络接入服务提供商、数据服务使能者、数据服务提供商、触点服务、数据服务零售商等一系列的多元主体共同构建的生态系统。从技术角度看，大数据与云计算的关系就像一枚硬币的正反面一样密不可分。大数据必然无法用单台的计算机进行处理，必须依托云计算的分布式处理、分布式数据库、云存储服务、虚拟化技术。

2.2 云计算

2.2.1 云计算概述及特点

1. 云计算概述

云计算（cloud computing）这个概念从提出到今天，已有近 20 年的历史。在这近 20 年间，云计算取得了飞速的发展。现如今，云计算被视为计算机网络领域的一次革命。因为云计算的出现，社会的工作方式和商业模式发生了巨大改变。

2006 年 8 月 9 日，谷歌公司首席执行官埃里克·施密特（Eric Schmidt）在搜索引擎大会（SES San Jose 2006）上首次提出云计算的概念。

2007 年以来，云计算成为计算机领域最令人关注的话题之一，同样也是大型企业、互联网建设着力研究的重要方向。因为云计算的提出，互联网技术和 IT 服务出现了新的模式，引发了一场变革。2008 年，微软公司发布其公共云计算平台 Windows Azure Platform，由此拉开了微软的云计算大幕。

同样，云计算在国内也掀起了一场风波，许多大型网络公司纷纷加入云计算的阵列。2009 年 1 月，阿里巴巴在江苏南京建立首个电子商务云计算中心。同年 11 月，中国移动云计算平台“大云”计划启动。2019 年 8 月 17 日，北京互联网法院发布《互联网技术司法应用白皮书》，发布会上，北京互联网法院互联网技术司法应用中心揭牌成立。如今，国内云计算已经发展到较为成熟的阶段。

从狭义上讲，“云”实质上就是一个网络。云计算就是一种提供资源的网络，使用者可以随时获取“云”上的资源，按需求量使用，并且可以看成无限扩展的，只需按使用量付费。“云”就像自来水厂一样，用户可以随时接水，并且不限量，按照自己家的用水量，付费给自来水厂。

从广义上讲，云计算是与信息技术、软件、互联网相关的一种服务，这种计算资源共享池叫作“云”。云计算把许多计算资源集合起来，通过软件实现自动化管理，只需很少的人参与，就能让资源被快速提供。也就是说，计算能力作为一种商品，可以在互联网上流通，就像水、电、煤气一样，可以方便地取用，且价格较为低廉。

总之，云计算不是一种全新的网络技术，而是一种全新的网络应用概念。云计算的核心概念就是以互联网为中心，在网络上提供快速且安全的云计算服务与数据存储，让每一个使用互联网的人都可以使用网络上的庞大计算资源与数据中心。

云计算是继互联网之后信息时代的又一次重大革新。云计算是信息时代的一个大飞跃，未来的时代可能是云计算的时代。虽然目前有关云计算的定义有很多，但总体上来看，云计算的基本含义是一致的，即云计算具有很强的扩展性和需要性，可以为用户提供一种全新的体验，云计算的核心是可以将很多的计算机资源协调在一起，使用户通过网络就可以获取无限的资源，同时获取的资源不受时间和空间的限制。

2. 云计算的特点

云计算的可贵之处在于高灵活性、可扩展性和高性比等，与传统的网络应用模式相比，其具有如下特点。

1）虚拟化

云计算的虚拟化特点，突破了时间、空间的界限，是云计算最显著的特点。虚拟化包括应用虚拟和资源虚拟两种。众所周知，物理平台与应用部署的环境在空间上是没有任何联系的，用户通过虚拟平台对相应终端进行操作完成数据备份、迁移和扩展等。

2）可扩展性强

用户可以利用应用软件的快速部署条件，更为简单快捷地对自身所需的已有业务及新业务进行扩展。例如，在云计算系统中，即使出现设备故障，对于用户来说，无论是在计算机层面，还是在具体运用上均不会受到阻碍，可以利用云计算具有的动态扩展功能来对其他服务器开展有效扩展。在对虚拟化资源进行动态扩展的同时，还能够高效扩展其应用，提高计算机云计算的操作水平。

3）灵活性高

目前市场上大多数信息技术资源，包括软件、硬件都支持虚拟化，如存储网络、操作系统和开发软件、硬件等。虚拟化要素放在云系统虚拟资源池中进行统一管理，可见云计算的兼容性非常强，不仅可以兼容低配置机器、不同厂商的硬件产品，还能够通过外设获得更高性能计算。

4）可靠性高

云计算服务可靠性高，即使某台服务器出现故障也不影响计算与应用的正常运行。当单点服务器出现故障时，可以通过虚拟化技术对分布在不同物理服务器上的应用进行恢复，或利用动态扩展功能部署新的服务器进行计算。

5）性价比高

将资源放在虚拟资源池中统一管理在一定程度上优化了物理资源，用户不再需要昂贵、存储空间大的主机，可以选择相对廉价的计算机组成云。这种做法有两个好处：一是节约成本，二是计算性能不逊于大型主机。

2.2.2　云计算的应用

云计算技术已经普遍服务于现如今的互联网服务中，融入人类生活的各个方面。

1. 存储云

存储云又称云存储，它是在云计算技术上发展起来的一个新的存储技术。云存储是一个以数据存储和管理为核心的云计算系统。用户可以将本地的资源上传至云端，可以在任何地方连接互联网来获取云上的资源。谷歌、微软等公司均有云存储的服务，在国内，百度云和微云则是市场占有量较大的存储云。存储云向用户提供了存储容器服务、备份服务、归档服务和记录管理服务等，极大地方便了使用者对资源的管理。

2. 医疗云

医疗云是指在云计算、移动技术、大数据及物联网等新技术基础上，结合医疗技术，使用云计算来创建医疗健康服务云平台，实现医疗资源的共享和医疗范围的扩大。云计算技术的运用与结合，极大地提高了医疗机构的效率，方便居民就医。例如，医院的预约挂号、电子病历管理、医保基金即时结算等服务都是云计算与医疗领域结合的产物。医疗云还具有数据安全、信息共享、动态扩展、布局全国的优势。

3. 金融云

金融云是指利用云计算的模型，将信息、金融和服务等功能分散到庞大分支机构构成的互联网“云”中，旨在为银行、保险公司和基金公司等金融机构提供互联网处理和运行服务，同时共享互联网资源，从而解决现有问题并且达到高效、低成本的目标。2013 年 11 月 27 日，阿里云整合阿里巴巴旗下资源并推出阿里金融云服务。其实，这就是现在基本普及了的快捷支付。因为金融与云计算的结合，现在只需要在手机上简单操作，就可以完成银行存款、购买保险和基金等。现在，不仅阿里巴巴推出了金融云服务，苏宁金融、腾讯等企业也推出了自己的金融云服务。

4. 教育云

教育云实质上是指教育信息化的一种发展。教育云可以将所需要的任何教育硬件资源虚拟化，然后将其传入互联网中，以向教育机构、学生和教师提供一个方便快捷的教育平台。慕课（大规模开放在线课程，massive open online courses，MOOC）就是教育云的一种应用。现阶段全球慕课的三大优秀平台为 Coursera、edX 和 Udacity。在国内，中国大学 MOOC 也是非常好的平台。早在 2013 年 10 月 10 日，清华大学就推出了自己的 MOOC 平台——学堂在线。现在，许多大学都利用学堂在线开设了一系列在线课程。

2.2.3 云计算面临的问题

云计算在近些年虽然得到了广泛应用，但是还存在着一些问题，主要体现在以下方面。

1. 访问权限问题

用户可以在云计算服务提供商提供的“云”中上传自己的数据资料，与传统的利用自己计算机或硬盘的存储方式不同，用户需要创建账号和设置密码完成虚拟信息的存储和获取。这种方式虽然为用户的信息资源获取和存储提供了方便，但用户失去了对数据资源的控制，而服务商则可能存在对资源的越权访问现象，从而造成信息资料的安全难以保障。

2. 技术保密性问题

信息保密性是云计算技术的首要问题，也是当前云计算技术的主要问题，如用户的资源被一些企业进行资源共享。网络环境的特殊性使人们可以自由地浏览相关信息资源，信息资源泄露难以避免。如果技术保密性不足，就可能严重影响信息资源的所有者。

3. 数据完整性问题

在云计算技术的使用中，用户的数据被分散地存储于云计算数据中心的不同位置，而不是某个单一的系统中，数据资源的整体性受到影响，使其作用难以有效发挥。另一种情况则是，服务商没有妥善、有效地管理用户的数据信息，从而造成数据存储的完整性受到影响，信息应有的作用难以被充分发挥。

4. 法律法规不完善

云计算技术相关的法律法规不完善也是主要问题。想要有效发挥云计算技术的作用，就必须对相关的法律法规进行完善。目前来看，法律法规尚不完善，云计算技术作用的发挥仍然受到制约。就当前云计算技术在计算机网络中的应用来看，其缺乏完善的安全性标准，缺乏完善的服务等级协议管理标准，没有明确的责任人承担安全问题的法律责任。另外，缺乏完善的云计算安全管理的损失计算机制和责任评估机制，制约了各种活动的开展，计算机网络的安全性难以得到保障。

2.3　物联网

物联网技术起源于传媒领域，是信息产业革命第三次浪潮和第四次工业革命的核心支撑。物联网是指通过信息传感设备，按约定的协议，将任何物体与网络相连接，物体通过信息传播媒介进行信息交换和通信，以实现智能化识别、定位、跟踪、监管等功能。

“物联网”的概念是在 1999 年提出的，它的定义很简单：把所有物品通过射频识别（radio frequency identification，RFID）等信息传感设备与互联网连接起来，实现智能化识别和管理。也就是说，物联网是指各类传感器和现有的互联网相互衔接的一种新技术。

2005 年国际电信联盟（International Telecommunication Union，ITU）发布《ITU 互联网报告 2005：物联网》，报告指出，无所不在的物联网通信时代即将来临，世界上所有的物体从轮胎到牙刷、从房屋到纸巾都可以通过物联网主动进行交换。射频识别技术、传感器技术、纳米技术、智能嵌入技术将得到更加广泛的应用。

2008 年 3 月在苏黎世举行了全球首个国际物联网会议——物联网 2008，探讨了物联网的新理念和新技术与如何推动物联网进入下一个发展阶段。

自 2009 年物联网被列为国家重点发展的战略性新兴产业之一后，国家持续强化政策引领。2020 年“新基建”将物联网纳入核心范畴，2021 年《中华人民共和国国民经济和社会发展第十四个五年规划和 2035 年远景目标纲要》（以下简称“十四五”规划），明确其为数字经济七大重点产业之一，提出推动传感器、高精度定位等技术创新，推动车联网、医疗物联网等场景落地。2024 年，工业和信息化部发布《关于推进移动物联网“万物智联”发展的通知》，规划到 2027 年，移动物联网终端连接数力争突破 36 亿，支持全国建设 5 个以上移动物联网产业集群。在政策驱动下，2024 年中国物联网市场规模突破 4 万亿元，无锡、深圳等地形成千亿级产业集群，技术融合与标准统一加速推进。

2.3.1 物联网关键技术

物联网不是对现有技术的颠覆性革命，而是通过对现有技术的综合运用，实现全新的通信模式转变，同时，通过这样的融合也必定会对现有技术提出改进和提升的要求，以及催生出一些新的技术。

物联网的结构大致可以分为感知层、传输层和应用层 3 个层次。

1. 感知层

在感知层，可运用二维码、RFID 读写器与相关的传感器等采集所需的数据信息，当网关终端进行汇聚后，可通过无线网络远程将其顺利地传输至指定的应用系统中。

二维码及 RFID 主要应用于需要对标的物（即货物）特征属性进行描述的领域。二维码是一维码的升级，是用某种特定几何形体按一定规律在平面上分布（黑白相间）的图形来记录信息的应用技术。目前，二维码正在广泛应用于海关/税务管理、文件和图书管理，以及车辆管理、票证管理、支付应用（如电子回执）、资产管理及工业生产流程管理等多个领域。

RFID 是一项利用射频信号通过空间耦合（交变磁场或电磁场）实现无接触信息传递并通过所传递的信息达到识别目的的技术。与传统的条形码相比，RFID 可以突破条形码需要人工扫描、一次读一个的限制，实现非接触性和大批量数据采集，具有不怕灰尘、油污的特性；也可以在恶劣环境下作业，实现长距离读取，同时读取多个卷；还具有实时追踪、重复读写及高速读取的优势。此特性使其具有极其广泛的应用范围。

传感器技术作为现代科技的前沿技术，被认为是现代信息技术的三大支柱之一。微机电系统（micro electro mechanical system，MEMS）是由微传感器、微执行器、信号处理和控制电路、通信接口和电源等部件组成的一体化微型器件系统。MEMS 传感器能够将信息的获取、处理和执行集成在一起，组成具有多功能的微型系统，从而大幅提高系统的自动化、智能化和可靠性水平。传感器的种类有很多，如温度传感器、应变传感器、微振动传感器、压力传感器等。

2. 传输层

传输层肩负数据、信息安全可靠地通信和传输的责任，除了有线网络，无线网络传输已成为物联网近距离传输的重要技术。常见的近距离无线网络通信技术主要分为两类：一类是Zigbee、Wi-Fi、蓝牙等短距离通信技术；另一类是低功耗广域网（low-power wide-area network，LPWAN），即广域网通信技术。

Zigbee是基于IEEE 802.15.4标准的低功耗个域网协议。这个协议规定的技术是一种短距离、低功耗的无线通信技术。它的特点是近距离、低复杂度、自组织、低功耗、低数据速率、低成本。Zigbee是一种便宜的、低功耗的近距离无线组网通信技术。Zigbee使用频段为2.4GHz、868MHz及915MHz。在不使用功率放大器的前提下，Zigbee的有效传输范围为10～75m。

在无线通信世界中，Wi-Fi是目前最为常用的无线技术之一。伴随笔记本计算机、手机、平板计算机等设备对Wi-Fi的大量应用，其普及率持续增长。截至2024年底，全球Wi-Fi设备累计出货量达到459亿台，年出货量达到41亿台。

蓝牙技术通常被用于短距离设备间的数据交换，如键盘、鼠标和蓝牙耳机等。然而，传统的蓝牙技术由于没有Wi-Fi那样快的传输速度，因此往往被人们所诟病，但它在特定应用场景下仍具有重要价值。

在广域网通信技术中，窄带物联网（narrow band internet of things，NB-IoT）因覆盖广、连接多、速率低、成本低、功耗低、架构优等诸多优点，成为国内外诸多厂商最为认可的技术之一，未来有望成为5G关键性技术标准之一。

3. 应用层

应用层位于物联网三层结构中的最顶层，其功能为“处理”，即通过云计算平台进行信息处理。应用层与最低端的感知层一起，是物联网的显著特征和核心所在，应用层可以对感知层采集的数据进行计算、处理和挖掘，从而实现对物理世界的实时控制、精确管理和科学决策。

物联网应用层的核心功能围绕两个方面：一是“数据”，应用层需要完成数据的管理和数据的处理；二是“应用”，仅仅管理和处理数据还远远不够，必须将这些数据与各行业应用相结合。

从结构上划分，物联网应用层包括以下三个部分。

（1）物联网中间件：物联网中间件是一种独立的系统软件或服务程序，中间件将各种可以公用的能力进行统一封装，提供给上层应用调用。

（2）物联网应用：物联网应用就是用户直接使用的各种应用，如智能操控、安防监控、智能电表、远程医疗、智慧农业等。

（3）云计算：云计算可以助力物联网海量数据的存储和分析。依据云计算的服务类型可以将云计算平台分为基础设施即服务（infrastructure as a service，IaaS）、平台即服务（platform as a service，PaaS）、软件即服务（software as a service，SaaS）。

2.3.2 物联网的应用

物联网的应用已经非常普及，正深刻影响着人们生活的方方面面，其中应用广泛的领域有交通、物流、安防、医疗、家居、农业等。

1. 交通

物联网与交通的结合主要体现在人、车、路的紧密结合，使交通环境得到改善，交通安全得到保障，资源利用率在一定程度上得到提高。具体应用在智能公交车、共享单车、车联网、充电桩监测、智能红绿灯、智慧停车等方面。互联网企业中竞争较为激烈的方面是车联网。

2. 物流

在物联网、大数据和人工智能的支撑下，物流的各个环节已经具备系统感知、全面分析处理等功能。物联网在物流领域的应用，主要是仓储、运输监测、快递终端。结合物联网技术，可以监测货物的温湿度和运输车辆的位置、状态、油耗、速度等。从运输效率来看，物流行业的智能化水平得到了提高。

3. 安防

传统安防系统依赖人力，而智能安防系统可以利用设备，减少对人员的依赖。智能安防系统主要包括门禁系统、报警系统、监控系统，其中监控系统使用较多，同时该系统可以传输和存储图像，也可以分析和处理图像。

4. 医疗

利用物联网技术可以获取数据，可以完成人和物的智能化管理。在医疗领域，物联网的应用体现在医疗的可穿戴设备方面，可以将数据转化为电子健康记录，方便查询。可穿戴设备通过传感器可以监测人的心跳频率、体力消耗、血压高低。利用 RFID 技术可以监控医疗设备、医疗用品，实现医院的可视化、数字化。

5. 家居

家居与物联网的结合，推动智能家居行业向物物联动的方向发展。智能家居行业的发展首先是单品连接，物物联动处于中间阶段，最终阶段是平台集成。利用物联网技术，可以监测家居产品的位置、状态、变化，并进行数据分析和反馈。

6. 农业

农业与物联网的融合，表现在农业种植、畜牧养殖等方面。在农业种植领域，物联网利用传感器、摄像头、卫星来促进农作物和机械装备的数字化发展。例如，温湿度传感器，能准确地感知周围环境的温度和湿度情况，并可用手机 App 随时观察。在畜牧养殖领域，物联网通过耳标、可穿戴设备、摄像头来收集数据，然后分析并判断畜禽的生长状况。

物联网通过智能感知、识别技术与普适计算等通信感知技术，成为继计算机、互联网之后，世界信息产业发展的第三次浪潮和未来社会的主旋律。

2.4　5G 技术

第五代移动通信（5th generation mobile networks 或 5th generation wireless systems、5th-generation）技术，简称 5G 或 5G 技术，是最新一代蜂窝移动通信技术，也是继 4G（LTE-A、WiMax）、3G（UMTS、LTE）和 2G（GSM）系统之后的延伸。

2.4.1　5G 概述

近年来，5G 已经成为通信业和学术界探讨的热点。5G 的发展主要有两个驱动力：一是以长期发展技术为代表的 4G 已全面商用，对下一代技术的讨论提上日程；另一个是移动数据的需求呈爆炸式增长，现有移动通信系统难以满足未来需求，亟须研发新一代 5G 系统。

5G 的发展也来自对移动数据日益增长的需求。截至 2025 年第一季度，全球 5G 签约数已超 24 亿，预计年底接近 29 亿，占移动签约总数的 1/3；全球移动用户数量预计达 72 亿，同比增长约 20%；2024 年第一季度至 2025 年第一季度，移动网络数据流量增长 19%，全球月移动网络数据流量达 172EB，预计到 2030 年将增至每月 430EB，复合年增长率为 17%。移动数据流量的暴涨给网络带来了严峻的挑战。首先，如果按照当前移动通信网络发展，容量难以支持千倍流量的增长，网络能耗和比特成本难以承受；其次，流量增长必然带来对频谱的进一步需求，而移动通信频谱稀缺，可用频谱呈大跨度、碎片化分布，难以实现频谱的高效使用；再次，要提升网络容量，必须智能高效利用网络资源，如针对业务和用户进行个性化的智能优化，但这方面的能力不足；最后，未来网络必然是一个多网并存的异构移动网络，要提升网络容量，必须解决高效管理各个网络、简化互操作、增强用户体验的问题。为了解决上述挑战，满足日益增长的移动流量需求，亟须发展新一代 5G 移动通信网络。

5G 移动网络与早期的 2G、3G 和 4G 移动网络一样，也是数字蜂窝网络。在这种网络中，供应商覆盖的服务区域被划分为许多被称为蜂窝的小地理区域。表示声音和图像的模拟信号在手机中被数字化，由模数转换器转换并作为比特流传输。蜂窝中的所有 5G 无线设备通过无线电波与蜂窝中的本地天线阵和低功率自动收发器（发射机和接收机）进行通信。收发器从公共频率池分配频道，这些频道在地理上分离的蜂窝中可以重复使用。本地天线通过高带宽光纤或无线回程连接与电话网络和互联网连接。与现有的手机一样，当用户从一个蜂窝穿越到另一个蜂窝时，他们的移动设备将自动“切换”到新蜂窝中的天线。

5G 网络的主要优势在于，数据传输速率远远高于以前的蜂窝网络，最高可达 10Gb/s，比当前的有线网络要快，比先前的 4G LTE 蜂窝网络快 100 倍。另一个优点是较低的网络延迟（更快的响应时间），低于 1ms，而 4G 为 30～70ms。由于数据传输更快，5G 网络将不仅为手机提供服务，而且还将成为一般性的家庭网络和办公网络提供商，与有线网络提供商竞争。过去的蜂窝网络虽然为移动设备提供了互联网接入，但其数据传输速率较低，且一个手机基站难以为家用计算机提供足够的带宽。5G 网络通过提供更高的带宽和更低的延迟，克服了这些限制，使无线网络能够与有线网络在家庭和办公环境中相媲美。

2.4.2 5G 关键技术

5G 网络正朝着网络多元化、宽带化、综合化、智能化的方向发展，同时需要一系列的关键技术支撑。

1. 超密集异构网络

在未来 5G 网络中，减小小区半径，增加低功率节点数量，是保证未来 5G 网络支持 1000 倍流量增长的核心。因此，超密集异构网络成为未来 5G 网络提高数据流量的关键技术。未来无线网络将部署超过现有站点 10 倍的各种无线节点，密集部署的网络拉近了终端与节点之间的距离，使网络的功率和频谱效率大幅度提高，同时也扩大了网络覆盖范围，扩展了系统容量，并且增强了业务在不同接入技术和各覆盖层次间的灵活性。虽然超密集异构网络架构有很大的发展前景，但是节点之间距离的减少、越发密集的网络部署将使网络拓扑更加复杂，从而容易出现与现有移动通信系统不兼容的问题。在 5G 移动通信网络中，干扰是一个必须解决的问题。准确有效地感知相邻节点是实现大规模节点协作的前提条件。在超密集网络中，密集的部署使小区边界数量剧增，加之形状的不规则，导致频繁复杂的切换。为了满足移动性需求，势必出现新的切换算法；另外，网络动态部署技术也是研究的重点。由于用户部署的大量节点的开启和关闭具有突发性和随机性，使网络拓扑和干扰具有大范围动态变化特性；各小站中较少的服务用户数也容易导致业务的空间和时间分布出现剧烈的动态变化。

2. 自组织网络

传统移动通信网络，主要依靠人工方式完成网络部署及运维。在未来的 5G 网络中，将面临网络的部署、运营及维护的挑战，这主要是由于网络存在各种无线接入技术，且网络节点覆盖能力各不相同，它们之间的关系错综复杂。因此，自组织网络（self-organizing network，SON）的智能化将成为 5G 网络必不可少的一项关键技术。自组织网络技术主要解决以下两个关键问题：一是网络部署阶段的自规划和自配置；二是网络维护阶段的自优化和自愈合。自规划是指网络基于算法与模型，结合地理信息、用户分布及业务需求等数据，自动生成基站布局、参数配置等方案，无须人工干预，能快速适应复杂场景，提升规划效率与精准度，降低人力成本与时间消耗。自配置是指网络在部署时，设备依据预设规则自动完成参数设置、接口配置等操作，可自动识别并接入网络，同步相关参数，实现快速开通，减少人工配置错误，提升部署速度与质量。自优化是指在网络运行中，实时监测性能指标，如信号强度、吞吐量等，通过智能算法自动调整参数，如功率、切换门限等，以改善网络性能，提升用户体验，保障网络始终处于最佳运行状态。自愈合是指当网络检测到故障时，自动触发修复机制，如基站故障，网络可自动切换业务至其他正常基站，同时尝试自我修复或通知维护人员，快速恢复服务，增强网络可靠性与稳定性，降低故障影响。

3. 内容分发网络

在 5G 网络中，面向大规模用户的音频、视频、图像等业务急剧增长，网络流量的爆炸式增长会极大地影响用户访问互联网的服务质量。如何有效地分发大流量的业务内容，降低用户获取信息的时延，成为网络运营商和内容提供商面临的一大难题。仅仅依靠增加带宽并不能解决问题，它还受到传输中路由阻塞和延迟、网站服务器的处理能力等因素的影响，这些问题的出现与用户服务器之间的距离有密切关系。内容分发网络（content distribution network，CDN）会对未来 5G 网络的容量与用户访问具有重要的支撑作用。内容分发网络是在传统网络中添加新的层次，即智能虚拟网络。CDN 综合考虑各节点连接状态、负载情况及用户距离等信息，通过将相关内容分发至靠近用户的 CDN 代理服务器上，实现用户就近获取所需的信息，使网络拥塞状况得以缓解，降低响应时间，提高响应速度。CDN 网络架构在用户侧与源服务器之间构建多个 CDN 代理服务器，可以降低延迟、提高服务质量（quality of service，QoS）。当用户对所需内容发送请求时，如果源服务器之前接收到相同内容的请求，则该请求被 DNS 重定向到离用户最近的 CDN 代理服务器上，由该代理服务器发送相应内容给用户。因此，源服务器只需要将内容发给各个代理服务器，便于用户从就近的带宽充足的代理服务器上获取内容，降低网络时延并提高用户体验。随着云计算、移动互联网及动态网络内容技术的推进，内容分发技术逐步趋向于专业化、定制化，在内容路由、管理、推送及安全性方面都面临新的挑战。

4. D2D

在 5G 网络中，网络容量、频谱效率需要进一步提升，更丰富的通信模式及更好的终端用户体验也是 5G 的演进方向。设备到设备通信（device-to-device communication，D2D）具有潜在的提升系统性能、增强用户体验、减轻基站压力、提高频谱利用率的前景。因此，D2D 是未来 5G 网络中的关键技术之一。D2D 是一种基于蜂窝系统的近距离数据直接传输技术。D2D 会话的数据直接在终端之间进行传输，不需要通过基站转发，而相关的控制信令，如会话的建立、维持、无线资源分配，以及计费、鉴权、识别、移动性管理等仍由蜂窝网络负责。蜂窝网络引入 D2D，可以减轻基站负担，降低端到端的传输时延，提升频谱效率，降低终端发射功率。当无线通信基础设施损坏，或者在无线网络的覆盖盲区，终端可借助 D2D 实现端到端通信甚至接入蜂窝网络。在 5G 网络中，既可以在授权频段部署 D2D，也可在非授权频段部署 D2D。

5. 信息中心网络

随着实时音频、高清视频等服务的日益激增，基于位置通信的传统 TCP/IP 网络无法满足数据流量分发的要求。网络呈现出以信息为中心的发展趋势。信息中心网络（Information-Centric Networking，ICN）的思想最早于 1979 年由纳尔逊（Nelson）提出。作为一种新型网络体系结构，ICN 的目标是取代现有的 IP。ICN 所指的信息包括实时媒体流、网页服务、多媒体通信等，而 ICN 就是这些片段信息的总集合。因此，ICN 的主要概念是信息的分发、查找和传递，不再是维护目标主机的可连通性。不同于传统的以主机地址为中心的 TCP/IP 网络体系结构，ICN 采用的是以信息为中心的网络通信模型，忽略 IP 地址的作用，甚至只是将其作为一种传输标识。全新的网络协议栈能够实现网络层解析信息名称、路由缓存信息数据、多播传递信息等功能，从而较好地解决计算机网络中存在的扩展性、实时性及动态性等问题。ICN 信息传递流程是一种基于发布订阅方式的信息传递流程。

2.4.3 5G 技术应用

随着经济的发展和人们生活水平的提高，人们对幸福感的要求水平进一步提升，移动通信技术在人们日常生活和社会发展中的地位进一步突出。5G 作为新一代移动通信技术，能够满足人们对超高传输速率、低延迟、大容量通信技术的渴望，越来越多地应用到人们工作、生活的各个方面。

1. 交通运输

利用 5G 网络的低时延特性，道路使用者和路边基础设施之间可以收集并分享丰富的实时信息，如汽车的位置和速度、路上的自行车和行人、天气和路面条件、交通拥堵情况和其他道路障碍等。智能交通监测系统和基于人工智能技术的车载计算机将通过这些信息来为司机提供指导。例如，帮助司机们避免意外交通事故，或者动态规划前往目的地的最佳路线。5G 和人工智能技术的结合终将引领自动驾驶汽车走向成熟和可靠。基于人工智能技术的车载计算机将会收集来自车载传感器、路边基础设施单元和其他车辆（通过 5G 网络）的数据，帮助汽车识别周边环境，从而能够应对各种突发情况。

2. 工业和制造业

5G 网络的高速率、超低时延和高可靠性将会提高生产过程的自动化，增强对设备和机器的远程控制。例如，机器学习算法可以使用来自传感器和摄像头收集到的数据及时地对操作员不符合规定的操作进行提醒，系统也可以实时地自动纠正错误。5G 网络也使人类操作员可以远程监视并调整工业机器人的行为，甚至还能通过包括触摸屏手套或虚拟现实/增强现实耳机在内的触觉/视觉反馈连接工具与之实现实时的交互。

同时，由智能连接驱动的触觉式网络应用也能帮助工人执行远程检查、远程维护和修理等任务。在交通不便的、荒凉的或者危险的地区，如核电站、石油钻井平台、矿区等，这种方式不仅能降低成本，还能降低人员操作风险。相同的工具也可以用于人员培训和教育，通过在安全的环境中模拟复杂的情况，增强培训效果和安全性。

3. 健康医疗

5G 技术凭借高速率、低时延等特性，在健康医疗领域催生出远程会诊、远程超声、远程手术、应急救援、远程示教、远程监护等创新应用。

在远程会诊中，5G 支持 4K/8K 高清视频传输，使专家可随时随地开展会诊，提升诊断准确率，促进优质医疗资源下沉；远程超声和远程手术则依托 5G 毫秒级时延，实现上级医生操控机械臂实时检查或远程操控手术机器人，解决基层医院技术短板；在应急救援中，5G 急救车通过实时传输生命体征、车辆定位及车内画面，实现院前院内无缝联动，缩短抢救时间；远程示教利用 5G 直播手术过程，支持多场景观摩与移动端指导，提升基层医护人员实操水平；远程监护通过可穿戴设备持续上报患者位置与生命体征，实现实时病情监控。这些应用不仅优化了医疗资源配置，还提升了诊疗效率与质量，为健康中国建设提供了坚实技术支撑。

5G 技术还进一步推动了医疗数据的高效流通与深度应用，为精准医疗和个性化健康管理开辟新路径。基于 5G 的医疗大数据平台可实时汇聚多源数据，通过 AI 分析为患者定制个性化诊疗方案，提升治疗效果。同时，5G 与物联网、区块链等技术融合，构建起覆盖诊前、诊中、诊后的全流程智慧医疗体系，实现患者健康信息的全程追溯与安全共享。

4. 公共安全

通过提高视频监控、安全系统和应急服务的效率并降低它们的成本，5G 技术能够帮助管理部门打击犯罪，使城市变得更加安全。5G 网络的成熟将催化大量安全警报器、传感器和摄像头的部署，使实时、高质量的视频传输成为可能，这有助于增强远程监控并更好地评估犯罪现场。更重要的是，基于人工智能的系统会自动分析犯罪嫌疑人的活动、肢体语言和面部表情，实时监测犯罪情况。此外，通过分析过去的罪行数据，基于人工智能的平台还能预测未来的犯罪，以帮助相关部门优化对预防犯罪资源的使用。大量基于 5G 网络通信的摄像头将有助于控制和协调应急服务操作。在危险的环境中，远程控制或自主机器人将取代人类的操作，如在倒塌或烧毁的建筑物中寻找幸存者，而无人机则将被用于调查遭受灾害的地区、巡逻海岸线、在山区探测走私者或其他意外情况。

2.5　区块链

区块链（blockchain）是一种将数据区块有序连接，并以密码学方式保证其不可篡改、不可伪造的分布式账本（数据库）技术。通俗地说，区块链技术可以在无须第三方背书情况下实现系统中所有数据信息的公开透明、不可篡改、不可伪造、可追溯。区块链作为一种底层协议或技术方案可以有效地解决信任问题，实现价值的自由传递，在数字货币、金融资产的交易结算、数字政务、存证防伪数据服务等领域具有广阔前景。

2.5.1 区块链概述

区块链起源于比特币。2008 年 11 月 1 日，中本聪发表《比特币：一种点对点的电子现金系统》论文，阐述了基于 P2P 网络技术、加密技术、时间戳技术、区块链技术等的电子现金系统的构架理念，这标志着比特币的诞生。两个月后，该理论步入实践。2009 年 1 月 3 日，第一个序号为 0 的创世区块诞生。2009 年 1 月 9 日，出现序号为 1 的区块，并与序号为 0 的创世区块相连接形成了链，标志着区块链的诞生。

从应用视角来看，区块链是一个分布式的共享账本和数据库，具有去中心化、不可篡改、全程留痕、可以追溯、集体维护、公开透明等特点。这些特点保证了区块链的“诚实”与“透明”，为区块链创造信任奠定基础。区块链丰富的应用场景，基本上都基于区块链能够解决信息不对称问题，实现多个主体之间的协作信任与一致行动。

1. 区块链的分类

区块链分为公有区块链、联合（行业）区块链和私有区块链三类。

1）公有区块链

公有区块链允许世界上任何个体或者团体发送交易，且交易能够获得该区块链的有效确认，任何人都可以参与其共识过程。公有区块链是最早的区块链，也是应用最广泛的区块链，各大比特币系列的虚拟数字货币均基于公有区块链，世界上有且仅有一条该币种对应的区块链。

2）联合（行业）区块链

行业区块链是一种由某个群体内部指定多个预选的节点为记账人，每个块的生成由所有的预选节点共同决定（预选节点参与共识过程），其他接入节点可以参与交易，但不过问记账过程（本质上还是托管记账，只是变成分布式记账，预选节点的多少、如何决定每个块的记账者成为该区块链的主要风险点），其他任何人可以通过该区块链开放的 API 进行限定查询的区块链类型。

3）私有区块链

私有区块链仅仅使用区块链的总账技术进行记账，可以是一个公司，也可以是个人独享该区块链的写入权限，本链与其他的分布式存储方案没有太大区别。

2. 区块链的特征

无论是哪一种类型的区块链，都具有以下基本特征。

（1）去中心化。区块链技术不依赖额外的第三方管理机构或硬件设施，没有中心管制，除了自成一体的区块链本身，通过分布式核算和存储，各个节点实现了信息自我验证、传递和管理。去中心化是区块链最突出、最本质的特征。

（2）开放性。区块链技术基础是开源的，除了交易各方的私有信息被加密外，区块链的数据对所有人开放，任何人都可以通过公开的接口查询区块链数据和开发相关应用，因此整个系统的信息高度透明。

（3）独立性。基于协商一致的规范和协议（类似比特币采用的哈希算法等各种数学算法），整个区块链系统不依赖第三方，所有节点能够在系统内自动安全地验证、交换数据，不需要任何人为的干预。

（4）安全性。只要不能掌控全部数据节点的 51%，就无法任意操控修改网络数据，这使区块链本身变得相对安全，避免了主观人为的数据变更。

（5）匿名性。从技术上来讲，各区块节点的身份信息不需要公开或验证，信息传递可以匿名进行。

2.5.2 区块链核心技术

区块链的四大核心技术，分别是分布式账本、共识机制、非对称加密及智能合约，它们在区块链中分别起到了数据存储、数据处理、数据安全及数据应用的作用。

1. 分布式账本

分布式账本是指交易记账由分布在不同地方的多个节点共同完成，而且每一个节点记录的是完整的账目，因此它们都可以参与监督交易合法性，同时也可以共同为其做证。

与传统的分布式存储有所不同，区块链分布式存储的独特性主要体现在以下两个方面：一是区块链每个节点都按照块链式结构存储完整的数据，传统分布式存储一般是将数据按照一定的规则分成多份进行存储；二是区块链每个节点存储是独立的、地位等同的，依靠共识机制保证存储的一致性，而传统分布式存储一般是通过中心节点往其他备份节点同步数据。没有任何一个节点可以单独记录账本数据，从而避免了单一记账人被控制或者被贿赂而记假账的可能性。由于记账节点足够多，从理论上讲，除非所有的节点被破坏，否则账目就不会丢失，从而保证了账目数据的安全性。

2. 共识机制

由于加密货币多数采用去中心化的区块链设计，节点是各处分散且平行的，因此必须设计一套制度，来维护系统的运作顺序与公平性，统一区块链的版本，并奖励提供资源维护区块链的使用者，惩罚恶意的危害者。这样的制度，必须依赖某种方式来证明，是由谁取得了一个区块链的打包权（或称记账权），并且可以获取打包这一个区块的奖励；又或者是谁意图进行危害，就会受到一定的惩罚，这就是共识机制。

3. 非对称加密

非对称加密（公钥加密）是指在加密和解密两个过程中使用不同密钥。在这种加密技术中，每位用户都拥有一对钥匙：公钥和私钥。在加密过程中使用公钥，在解密过程中使用私钥。公钥是可以向全网公开的，而私钥需要用户自己保存。这样就解决了对称加密中密钥需要分享所带来的安全隐患。非对称加密与对称加密相比，其安全性更好：对称加密的通信双方使用相同的密钥，如果一方的密钥遭到泄露，那么整个通信就会被破解；而非对称加密使用一对密钥，一个用来加密，一个用来解密，而且公钥是公开的，密钥是自己保存的，无须像对称加密那样在通信之前先同步密钥。

4. 智能合约

智能合约是以数字形式定义能够自动执行合同条款的合约。在区块链领域，智能合约是一段存储在区块链上的代码，该代码在区块链数据库中被写入和读取，由区块链交易触发。

2.5.3 区块链技术应用

区块链技术已经应用于金融、物流、医疗、政务等多个领域。近年来，这些应用领域已有不同程度的进展，推动了区块链技术应用发展水平的提升。

1. 金融领域

本质上来说，银行是一个安全的存储仓库和价值交换中心，而区块链作为一种数字化的、安全的及防篡改的总账账簿，可以达到相同的功效。区块链可以缓解信息不对称的问题，十分适合金融行业的发展需求。供应链中商品从卖家到买家伴随着货币支付活动，在高信贷成本和企业现金流需求的背景下，金融服务公司提供商品转移和货款支付保障。供应链溯源防伪、交易验真、及时清算的特点将解决现有贸易金融网络中的诸多痛点，塑造下一代供应链金融的基础设施。

2. 物流领域

商品从生产商到消费者手中，需要经历多个环节，跨境购物则更加复杂；中间环节经常出问题，消费者很容易购买到假冒伪劣商品。区块链固有的开放、透明特性，使任何人都可以公开查询区块链上的信息，大幅增加了伪造数据被发现的概率。当物流链的所有节点都记录在区块链上后，商品从生产商到消费者手中的每一步都有迹可循，形成完整链条；商品缺失的环节越多，将暴露出其是假冒伪劣商品的概率越大。

3. 医疗领域

电子医疗数据的处理、药品溯源、医疗保险都是区块链技术在医疗领域的热点应用。医疗数据的区块链存储完成去中心化的医疗信息和患者数据管理，实现各机构数据共享。

4. 政务领域

政务信息、项目招标等信息要求公开透明，政府工作通常受公众关注和监督。由于区块链技术能够保证信息的透明性和不可更改性，对政府透明化管理的落实有很大的帮助。政府项目招标存在一定的信息不透明性，而企业在密封投标过程中也存在信息泄露的风险。区块链能够保证投标信息无法篡改，并能保证信息的透明性，在彼此不信任的竞争者之间形成信任共识。区块链还能够通过安排后续的智能合约，保证项目的建设进度，一定程度上防止腐败的滋生。

“十四五”规划明确将区块链列为数字经济的七大重点产业之一，提出到 2025 年数字经济核心产业增加值占 GDP 比重达 10%，并强调通过技术创新推动产业升级。具体部署如下：推动智能合约、共识算法、加密算法、分布式系统等区块链技术创新，以联盟链为重点发展区块链服务平台和金融科技、供应链管理、政务服务等领域应用方案，完善监管机制。

2.6 元宇宙

元宇宙（Metaverse）作为新兴信息技术的重要发展方向，正逐渐从概念走向现实应用，其融合了多种前沿技术，为人们带来了全新的数字体验和交互模式，下面对元宇宙及其相关技术进行详细介绍。

2.6.1 虚拟现实和增强现实的概念

元宇宙是一个涵盖多种前沿技术的综合性概念，它构建了一个虚拟与现实交融的数字世界。虚拟现实和增强现实作为元宇宙的核心技术基础，是实现元宇宙沉浸式体验和虚实融合的关键手段。

虚拟现实（virtual reality，VR）是一种通过计算机技术生成的虚拟三维环境，用户可以通过专用设备（如头戴式显示器、数据手套等）沉浸其中，并与虚拟环境进行交互。

虚拟现实具有以下显著特点。

（1）沉浸性。虚拟现实通过视觉、听觉、触觉等多种感官刺激，让用户仿佛置身于虚拟世界中，与现实世界隔绝。

（2）交互性。用户可以在虚拟环境中进行操作和探索，如移动、抓取物体、与虚拟角色交流等。

（3）构想性。用户可以根据自己的需求和想象构建虚拟环境，创造出现实中不存在的场景和体验。

例如，虚拟现实技术在游戏领域应用广泛，玩家可以身临其境地体验游戏中的虚拟世界，仿佛自己就是游戏中的角色，极大增强了游戏的趣味性和真实感。

增强现实（augmented reality，AR）是一种将虚拟信息与现实世界相结合的技术，通过在用户的视野中叠加虚拟图像、文字、声音等信息，增强用户对现实世界的感知和理解。

增强现实具有以下显著的特点。

（1）虚实结合。增强现实将虚拟元素与现实场景无缝融合，使用户既能看到现实世界，又能看到虚拟信息。

（2）实时交互。用户可以与虚拟信息进行实时交互，如通过手势、语音等方式控制虚拟元素。

（3）三维注册。虚拟信息与现实世界的空间位置和方向保持一致，确保用户能够准确地感知和操作虚拟元素。

例如，在工业维修中，增强现实技术可以将设备的维修手册、操作步骤等虚拟信息叠加在实际设备上，维修人员通过佩戴 AR 眼镜就能直观地获取相关信息，提高维修效率和准确性。

2.6.2 虚拟现实和增强现实的核心技术

在探索虚拟现实与增强现实的奇妙世界时，不得不探索其核心技术的奥秘。这些技术如同构建未来数字世界的基石，从精准的传感器与高效的显示设备，到智能的图像识别与实时渲染算法，塑造了沉浸式与虚实融合的全新体验，引领人们迈向一个更加智能、便捷的数字未来。

1. 虚拟现实的核心技术

1）显示技术

头戴式显示器是虚拟现实的核心显示设备，通过高分辨率、低延迟的屏幕显示虚拟场景，为用户提供沉浸式的视觉体验。此外，还有洞穴式自动虚拟环境等多屏幕显示系统，用于多人交互的虚拟现实应用。

2）交互技术

交互技术包括数据手套、数据衣、动作捕捉设备等，用于捕捉用户的动作和手势，实现与虚拟环境的自然交互。例如，数据手套可以感知手指的弯曲和运动，让用户在虚拟环境中进行抓取、操作等动作。

3）渲染技术

为了生成逼真的虚拟场景，需要高效的渲染算法和强大的图形处理能力。实时渲染技术可以快速生成虚拟场景的图像，减少延迟，提高用户的沉浸感。

4）定位跟踪技术

通过光学、惯性、电磁等传感器，实时跟踪用户的位置和姿态，确保虚拟场景与用户的动作保持同步。例如，光学跟踪系统可以通过摄像头捕捉用户身上的标记点，计算出用户的位置和姿势。

2. 增强现实的核心技术

1）传感器技术

增强现实设备需要多种传感器来感知现实世界的信息，如摄像头、加速度计、陀螺仪、全球定位系统（global positioning system，GPS）等。摄像头用于捕捉现实场景的图像，加速度计和陀螺仪用于测量设备的运动和姿态，GPS 用于确定设备的位置。

2）图像识别与跟踪技术

通过计算机视觉算法，识别现实场景中的物体、标志或场景，并跟踪其位置和姿态，以便将虚拟信息准确地叠加在现实世界中。例如，基于特征点匹配的图像识别技术可以快速识别出场景中的特定物体，并计算出其位置和姿态。

3）虚拟信息生成与融合技术

根据识别和跟踪的结果，生成相应的虚拟信息，并将其与现实场景进行融合。融合算法需要考虑虚拟信息与现实场景的光照、阴影、透视等关系，使虚拟信息看起来更加自然和真实。

4）用户交互技术

支持用户通过手势、语音、触摸等方式与虚拟信息进行交互。例如，通过手势识别技术，用户可以用挥手、点击等动作来操作虚拟元素；通过语音识别技术，用户可以用语音指令与虚拟角色进行交流。

2.6.3 元宇宙的应用场景

元宇宙作为数字技术的前沿领域，正逐步渗透到人们生活的各个角落。从沉浸式游戏到虚拟社交，从教育创新到医疗辅助，其应用场景不断拓展，为人们带来了全新的体验和无限的可能。

1. 游戏和娱乐

在虚拟社交平台，用户可以通过数字化身在虚拟空间中进行社交互动，结交朋友、参加聚会、举办活动等。例如，VRChat 是一个流行的虚拟社交平台，用户可以创建自己的虚拟形象，与来自世界各地的用户进行交流和互动。

元宇宙为游戏提供了更加沉浸式的体验，玩家可以身临其境地进入游戏世界，与游戏中的角色和环境进行互动。例如，《半衰期：爱莉克斯》是一款 VR 游戏，玩家可以通过 VR 设备完全沉浸在游戏的虚拟世界中，体验到前所未有的游戏乐趣。

元宇宙可以举办虚拟演出、音乐会、艺术展览等活动，用户可以在虚拟空间中欣赏到精彩的表演，与艺术家和其他观众进行互动。例如，一些知名歌手已经在元宇宙中举办了虚拟演唱会，吸引了大量观众参与。

2. 教育培训

在课堂教学中，元宇宙可以创建虚拟教室，让学生和教师在虚拟环境中进行教学和学习。这种虚拟课堂可以突破时间和空间的限制，让学生在沉浸式的环境中更好地理解和掌握知识。例如，一些学校已经开始尝试使用VR技术进行历史、地理等学科的教学，让学生仿佛置身于历史事件现场或地理环境中，增强学习的趣味性和效果。

在职业技能培训中，元宇宙可以提供更加真实和安全的环境，让学员在虚拟环境中进行实践操作和技能训练。例如，在医疗培训中，学员可以通过VR设备进行手术模拟训练，提高手术技能和应急处理能力；在工业培训中，学员可以在虚拟工厂中进行设备操作和维修培训，减少实际操作中的风险和成本。

在远程教育场景中，元宇宙提供了新的可能性，学生可以通过AR设备在家中获得身临其境的学习体验，与教师和其他学生进行实时互动。例如，通过AR技术，教师可以在现实世界中展示虚拟的教学模型，学生可以通过AR设备看到这些模型并与之互动，提高学习的参与度和效果。

3. 工业制造

在工业设计及制造领域，通过数字孪生技术，可以创建物理设备或工厂的虚拟模型，实现对设备的实时监控、故障预测和优化管理。同时，利用虚拟现实技术，工程师可以在虚拟环境中利用工业元宇宙重塑制造业的未来。工业元宇宙是基于元宇宙的概念和技术，与工业制造相结合的新型产业形态。它将虚拟现实、增强现实、物联网、人工智能等技术应用于工业生产的全过程，实现虚拟世界与现实世界的融合。在工业元宇宙的背景下，制造业将发生深刻的变革。通过数字化和智能化技术，企业可以实现生产过程的可视化、优化和预测，提高生产效率和产品质量。同时，工业元宇宙还为制造业带来了全新的创新模式和商业机会，如虚拟设计、虚拟试产、智能物流等。

2.6.4 元宇宙的发展趋势

元宇宙作为新兴信息技术的集成创新，正逐渐从概念走向现实应用，成为数字经济的重要组成部分。它融合了虚拟现实、增强现实、人工智能、区块链、云计算、物联网等前沿技术，为用户提供沉浸式的虚拟体验和丰富的交互功能。随着技术的不断进步和应用场景的不断拓展，元宇宙的未来发展将面临巨大的挑战和机遇。

1. 市场规模增长与竞争加剧

根据多家权威机构的预测，元宇宙市场规模将持续扩大。2023年全球元宇宙市场规模达924.6亿美元，同比增长35.0%。预计到2030年，全球元宇宙技术市场销售额将达到866.6亿元，年复合增长率高达45.0%。

同时，元宇宙的竞争格局将呈现多元化。元宇宙市场的巨大潜力吸引了众多企业和资本的关注。在全球范围内，Meta、谷歌、微软等企业通过投资并购等方式加强在元宇宙领域的布局，华为、腾讯、阿里巴巴等中国企业凭借技术创新和市场拓展，成为元宇宙领域的重要参与者。此外，众多初创企业和中小型企业也在积极投身元宇宙市场，形成了多元化的竞争格局。

2. 政策的支持将助力产业发展

各国政府纷纷出台相关政策支持元宇宙产业发展。例如，美国、英国、日本等发达国家均将元宇宙视为未来发展的重要方向，加大资金投入和政策支持力度。中国政府也加大了对元宇宙产业的支持力度，出台了多个政策推动产业发展。2024 年 9 月 25 日，国家发展和改革委员会等部门印发《国家数据标准体系建设指南》，推动数据流通利用基础设施、数据管理、数据服务等方面的标准化建设，为元宇宙的发展提供数据支撑。

3. 行业面临巨大挑战

尽管技术不断进步，但元宇宙仍面临一些技术挑战，如设备的延迟、分辨率、交互自然性等问题。此外，VR 设备的眩晕感仍然是影响用户体验的一个重要因素。

元宇宙的内容生态还不够丰富，优质内容的缺乏限制了技术的普及。例如，AR 设备需要更多具有创新性和实用性的应用内容来吸引消费者。

随着元宇宙的发展，数据安全和隐私保护问题日益突出。如何在虚拟环境中保护用户的个人信息和数据安全，成为元宇宙发展的重要挑战。

4. 未来将向智能化、多元化和个性化发展

元宇宙的未来发展趋势将主要体现在技术创新、应用拓展、产业链协同和政策支持等多个方面。随着技术的不断进步和应用场景的不断拓展，元宇宙将更加智能化、多元化和个性化，为人们提供更加丰富、沉浸式的虚拟体验。同时，元宇宙行业也将形成更加完善的产业链，推动各环节的协同发展，实现资源的优化配置。政府将继续出台政策措施，支持元宇宙行业的发展，推动元宇宙技术的普及和应用。

元宇宙正处于快速发展的阶段，技术的进步、应用场景的拓展、市场的扩大及政策的支持，都为其未来的发展提供了广阔的空间。然而，技术成熟度、内容生态建设和安全隐私保护等问题仍需进一步解决。通过持续的技术创新和内容生态建设，元宇宙有望为人们带来更加丰富、智能的数字生活体验，成为数字经济的重要引擎。

习题

一、单项选择题

1. 大数据的 4V 特征不包括（　　）。

A. volume（大量化）　　B. velocity（快速化）
C. variety（多样化）　　D. visibility（可见性）

2.（　　）不是大数据处理技术的一部分。

A. 数据挖掘　　B. 数据清洗　　C. 数据存储　　D. 数据加密

3．下列有关区块链的描述中，错误的是（　　）。

A．区块链采用分布式数据存储

B．区块链中数据签名采用对称加密

C．区块链中的信息难以篡改，可以追溯

D．比特币是区块链的典型应用

4．云计算是对（　　）技术的发展与运用。

A．并行计算　　B．网格计算

C．分布式计算　　D．以上都是

5．从研究现状上看，下面不属于云计算特点的是（　　）。

A．性价比高　　B．虚拟化　　C．私有化　　D．可靠性高

二、问答题

1．解释大数据的定义，并简述其主要特征。

2．描述大数据处理技术中的数据挖掘过程。

3．简述大数据处理平台与工具的主要功能。

4．讨论大数据安全与隐私保护的重要性。

5．简述区块链技术在金融领域的应用优势。

第 3 章　人工智能概述

学习目标 ☞

- 熟悉人工智能的定义及分类。
- 了解人工智能的发展历程。
- 了解机器学习、自然语言处理、专家系统、计算机视觉等技术的概念及典型的应用场景。

课程思政案例

“天河”系列超级计算机：中国科技创新的里程碑

“天河”系列超级计算机是中国超级计算领域的杰出代表，它不仅代表了中国在超级计算技术上的突破，更是中国科研人员智慧和努力的结晶。从“天河一号”到“天河二号”，再到“天河三号”E 级原型机，每一代“天河”超级计算机的诞生，都是中国超级计算技术发展的重要里程碑。

2006 年，国家高技术研究发展计划（“863”计划）设立了“高效能计算机及网格服务环境”重大项目，将研制千万亿次高效能计算机列为主要目标之一。

国防科技大学和浪潮集团联合研制的千万亿次超级计算机分两期完成研制。

2009 年诞生了“天河一号”，峰值运行速度每秒 1206 万亿次，实现了关键技术的突破。“天河一号”总设计师杨学军率先采用 CPU+GPU 异构融合体系结构，证明了 GPU 可以被用于超级计算机，这一创新在国际上掀起了异构超级计算机的热潮。

2013 年诞生了“天河二号”，它是在“天河一号”的基础上进行的优化，其每秒 3.39 亿亿次的运算速度再次位居全球超级计算机 500 强排行榜首位。

“天河二号”连续六次摘得世界超算桂冠，标志着中国超级计算技术达到国际领先水平。“天河三号”E 级原型机实现了可适应科学计算和数据处理多应用需求的柔性体系结构，突破了计算、访存、通信三方平衡的高性能计算节点技术。“天河”新一代超级计算机在芯片、系统架构和操作系统上都实现了自主知识产权，标志着中国在超算领域迈入了一个新的时代。“天河”系列超级计算机的成功，是中国科研人员爱国情怀和奉献精神的生动体现。

（根据网络资料改写）

人工智能是计算机科学的一个分支，专注于使机器能够执行通常需要人类智能才能完成的任务，如学习、推理、解决问题、理解自然语言、识别图像等。它融合了多个学科的知识，旨在创造出能够模拟甚至超越人类智能的计算机系统，涉及计算机科学、数学、心理学等多个领域。随着技术的迅速发展和计算机算力的提升，人工智能已经在多个领域取得了突破性的进展，其应用也已经渗透到人类生活的各个方面。未来，人工智能技术将继续深化应用，推动社会进步和发展。本章将详细介绍人工智能的定义、发展历程、主要技术及主要应用领域等内容。

3.1 人工智能的定义

人工智能，作为计算机科学的一个重要分支，旨在探索、开发能够模拟、延伸甚至超越人类智能的理论、方法、技术及应用系统。人工智能的定义并非一成不变，它随着技术的进步和应用场景的拓展而不断演变。早期的人工智能研究主要聚焦于规则系统和专家系统，这些系统通过预设的规则和逻辑来模拟人类的决策过程。以下是历史上比较著名的科学家对人工智能的定义。

英国科学家艾伦·图灵（Alan Turing）在 1950 年提出了著名的“图灵测试”作为判断机器是否具备智能的标准。图灵虽然没有直接给出人工智能的明确定义，但他的工作为人工智能领域的发展奠定了重要基础。图灵测试的核心思想是，如果一台机器能够与人类进行自然语言交互，并且使人类无法区分其是否为机器，那么这台机器就可以被认为是具备智能的。

美国科学家约翰·麦卡锡（John McCarthy）在 1956 年的达特茅斯会议上，首次提出了“人工智能”这一术语，并将其定义为“制造智能机器的科学和工程”。他强调人工智能的目标是“实现能够像人类一样利用知识去解决问题的机器”。这一定义标志着人工智能学科的正式诞生。

随着机器学习、深度学习等技术的兴起，人工智能的定义逐渐扩展到包括能够自我学习、自我优化和适应新环境的智能系统。当今被较广泛采纳的定义是，人工智能是一门研究、开发用于模拟、延伸和扩展人的智能的理论、方法、技术及应用系统的新技术科学，旨在通过计算机系统模拟人类智能的能力，包括学习、推理、问题解决、感知和语言理解等。

3.2 人工智能的发展历程

人工智能的发展历程可以追溯到 20 世纪 40 年代左右，经历了孕育期、形成期、第一次低谷期、应用发展期、第二次低谷期和稳步发展期等多个阶段。

3.2.1 孕育期（1943～1955 年）

这一时期，数学家和逻辑学家开始探索形式化语言和符号逻辑，这一阶段的核心贡献在于建立了人工智能的理论框架。1943 年，美国神经生理学家沃伦·麦卡洛克（Warren McCulloch）和数学家沃尔特·皮茨（Walter Pitts）提出人工神经元模型，首次尝试通过数学模型模拟人脑神经元的信号传递机制，为神经网络的研究奠定理论基础。1950 年，图灵发表了一篇题为《计算机器与智能》的论文，提出了著名的“图灵测试”作为评估机器智能的标准。这一测试成为人工智能领域的重要里程碑之一。

3.2.2 形成期（1956～1973 年）

1956 年，美国学者约翰·麦卡锡、马文·明斯基（Marvin Minsky）、克劳德·香农（Claude Shannon）和纳撒尼尔·罗切斯特（Nathaniel Rochester）等组织了一次学会，即达特茅斯会议。达特茅斯会议是人工智能发展史上的里程碑，它标志着人工智能的诞生。

人工智能的研究逐渐从符号主义方法向联结主义方法和行为主义方法等方向发展。联结主义方法试图通过模拟神经元和神经网络的结构和功能来实现智能行为；行为主义方法则借鉴生物进化的思想，通过模拟自然选择和遗传变异等过程来优化智能系统的性能。

在这一时期，人工智能领域取得了一系列重要成果。1957 年，IBM 团队在计算机上完成了首个能完整运行国际象棋规则的程序，验证了计算机处理复杂棋类游戏的可能性，推动了博弈论与算法设计的研究。1966 年，麻省理工学院教授约瑟夫·维森鲍姆（Joseph Weizenbaum）开发了首个自然语言处理程序 ELIZA。该程序通过关键词匹配和模板替换模拟心理治疗师与用户的对话，尽管逻辑比较简单，但引发了公众对人工智能语言能力的广泛关注，成为人机交互研究的起点。1966～1972 年，斯坦福国际研究所研制了世界上首台集成感知、规划与控制功能的移动机器人 Shakey。Shakey 装备摄像头、激光测距仪等传感器，能在复杂环境中导航并完成任务，验证了人工智能在真实物理世界中的应用潜力，推动了机器人学与计算机视觉的发展。

然而，这一时期的人工智能研究仍然面临着诸多挑战和局限。例如，当时的计算机性能有限，难以满足大规模计算和存储的需求。同时，人工智能系统还难以处理复杂的现实世界问题。

3.2.3 第一次低谷期（1974～1979 年）

由于计算机性能的限制和人工智能技术的局限性，人工智能的研究和应用遇到了前所未有的挑战。许多研究项目因为难以取得实质性进展而被迫终止或转向其他领域。

人们对人工智能的期望与现实之间的差距逐渐显现。尽管一些人工智能系统在某些特定任务上取得了不错的成绩，但它们在处理复杂问题和不确定性因素时仍然表现出明显的不足。此外，由于人工智能系统的开发和维护成本高昂，许多企业和机构也开始对其持谨慎态度。

尽管面临着诸多困难和挑战，人工智能的研究并没有完全停滞。一些学者开始探索新的研究方向和方法，如专家系统、机器学习等，为人工智能的未来发展奠定了基础。

3.2.4 应用发展期（1980～1986 年）

随着计算机性能的提升和人工智能技术的不断成熟，人工智能开始在一些特定领域得到广泛应用。例如，专家系统在医疗诊断、金融分析、故障诊断等领域取得了显著成果，机器学习技术也开始在数据挖掘、图像识别等领域得到应用。

人工智能的研究和应用逐渐从实验室走向实际应用场景。许多企业和机构开始意识到其潜力和价值，纷纷投入资源开展相关研究和开发工作。同时，各国政府也开始加大对人工智能领域的支持力度，推动了人工智能技术的普及和应用。

然而，这一时期的人工智能应用仍然面临着一些挑战和局限性。例如，人工智能技术还难以处理大规模数据和复杂任务；同时，由于人工智能系统的开发和维护成本仍然较高，许多中小企业和机构仍然难以承担相关费用。

3.2.5 第二次低谷期（1987～2000 年）

这一时期，人工智能领域经历了从繁荣到沉寂的显著转变。

尽管在 20 世纪 80 年代初期，人工智能领域迎来了短暂的繁荣，但随着技术的深入发展，其局限性逐渐显现。当时的人工智能技术主要依赖于多层神经网络和反向传播算法，但这些技术受限于当时的计算资源和数据规模，难以得到广泛应用。训练大型深度学习模型需要巨大的计算资源，而当时的计算机处理能力远远无法满足这一需求。

同时，资金是制约人工智能领域发展的关键因素之一。1987 年，美国国防高级研究计划局（Defense Advanced Research Projects Agency，DARPA）大幅减少了人工智能项目的资金支持，这对整个领域造成了沉重打击。许多企业也纷纷退出人工智能领域，认为短期内难以获得经济回报。这种资金支持的减少导致许多研究项目难以为继，进一步加剧了人工智能领域的发展困境。

随着人工智能技术的不断尝试与失败，社会和媒体对其的看法也发生了转变。乐观情绪逐渐被失望和质疑所替代。媒体报道了人工智能的诸多失败案例，导致公众对其期望逐渐转变为失望，这进一步影响了人工智能领域的声誉和吸引力。并且，这一时期人工智能领域还存在一些其他问题。例如，算法局限性明显，不同的人工智能算法都有各自的短板；专家系统虽然能在特定领域解决一些问题，但对于复杂的、非结构化的问题处理能力有限。此外，随着人工智能技术的发展，一些伦理和社会问题也日益凸显，如就业替代、隐私和安全等问题。

尽管这一时期人工智能领域面临诸多挑战，但仍存在一些机遇。首先，国际合作与交流得到了显著加强。国际研究项目、学术会议和交流项目纷纷涌现，促进了全球范围内人工智能研究的紧密合作。其次，学术界开始调整研究重心，加强对基础理论的研究，探索新的算法和数学模型。同时，为了展示人工智能的实际价值，研究人员开始探索新的应用领域，如机器人技术、自动驾驶等。这些实际应用场景的探索不仅展示了人工智能的实际价值，还推动了人工智能技术的进一步发展。

3.2.6　稳步发展期（21 世纪初至今）

随着计算机性能的提升、数据处理技术的进步及人工智能技术的不断创新和发展，人工智能开始进入稳步发展的新阶段。

在这一时期，深度学习技术取得了重大突破，成为人工智能领域的重要研究方向之一。深度学习通过构建深层神经网络来模拟人类的思维和学习过程，实现了对复杂数据和任务的高效处理和分析。这一技术的出现极大地推动了人工智能在图像识别、语音识别、自然语言处理等领域的应用和发展。

同时，强化学习等新技术也开始在人工智能领域得到广泛应用。强化学习通过模拟智能体与环境的交互过程来学习最优策略；迁移学习则利用不同任务之间的相似性来提高学习效率。这些新技术的出现为人工智能的进一步发展和应用提供了新的思路和方法。

与国外人工智能研究相比，我国人工智能的研究起步较晚，但发展迅速，取得了显著成就，其发展历程大致可以分为以下几个阶段。

（1）起步与探索阶段（1978～1989 年）。1978 年全国科学大会上，邓小平同志提出“科学技术是生产力”的论断，人工智能研究开始解禁并逐渐走上发展之路。1981 年，中国人工智能学会（Chinese Association for Artificial Intelligence，CAAI）成立，标志着我国人工智能研究进入了一个有组织、有系统的阶段。同年，国内首份人工智能学术刊物《人工智能学报》创刊，为人工智能领域的研究者提供了一个重要的交流平台。

（2）应用与发展阶段（1990～2010 年）：1993 年起，我国将智能控制和智能自动化等项目列入国家科技攀登计划，推动了人工智能技术的稳步发展。在此期间，我国开始开展人工智能的相关项目研究，如智能计算机系统、智能机器人和智能信息处理等，并取得了一系列重要成果。

（3）蓬勃发展与国家战略阶段（2011 年至今）：2011 年以来，随着大数据、云计算等技术的快速发展，我国人工智能技术迎来了蓬勃发展期。在此期间，我国在人工智能领域取得了多项突破性进展，如语音识别、图像识别、自然语言处理等技术的不断提升和应用领域的不断拓展。同时，我国还积极推动人工智能技术的创新生态布局，涌现出了一批具有国际竞争力的人工智能企业和创新团队。

近年来，我国高度重视人工智能发展，将其上升至国家战略高度。在“十四五”规划中明确提出，人工智能是推动经济高质量发展、建设创新型国家的重要技术保障。同时，《新一代人工智能发展规划》明确了我国新一代人工智能发展的战略目标：到 2030 年，我国人工智能理论、技术与应用总体达到世界领先水平，成为世界主要人工智能创新中心，智能经济、智能社会取得明显成效，为跻身创新型国家前列和经济强国奠定重要基础。

3.3 人工智能的分类

人工智能可以根据其技术实现方式、应用领域和智能水平进行分类。以下从不同角度对人工智能进行分类，以帮助更好地理解其多样性和复杂性。

3.3.1 基于技术实现方式的分类

（1）符号主义人工智能（symbolic AI）。符号主义是人工智能早期的主要研究范式之一，它认为智能可以通过符号的表示和操作来实现。符号主义的核心是逻辑推理和知识表示，通过将知识编码为符号形式，利用推理引擎进行问题求解。例如，早期的专家系统和逻辑理论机都属于符号主义人工智能。符号主义在处理逻辑推理、规划和专家系统方面具有优势，但在处理复杂的感知任务和不确定性问题时存在局限性。

（2）联结主义人工智能（connectionist AI）。联结主义强调通过模拟人脑神经网络的结构和功能来实现智能。联结主义的核心是神经网络，尤其是深度学习模型。深度学习通过构建多层神经网络，能够自动从数据中学习复杂的模式和特征。例如，卷积神经网络（convolutional neural networks，CNN）在图像识别任务中表现出色，循环神经网络（recurrent neural network，RNN）及其变体在自然语言处理任务中取得了显著成果。联结主义在处理感知任务和大规模数据学习方面具有优势，但在解释性和可理解性方面存在挑战。

（3）行为主义人工智能（behaviorist AI）。行为主义人工智能强调通过智能体的行为和环境交互来实现智能。行为主义的核心是强化学习，通过让智能体在环境中进行试错学习，以获得最优策略。例如，DeepMind 的 AlphaGo 和 AlphaZero 通过强化学习在围棋和国际象棋等复杂策略游戏中取得了超越人类的成绩。行为主义在处理复杂决策任务和机器人控制方面具有优势，但在理论基础和算法复杂度方面面临着较大的挑战。

3.3.2 基于智能水平的分类

（1）弱人工智能（weak artificial intelligence，WAI）。弱人工智能是指专注于特定任务或领域的智能系统，它在特定任务上表现出色，但在其他任务上可能无法胜任。例如，智能语音助手（如 Siri 和 Alexa）在语音识别和自然语言处理方面表现出色，但在其他复杂任务上可能无法像人类一样灵活处理。弱人工智能是目前人工智能的主流形式，广泛应用于图像识别、语音识别、自然语言处理和专家系统等领域。

（2）强人工智能（strong artificial intelligence，SAI）。强人工智能是指能够像人类一样具备通用智能的系统，它不仅能够在特定任务上表现出色，还能够在多种任务和领域中灵活应用知识和技能。强人工智能的目标是实现类似人类的思维和学习能力，能够理解复杂的概念，进行抽象推理，具备自我意识。尽管目前完全达到强人工智能水平的产品尚未出现，但 DeepSeek、ChatGPT 等一些产品虽然仍受限于训练数据和算法框架，但已经展现出强人工智能的某些特征或潜力。

（3）超人工智能（artificial super intelligence，ASI）。超人工智能是指在所有领域都超越人类智能的系统，它不仅具备强人工智能的能力，还能够在学习、创新和决策等方面远远超过人类。超人工智能是人工智能发展的终极目标之一，但也引发了关于人类未来的诸多哲学和伦理讨论。目前，超人工智能仍处于科幻和理论探讨阶段，尚未实现。

3.4　人工智能的行业应用

随着人工智能技术的快速发展，人工智能已广泛应用于多个行业。在制造业中，人工智能提升生产自动化和智能化水平；在医疗领域，人工智能辅助诊断、药物研发，提高医疗服务效率；在金融领域，人工智能用于风险控制、投资顾问和客服，增强金融服务安全性与个性化；此外，人工智能还渗透进教育、零售、安防、交通等行业，推动信息化、智能化进程。随着技术迭代，人工智能的应用范围和深度将持续拓展，以下是一些典型的行业应用案例。

1. 医疗健康

人工智能通过深度学习技术分析医学影像和病历数据，辅助医生进行疾病诊断和治疗方案制定。例如，IBM 公司的智能肿瘤会诊系统（Watson for Oncology）能够为癌症患者制定个性化的治疗方案。

人工智能利用机器学习算法加速药物靶点的发现和候选药物分子的设计。例如，英矽智能科技（上海）有限公司（Insilico Medicine）通过深度学习技术发现新药靶点。

人工智能通过可穿戴设备收集用户健康数据，进行慢性病管理和预防性护理。

2. 金融科技

人工智能利用机器学习算法分析用户行为和信用记录，提供更精确的风险评估和信用评分。

人工智能通过自然语言处理和机器学习技术为用户提供个性化的投资建议。

人工智能利用数据分析和机器学习技术实时监测交易行为，识别和防范欺诈行为。

3. 零售与电子商务

人工智能通过分析用户的购物历史和偏好，为用户提供个性化的商品推荐，提升用户体验和销售额。

人工智能利用数据分析和预测模型优化库存管理，减少库存成本。

人工智能结合计算机视觉和传感器技术实现无收银员的购物体验。

4. 智能制造

预测性维护是智能制造的重要应用之一，通过在生产设备上安装传感器，实时收集设备运行数据，并利用机器学习算法分析这些数据，预测设备可能出现的故障。例如，西门子（Siemens）和通用电气（General Electric Company，GE）等公司开发的预测性维护系统能够提前预警设备故障，减少停机时间，提高生产效率和设备寿命。

人工智能利用计算机视觉技术对生产线上的产品进行实时质量检测。例如，通过深度学习算法识别产品表面的划痕、裂痕或其他缺陷，确保产品质量。这种方法不仅提高了检测效率，还减少了人工检测的误差。

人工智能技术被广泛应用于供应链管理，通过数据分析和预测模型优化库存管理、物流配送和需求预测。例如，亚马逊利用机器学习算法优化其全球物流网络，确保货物能够快速、高效地送达客户手中。

5. 智能交通

自动驾驶技术是智能交通领域的重要发展方向，通过融合计算机视觉、激光雷达、毫米波雷达和深度学习算法，实现车辆的自主驾驶。

人工智能通过分析交通数据，优化交通信号灯的控制策略，减少交通拥堵。例如，一些城市通过智能交通系统实时监控交通流量，并动态调整信号灯时长，显著提高了道路通行效率。

人工智能技术也被应用于公共交通系统，通过预测乘客流量和优化车辆调度，提高公共交通的服务质量和运营效率。例如，一些城市的地铁系统利用数据分析技术优化列车时刻表，减少乘客等待时间。

6. 教育

个性化学习（personalized learning）通过分析学生的学习进度、行为数据和偏好，能够为每个学生提供量身定制的学习路径和教学内容。例如，网易有道推出的智能教育平台利用机器学习算法为学生提供个性化的学习建议。

人工智能利用自然语言处理技术开发智能辅导系统，能够实时解答学生的问题，并提供有针对性的辅导。例如，一些在线教育平台通过聊天机器人技术为学生提供 24 小时在线辅导。

人工智能通过分析教育数据，帮助教育机构优化教学内容和教学方法。例如，通过分析学生的考试成绩和课堂表现，教师可以更好地了解学生的学习难点，从而调整教学策略。

3.5 人工智能的未来发展趋势

人工智能的未来发展趋势将呈现多模态融合、智能体普及、小模型高效应用等特点。人工智能技术将进一步融入各行业，推动自动化、智能化进程，同时，伦理治理和监管框架将不断完善，确保人工智能技术的安全、可靠与可持续发展。

1. 技术融合

未来，人工智能将与物联网、大数据、区块链、量子计算等技术深度融合，形成更强大的技术生态。例如，人工智能物联网（artificial intelligence of things，AIoT）将推动智能家居、智能城市和智能制造的发展；量子计算将为人工智能提供更强大的计算能力。

2. 可解释性与透明度

随着人工智能在关键领域的广泛应用，其可解释性和透明度将成为重要的研究方向。例如，开发能够解释模型决策过程的技术，确保人工智能系统的可靠性和可信度。

3. 伦理与可持续性

人工智能的伦理和可持续性问题将受到更多关注。例如，通过数据去偏、算法审计确保人工智能技术的公平性和避免偏见，以及优化模型架构与训练策略，减少人工智能系统的能源消耗。

4. 普适化与平民化

未来，人工智能技术将更加普及，成为人们日常生活和工作中的标配。例如，通过开源框架和低代码平台，更多企业和个人能够开发人工智能应用解决方案。

5. 超人类智能

超人类智能是指一种在几乎所有领域（如科学创造力、社交技能等）都能大幅超越最优秀人类大脑的智能形式。超人类智能不仅能在特定任务上超越人类，还能在广泛的知识领域中展现出至少与人类同等的智能水平，甚至在某些方面远超人类。这种智能形式具有自我学习和优化的能力，可以独立学习新的技能、解决问题，并适应各种环境。它不仅能消化和吸收当前世界上所有已知的知识，还能通过不断的学习和实践，发现新的知识领域或原理。超人类智能虽然目前仍处于理论探讨阶段，但其将是人工智能发展的终极目标之一。

3.6 人工智能相关技术

人工智能的快速发展和广泛应用，得益于一系列关键技术的突破与进步。这些技术不仅为人工智能提供了坚实的理论基础，还推动了其在各个领域的实际应用。其中，机器学习算法的不断优化，使计算机能够从海量数据中提取有价值的信息，从而做出更加精准的预测和决策。深度学习技术的崛起，更是让计算机在图像识别、语音识别等领域取得了显著成就，极大地提升了人工智能的智能水平。此外，自然语言处理技术的进步，使计算机能够更好地理解和处理人类语言，为人机交互提供了更加便捷的方式。这些技术的快速发展和广泛应用，共同推动了人工智能的蓬勃发展，使其在医疗、金融、教育、交通等多个领域都发挥了重要作用，为人类社会的进步和发展注入了新的动力。本章将对相关技术进行介绍。

3.6.1 机器学习

1. 机器学习的定义

在讨论人工智能时，机器学习、深度学习等概念经常被提及，但这些概念容易混淆。这几个相关概念之间的关系如图 3-1 所示。

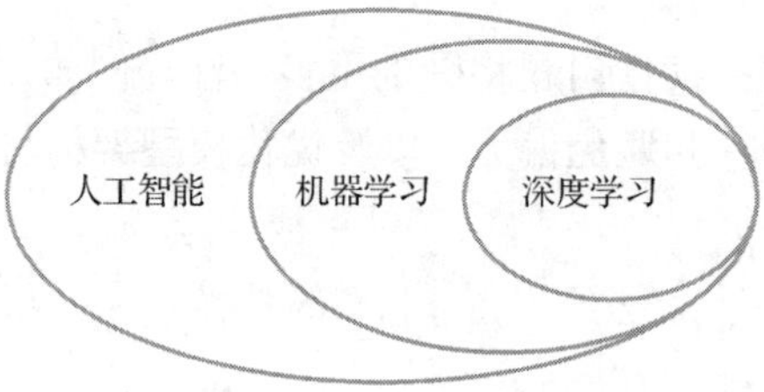

图 3-1 人工智能相关概念之间的关系

机器学习（machine learning，ML）是人工智能的一个重要分支，它专注于让计算机系统能够自动地从数据中学习并改进其性能，而无须进行明确的编程。1996 年，帕特·兰利（Pat Langley）对机器学习的定义如下："机器学习是一门人工智能科学，该领域的主要研究对象是人工智能，特别是如何在经验学习中改善具体算法的性能。"1997 年，汤姆·米切尔（Tom Mitchell）在《机器学习》一书中写道："机器学习是计算机算法的研究，并通过经验积累而自动提高性能。"2004 年，埃塞姆·阿培丁（Ethem Alpaydin）提出自己对机器学习的定义："机器学习是用数据或以往的经验，来优化计算机程序的性能标准。"

通俗来讲，机器学习是通过分析输入数据来识别模式，并使用这些模式来做出预测或决策。这些算法通过迭代地调整其内部参数来优化其性能，直到达到某个预定的标准或目标，具体如图 3-2 所示。

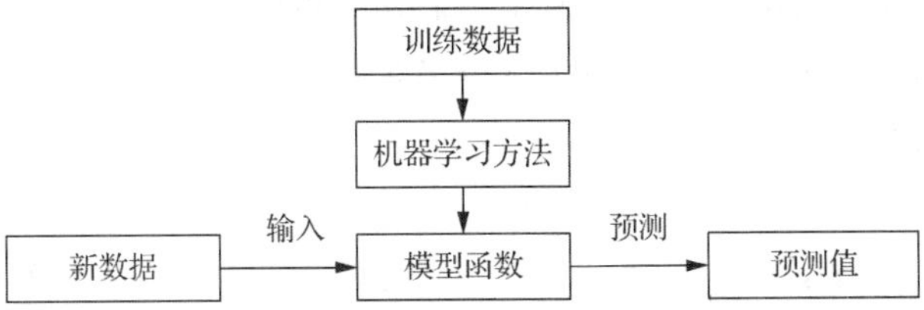

图 3-2　机器学习过程

下面以“小鸡性别鉴别”的例子，帮助读者理解机器学习的概念。

在一个大型养鸡场中，小鸡孵化后需要迅速鉴别性别，以便分别饲养。传统上，这项工作由经验丰富的鉴别师完成，他们通过观察小鸡的外观特征来判断性别。然而，这种方法不仅耗时，而且准确率受个人经验影响。

机器学习提供了一种自动化的解决方案。将小鸡的外观特征（如羽毛颜色、体形、喙形等）作为输入数据，性别作为输出标签，构建一个机器学习模型。这个模型就像是一个正在学习的小鸡性别鉴别师学徒。在训练阶段，向模型提供大量已知性别的小鸡数据，让它学习如何从外观特征中提取关键信息，并准确预测性别。这个过程就像鉴别师学徒在实践中不断积累经验，逐渐提高鉴别能力。随着训练的进行，模型不断调整其内部参数，优化预测性能。这就像鉴别师学徒在实践中不断反思和改进自己的方法，提高鉴别准确率。一旦模型训练完成，它就可以像真正的鉴别师一样，对新孵化的小鸡进行性别预测。此时，只需将小鸡的外观特征输入模型，它就能迅速给出性别预测结果。

机器学习使这一过程自动化、高效化，并且随着数据的增加和模型的持续优化，预测准确率可以不断提高。它不仅解决了传统鉴别方法耗时耗力的问题，还提高了性别鉴别的准确性。

总之，机器学习是一种让计算机通过学习和实践来自动改进性能的方法，它为我们提供了一种高效、准确的解决方案。

2. 机器学习的分类

根据学习方式、任务类型和应用场景的不同，机器学习可以分为多种类型。从统计学习的角度来看，机器学习，包括监督学习（supervised learning）、无监督学习（unsupervised learning）、半监督学习（semi-supervised learning）和强化学习（reinforcement learning），本节将介绍相关的主要算法，并通过应用实例加以解释说明。

1）监督学习

监督学习是机器学习中的一种基本方法，其核心在于利用已经标注的训练数据集来训练模型，使模型能够学习到输入特征与输出标签之间的映射关系。这种学习方法之所以被称为“监督”，是因为在训练过程中，模型会得到来自训练数据的“监督”或“指导”，即每个输入数据都对应一个明确的输出标签，模型通过比较其预测结果与真实标签之间的差异来调整自身参数，从而逐渐提高预测的准确性。

在监督学习中，训练数据集通常由一系列特征向量和对应的标签组成。特征向量描述了数据的各种属性或特征，而标签则代表了数据的目标输出或类别。模型的目标是学习一个从特征向量到标签的模型函数，这个函数能够准确预测未见过的数据标签。

监督学习常用的算法如下。

（1）线性回归。

线性回归（linear regression）通过建立输入变量和输出变量之间的线性关系进行预测，其目标是找到一条最佳的直线，使预测值和实际值之间的误差最小。线性回归常用于预测连续数值，如房价预测、销售额预测等。

例如，有一组数据集，包含了某地区过去几年不同面积的房屋价格，则可以通过对这些数据进行分析，使用线性回归算法，预测未来某个面积的房屋价格。

（2）逻辑回归。

逻辑回归（logistic regression）是一种分类算法，主要用于二分类问题。它通过逻辑函数将线性回归的结果转换为概率值，从而判断数据属于哪个类别。逻辑回归常用于垃圾邮件分类、疾病诊断等。

例如，在对邮件分类时，逻辑回归通过分析邮件的文本内容和其他特征（如发件人、收件人、邮件主题等），计算邮件为垃圾邮件的概率。这一过程的核心在于 sigmoid 函数[逻辑函数（logistic function）]，它将线性回归模型的输出值映射到 0 到 1 之间，表示邮件为垃圾邮件的概率。当这个概率大于某个设定的阈值（如 0.5）时，模型将邮件判定为垃圾邮件；否则，判定为正常邮件。这种方法的有效性在于它能够处理大量邮件数据，并准确识别出垃圾邮件，从而帮助电子邮件服务提供商提高用户体验和安全性。

（3）决策树（decision trees）。

决策树是一种树形结构，通过一系列规则对数据进行划分，每个分支代表一个决策条件，叶子节点代表最终的分类结果。决策树常用于信贷风险评估、客户流失预测等。

例如，客户流失是企业面临的一个常见问题，特别是在电信、电商、银行等行业。通过决策树进行客户流失预测，企业可以提前识别潜在流失的客户，并采取相应的挽留措施。决策树通过分析客户的历史数据（如消费行为、服务使用情况、个人信息等）来构建预测模型。

模型训练完成后，企业可以将新客户或现有客户的数据输入模型，以预测其流失概率。决策树能够发现不同客户群体的特点和偏好，从而帮助企业制定更有针对性的营销策略。通过预测客户流失概率，企业可以提前采取措施挽留客户，提高客户忠诚度和满意度。决策树模型的可解释性有助于企业理解客户流失的原因，从而改进产品和服务。

（4）随机森林。

随机森林（random forest）是一种集成学习方法，通过构建多个决策树并综合它们的预测结果来提高模型的准确性和稳定性。随机森林常用于各种分类和回归问题。

例如，假设某机构正在组织一个大型的音乐节，并希望根据观众的喜好来安排演出节目。现有 1000 位观众，每位观众都有不同的音乐偏好。目标是找到一个节目安排，能够最大程度地满足大多数观众的喜好。

首先，将这 1000 位观众随机分成若干小组，每组 20～50 人。这个过程类似于随机森林中的自助抽样（bootstrap sampling），每个小组代表一个训练集的子样本。

对于每个小组，组织他们进行讨论，并基于他们的喜好来决定一个节目安排。这个过程可以看作是在构建一棵决策树。每棵决策树都会根据小组内观众的喜好来进行分裂和决策，最终得到该小组的节目安排方案。

当所有的小组都完成了讨论并得出了各自的节目安排方案后，将所有的方案汇总起来。然后，采用多数投票的机制来决定最终的节目安排，即哪个节目安排方案被最多的小组选中，就将其作为最终的节目安排方案。这样让多个小组分别讨论并得出各自的方案，然后再综合所有方案来做出最终决策，那么最终的节目安排就更有可能满足大多数观众的喜好。这就是随机森林的工作原理：通过集成多个决策树的结果来提高模型的稳定性和准确性。

（5）支持向量机。

支持向量机（support vector machine，SVM）是一种二分类模型，通过寻找最佳超平面来划分数据，使不同类别的数据点间隔最大。支持向量机常用于文本分类、图像识别等。

例如，假设某电影评论网站的开发者希望自动分析用户提交的电影评论，判断其情感倾向是正面还是负面。

首先需要收集大量的电影评论数据，包括正面评论和负面评论，这些数据将作为 SVM 的训练集。其次对这些训练集进行预处理，如去除停用词、标点符号、特殊字符等无关信息。然后将评论内容转换为数值型特征，这通常通过词袋（bag of words）模型、词频-逆文档频率（TF-IDF）或词嵌入（word embedding）等方法实现。从预处理后的评论数据中提取有用的特征，如词汇的频率、词汇的语义关系等。

接下来，使用预处理后的评论数据和选定的核函数（如线性核、RBF 核等）来训练 SVM 模型。在训练过程中，SVM 模型会尝试找到一个最优的超平面，将正面评论和负面评论分开。

以后，当用户提交新的电影评论时，就可以使用训练好的 SVM 模型对其进行情感分析。这有助于网站更好地了解用户对电影的喜好和反馈，从而提供更具个性化的推荐和服务。

（6）*k* 近邻算法。

k 近邻（*k*-nearest neighbors，KNN）算法是一种惰性分类方法，通过计算新数据点与训练数据点之间的距离，找出最近的 *k* 个邻居，然后根据邻居的类别来判断新数据点的类别。*k* 近邻算法常用于文本分类、推荐系统等。

例如，在在线购物时，网站可以根据用户之前的购物历史和浏览行为，以及与用户类似的其他用户的购物习惯，来推荐用户可能感兴趣的商品，这时可以用 KNN 算法实现。

首先，网站收集了大量用户的购物数据，包括用户购买的商品种类、价格、品牌、购买时间等信息。同时，网站还记录了每个用户的浏览历史、搜索关键词、点击行为等数据。对于每个用户，根据其购物历史和浏览行为，提取出一系列特征，如购买的商品类别、平均消费金额、最常访问的商品类型等。

当一个新用户（或已有用户）访问购物网站时，网站会计算这个用户与数据库中其他用户的相似度。相似度通常通过计算特征向量之间的距离来衡量，如欧氏距离、曼哈顿距离等。根据相似度排序，选择与该用户最相似的 k 个用户作为近邻。分析这 k 个近邻用户的购物历史，找出他们购买过但该用户尚未购买的商品。根据这些商品的购买频率、评分等信息，对该用户进行商品推荐。这不仅提高了购物的便捷性和个性化程度，还有助于提升网站的销售额和用户满意度。

KNN 算法的核心思想是"近朱者赤，近墨者黑"，即认为相似的用户会有相似的购物偏好。因此，在推荐系统中，KNN 算法能够根据用户之间的相似性来进行有效的商品推荐。

2）无监督学习

与监督学习不同，无监督学习处理的数据没有明确的标签或输出结果。这意味着算法需要在没有预先定义的目标变量的情况下，从数据中发现隐藏的结构或模式。无监督学习使用未标注的数据进行训练，模型通过找到输入数据中的模式来进行学习。无监督学习主要用于聚类、降维等任务。

无监督学习具有自主性和探索性的特点。它能够处理大量未标注的数据，并从中提取出有价值的信息。这种能力使无监督学习在大数据时代具有独特的优势。

无监督学习常用的算法如下。

（1）k 均值聚类。

k 均值聚类（k-means clustering）是一种常用的聚类算法，通过迭代的方式将数据划分为 k 个簇，使每个簇内的数据尽可能相似。k 均值聚类常用于客户细分、图像分割等。

例如，在城市规划中，为了更好地进行资源配置和基础设施建设，需要识别城市中的不同功能区域，如居住区、商业区、工业区等。此时可以使用 k 均值聚类算法，对城市中的各个区域进行分类，从而帮助规划师更好地了解城市的功能布局。

首先，收集城市中各个区域的相关数据，如人口密度、土地利用类型、经济发展水平、交通流量等。这些数据可以通过政府统计数据、卫星遥感图像、地理信息系统（geographic information system，GIS）等多种途径获取。然后，对收集到的数据进行清洗和整理，去除无效或异常数据。最后，对数据进行标准化处理，以确保不同量纲的数据在聚类过程中具有相同的权重。

具体操作方法如下。

选择聚类数量 k：根据城市规划的需求和实际情况，确定要将城市区域分为多少个（如 k 个）类别。例如，可以将城市区域分为居住区、商业区、工业区等类别。

执行 k 均值聚类：随机选择 k 个初始聚类中心，这些中心可以是城市中的任意 k 个区域。计算每个区域到 k 个聚类中心的距离（如欧氏距离），并将区域分配到距离其最近的聚类中心所在的类别中。

更新聚类中心：即计算每个类别中所有区域的均值（或中心点），作为新的聚类中心。

重复上述步骤，直到聚类中心不再发生变化或达到预定的迭代次数。

这样，通过 k 均值聚类算法，成功地将城市中的各个区域分为了不同的功能区域。这些功能区域反映了城市中的不同经济和社会活动，为城市规划提供了有力的支持。规划师可以根据聚类结果，更加准确地了解城市的功能布局和发展趋势，从而制定更加科学的城市规划方案。

（2）主成分分析。

主成分分析（principal component analysis，PCA）是一种降维算法，通过正交变换将数据转换为线性不相关的变量（主成分），从而减少数据的特征数量，同时保留主要信息。主成分分析常用于数据降维、可视化等。主成分分析的基本思想是，通过线性变换将原始的高维数据投影到一个低维空间上，同时尽量保留原始数据中的变异信息。在这个低维空间中，每个维度都代表了一个主成分，这些主成分是不相关的（即协方差为 0），并且按照它们解释的变异量从大到小排列。

例如，假设想要评估一个学生在学校里的综合表现，可能需要考虑多个指标，如数学成绩、物理成绩、化学成绩、语文成绩、历史成绩和英语成绩等。这些指标构成了一个高维空间，其中每一维都代表了一个学科的成绩。然而，在处理这些数据时，可能会发现这些学科成绩之间存在一定的相关性。例如，数学成绩好的学生往往物理和化学成绩也不错，因为这些学科都需要较强的逻辑思维和解题能力。同样，语文和历史成绩之间也可能存在相关性，因为它们都涉及对文字的理解和记忆。现在，想要用一个或少数几个综合指标来概括这些学科成绩，以便更直观地评估学生的综合表现。这时，就可以使用主成分分析。

此时，主成分分析可能会得出这样一个结果：第一个主成分（可以称为“理科综合”）主要解释了数学、物理和化学成绩中的变异，它可能代表了这些学科共同的逻辑思维和解题能力；第二个主成分（可以称为“文科综合”）主要解释了语文和历史成绩中的变异，它可能代表了这些学科共同的文字理解和记忆能力。英语成绩可能在这两个主成分中都有贡献，但贡献度可能不如其他学科那么显著。

通过主成分分析，可以将原本需要 6 个指标来评估的综合表现简化为两个或更少的综合指标，从而更方便地进行数据分析和可视化。同时，由于主成分之间是不相关的，也避免了原始指标之间的信息重叠问题，使评估结果更加客观和准确。

需要注意的是，主成分分析的结果并不是唯一的，它受到原始数据的影响。不同的数据集可能会得出不同的主成分和贡献度。因此，在进行主成分分析时，需要根据具体问题和数据集的特点来选择合适的分析方法和参数。

3）半监督学习

半监督学习结合了少量的标注数据和大量的未标注数据进行训练，目的是利用未标注数据来提高模型的性能。半监督学习以其独特的数据使用方式、数据分布假设、标签扩展能力及广泛的应用场景等特点，在机器学习和模式识别领域具有重要的地位和作用。

半监督学习广泛应用于文本处理、图像分类、社交网络分析等领域。例如，在图像分类中，可以利用少量的标注图像和大量的未标注图像来训练模型，提高分类准确性；在自然语言处理中，可以利用标注的文本数据和未标注的文本数据来训练情感分析或文本分类模型。

半监督学习的常见算法包括自训练（self-training）、协同训练（co-training）和生成式模型（generative model），下面对这些算法进行简要介绍。

（1）自训练。

自训练是一种简单而有效的半监督学习方法。其基本原理是，首先使用初始的标注数据训练一个基础模型；然后使用训练好的模型对未标注数据进行预测，并选取高置信度的预测结果；接着将高置信度的未标注数据及其预测标签加入标注数据集中；最后使用扩展后的标注数据集重新训练模型，并重复上述步骤直到收敛。

自训练方法简单易行，适用于多种模型和任务。然而，它依赖于初始模型的性能，如果初始模型性能较差，可能会引入错误的标签，导致模型性能下降。

（2）协同训练。

协同训练是一种基于多视角学习的半监督学习方法。它假设数据可以从不同的视角进行观察和描述，并利用不同视角的互补性来提高分类器的性能。协同训练的具体步骤如下：首先，从标注数据集中随机选择两个初始训练子集，每个子集包含一部分标注样本和一部分未标注样本；然后，使用这两个子集的标注样本分别训练两个分类器；接着，使用这两个分类器对另一个子集的未标注样本进行预测，并将其中的高置信度预测样本加入对应子集的标注样本中；最后，重复执行上述步骤，直到达到停止条件（如达到最大迭代次数或分类器性能不再改善）。协同训练算法的关键在于利用两个视角的互补信息来提高分类器的性能。它适用于标注数据有限且数据集中有多个特征、每个样本都有一些特征缺失的情况。

（3）生成式模型。

生成式模型在半监督学习中的应用主要体现在对数据潜在分布的建模上。通过学习数据的潜在分布，生成式模型可以生成新的样本或用于改进分类器的性能。在半监督学习中，常用的生成式模型包括生成对抗网络和变分自编码器（variational autoencoder，VAE）等。生成对抗网络由生成器和判别器组成，通过生成器生成逼真的数据样本和判别器区分真实数据和生成数据之间的对抗训练来提高分类器的性能。VAE 则通过学习数据的潜在表示来生成新的样本或改进模型的预测结果。生成式模型的优势在于能够学习数据的潜在分布并生成新的样本，从而增强模型的泛化能力。

综上所述，自训练、协同训练和生成式模型都是半监督学习中常见的算法。它们各有特点并适用于不同的应用场景和数据集。在实际应用中，需要根据任务需求、数据特性和计算资源等因素进行综合考虑以选择合适的算法。

4）强化学习

强化学习通过与环境的交互来学习最优策略，目的是最大化累积奖励。强化学习常用于动态系统、机器人控制等任务。

强化学习的主要算法如下。

（1）Q 学习。

Q 学习（Q-learning）是一种无模型、非策略的强化学习算法。它使用贝尔曼（Bellman）方程估计最佳动作值函数，该方程迭代更新给定状态动作对的估计值。

Q 学习算法的核心思想是基于“试错学习”（trial-and-error learning）和“延迟奖励”（delayed reward）的强化学习原则。该算法旨在让智能体（agent）在与环境的交互过程中学习到一个状态-动作值函数（Q 函数），该函数能够估计在给定状态下采取某个动作所能获得的未来累积奖励的期望值。

Q 学习以其简单性和处理大型连续状态空间的能力而闻名。它不需要知道环境的具体模型，只需通过与环境交互来学习最佳策略。

（2）深度 Q 网络。

深度 Q 网络（deep Q-network，DQN）是结合深度学习和 Q 学习的一种算法，用于处理高维状态空间。深度 Q 网络常用于复杂的游戏和机器人控制任务，能够处理高维状态空间，如图像输入，并且具有强大的泛化能力。它在许多雅达利（Atari）游戏中取得了超越人类玩家的表现。

深度 Q 网络是为了解决传统的表格型方法在处理高维状态空间时的局限性而提出的算法。它将状态空间映射到高维特征空间，并利用深度神经网络来拟合 Q 函数。

深度 Q 网络核心思想如下：使用深度神经网络来近似表示 Q 函数，并通过与环境交互来更新神经网络的权重。它采用了经验回放和固定 Q 目标等技术来提高训练的稳定性和效率。

（3）策略梯度方法。

策略梯度方法（policy gradient method）是一种基于策略的强化学习算法。它直接学习最优策略的参数，而不是通过价值函数来间接指导策略。

策略梯度方法构建了一个策略函数来预测执行每个动作的概率分布，并通过梯度上升法来更新策略参数，从而最大化累积奖励。

策略梯度方法适用于连续动作空间和复杂策略的场景。假设要训练自动驾驶汽车，可以使用策略梯度方法来训练汽车的驾驶策略，让汽车学会如何根据路况和交通规则来做出最优的驾驶决策。

3.6.2　深度学习

深度学习是机器学习的一个分支，它基于人工神经网络（artificial neural network，ANN），并通过多个隐藏层来建模和学习复杂的数据特征。深度学习是实现人工智能的核心技术之一，特别在图像处理、语音识别、自然语言处理等领域取得了显著的突破。它使用神经网络模型来学习数据的特征，这些特征是多层次的，可以从原始数据中自动提取出来。通过在大规模数据上进行训练，深度学习模型能够学习到数据的内在规律和模式，从而实现对新数据的准确预测和分类。

深度学习的主要算法有卷积神经网络、循环神经网络、长短期记忆网络及生成对抗网络。以下是对这些算法的简要介绍。

1. 卷积神经网络

卷积神经网络（convolutional neural network，CNN）是深度学习领域中最具代表性的一种算法，它特别适用于处理图像数据。CNN 通过模仿生物的视知觉机制构建，能够自动提取图像中的特征，并在此基础上进行分类、识别等任务。CNN 的基本结构包括输入层、卷积层、池化层、全连接层和输出层。在卷积层中，通过卷积运算对输入数据进行特征提取，每个神经元都与输入数据的一个局部区域进行连接，并通过卷积核提取该局部区域中的特征。这种局部连接和卷积运算的方式使 CNN 能够高效地处理高维数据，并有效减少模型参数数量。池化层通常位于卷积层之后，它的作用是减少数据的维度和计算复杂度，同时保留重要的特征。全连接层则负责将前面各层提取到的特征进行整合，并输出最终的分类或回归结果。

CNN 的训练过程通常使用反向传播算法和梯度下降算法。在训练过程中，网络通过反向传播算法计算出每个神经元的误差梯度，然后使用梯度下降算法更新神经元的权重和偏置，使网络的输出结果更加接近于真实结果。CNN 在图像识别、分类、目标检测等领域取得了显著成果，广泛应用于安防监控、自动驾驶、医疗影像分析等领域。

2. 循环神经网络

循环神经网络（recurrent neural network，RNN）是一类以序列数据为输入，在序列的演进方向进行递归且所有节点（循环单元）按链式连接的递归神经网络。RNN 具有记忆性，能够捕捉序列数据中的时间依赖性，因此在处理序列的非线性特征时具有一定优势。RNN 的基本结构包括输入层、循环层和输出层。在循环层中，每个神经元都与前一个时刻的输出和当前时刻的输入进行连接，从而形成一个循环结构。这种循环结构使 RNN 能够自动学习到序列数据中的时序特征。

RNN 在语音识别、自然语言处理、时间序列分析等领域取得了显著成果。例如，在语音识别中，RNN 能够将语音信号转换为文本信息，广泛应用于智能客服、语音助手等领域。在自然语言处理中，RNN 能够处理文本数据，进行文本分类、情感分析、机器翻译等任务。此外，RNN 还可以应用于生成图像描述、视频标注等领域。

然而，传统 RNN 在处理长序列时容易出现梯度消失或梯度爆炸问题，限制了其在某些任务中的性能。为了解决这个问题，研究者提出了多种变体，如长短期记忆网络和门控循环单元（gated recurrent unit，GRU），通过引入门控机制来更好地控制信息的流动，从而提升 RNN 在处理长序列数据时的性能。

3. 长短期记忆网络

长短期记忆网络（long short-term memory，LSTM）是一种特殊的递归神经网络，它可以有效地处理序列数据中的长期依赖关系。LSTM 通过引入记忆单元解决传统 RNN 在处理长序列时存在的梯度消失和梯度爆炸问题。LSTM 的基本结构包括输入门、遗忘门、输出门和记忆单元。输入门负责将新的输入信息添加到记忆单元中；遗忘门负责删除不再需要的历史信息；输出门负责从记忆单元中提取输出；记忆单元是 LSTM 的核心，它通过计算输入门和遗忘门的输出来更新自己的状态。

LSTM 在多个领域取得了显著成果，特别是在自然语言处理和语音识别领域。例如，在自然语言处理中，LSTM 能够处理长文本数据，进行更准确的文本分类、情感分析、机器翻译等任务；在语音识别中，LSTM 能够捕捉语音信号中的长期依赖关系，提高语音识别的准确性。此外，LSTM 还可以应用于时间序列预测、股票预测等领域。

4. 生成对抗网络

生成对抗网络（generative adversarial networks，GAN）是一种深度学习模型，由生成器和判别器两部分组成。生成器尝试生成尽可能真实的数据（如图像）来欺骗判别器，而判别器则努力区分生成数据和真实数据。GAN 通过博弈的方式不断优化生成器和判别器的性能，最终在生成器能够生成足够真实的数据时达到平衡状态。

GAN 在图像生成、风格迁移、超分辨率重建等领域展现出强大的能力。例如，在图像生成方面，GAN 能够生成高质量的图像，广泛应用于图像编辑、艺术创作等领域；在风格迁移方面，GAN 能够将一种风格的图像转换为另一种风格的图像，实现图像风格的转换；在超分辨率重建方面，GAN 能够从低分辨率图像中恢复出高分辨率图像，提高图像的清晰度。

此外，GAN 还可以应用于数据增强、图像修复、视频合成等领域。通过生成对抗的方式，GAN 能够学习到数据的分布特征，并生成与真实数据相似的合成数据，从而增强数据的多样性和丰富性。在图像修复方面，GAN 能够修复破损的图像或填充缺失的区域，恢复出完整的图像。在视频合成方面，GAN 能够生成逼真的视频帧或动画效果，广泛应用于电影制作、动画制作等领域。

AlphaGo 围棋战胜人类是人工智能发展史上的一个重要里程碑，它深刻地展示了深度学习的强大力量。

AlphaGo 由谷歌公司的 DeepMind 团队倾力打造，是一个基于深度强化学习模型的人工智能系统，它通过模拟人类的学习方式，利用大量的围棋对弈数据进行训练，并利用强化学习算法不断优化自己的策略。AlphaGo 的技术架构模仿了人类大脑神经的模式，通过深度学习大幅增加人工神经网络的层级，从而提升了计算能力。具体来说，AlphaGo 拥有“两个大脑”：一个输入了 3000 万盘人类顶级棋手对弈数据，通过“自我对战”来进行增强学习，改善此前的决策网络；另一个则通过价值网络来进行整体局面判断，决策网络与价值网络协作决定落子位置。

2016 年 3 月，AlphaGo 与世界围棋冠军、韩国九段棋手李世石进行了一场历史性的对决。在这场比赛中，AlphaGo 展现出了惊人的实力，凭借对棋局变化的精准判断和高效策略，成功应对了李世石的多次挑战。最终，AlphaGo 以 4∶1 的总比分取得了胜利，震惊了围棋界，也引发了全球范围内的广泛讨论。

然而，AlphaGo 并未止步于此。在战胜李世石后，AlphaGo 的升级版——Master 悄然问世。Master 以匿名身份登录各大围棋平台，开启了它的连胜之旅。

Master 的连胜引发了广泛的猜测和讨论，人们纷纷猜测其真实身份。直到 2017 年 1 月 4 日晚，Master 的身份才终于浮出水面——它正是 AlphaGo 的升级版。AlphaGo 和 Master 围棋战胜人类的过程是一个连贯且震撼的历程。它们凭借深度神经网络和强化学习技术的强大支撑，成功应对了世界顶级棋手的挑战，并在比赛中展现出了超越人类的实力。这一历程不仅推动了人工智能技术的发展，也让人们看到了人工智能在未来改变人类生活和社会的巨大潜力。

3.6.3 自然语言处理

1. 自然语言处理的概念

自然语言处理（natural language processing，NLP）是一门集计算机科学、人工智能和语言学于一体的交叉学科。它致力于实现人与计算机之间通过自然语言进行有效沟通的能力，核心任务是理解、解释和生成人类语言，使计算机能够处理和分析大量的自然语言数据。自然语言处理的目标是让计算机能够确切理解人类的语言，并自然地与人进行交互。

2. 自然语言处理的研究领域

自然语言处理的研究领域广泛，涵盖了多个核心技术和方法，这些技术共同构成了自然语言处理的基础框架，具体内容如下。

（1）词法分析：包括分词、词性标注等，是自然语言处理的基础任务之一。通过对文本进行词法分析，计算机能够识别出文本中的词汇及其词性，为后续任务提供基础。

（2）句法分析：旨在确定句子中词语之间的语法关系，如主谓宾结构、定中关系等。句法分析有助于计算机理解句子的结构，从而更准确地把握句子的含义。

（3）语义理解：涉及对文本深层含义的解析，包括实体识别、关系抽取、情感分析等。语义理解是自然语言处理中的高级任务，它要求计算机能够准确理解文本所表达的意义。

（4）文本生成：给定特定的文本输入或条件，生成所需要的文本。文本生成广泛应用于文本摘要、对话系统、机器翻译、智能问答系统等领域。

（5）信息抽取：从文本数据中抽取特定信息，这些信息通常包括实体、关系、事件等事实信息。信息抽取技术主要用于构建知识图谱、智能问答系统等领域。

（6）语音识别与合成：语音识别技术能够将人类语言转换为计算机可读的形式，而语音合成（text to speech，TTS）技术则将文本转换为口语。这两项技术是自然语言处理在语音交互领域的重要应用。

3. 自然语言处理的执行过程

自然语言处理的过程复杂而精细，它通常包括以下几个关键步骤。

（1）数据收集与预处理：从各种来源收集大规模的文本数据，并进行清洗和整理，包括去除无关字符、纠正拼写错误、统一格式等，以确保后续步骤的正确性。

（2）分词与词性标注：将连续的文本分解成单独的词或词素，并为每个词汇标注其词性，如名词、动词、形容词等，这有助于模型更好地理解词汇在句子中的作用和含义。

（3）特征提取：将词汇转换为数值向量，以便模型处理。常用的词向量表示方法有 One-Hot 编码、Word2Vec、GloVe 等。此外，根据具体任务，可能需要提取其他特征，如句子的长度、词汇的频率等。

（4）模型选择与训练：根据任务需求选择合适的模型，如逻辑回归、支持向量机、随机森林等传统机器学习模型，或循环神经网络、长短期记忆网络、变换器（Transformer）等深度学习模型。使用标注数据对模型进行训练，使其能够对新的数据进行预测。

（5）模型优化：在训练过程中，通过调整模型参数和学习率等超参数，以及使用正则化、Dropout 等方法防止过拟合，提高模型的性能。

（6）模型评估与部署：使用测试集对训练好的模型进行评估，衡量其在未见过的数据上的表现。常用的评估指标包括准确率、召回率、F1 值等。将评估合格的模型部署到实际应用中，如聊天机器人、情感分析系统、机器翻译等。

以上步骤共同构成了自然语言处理的一般处理流程。在实际应用中，根据具体任务和数据集的特点，可能需要对这些步骤进行适当的调整和优化。

4. 自然语言处理的应用领域

随着自然语言处理技术的不断进步，其应用领域也日益广泛。

（1）机器翻译：能够将一种语言的文本自动翻译成另一种语言，极大地促进了国际信息交流。现代机器翻译系统（如谷歌翻译、百度翻译等），已经能够实现较高质量的翻译，广泛应用于国际贸易、旅游、教育等领域。

（2）信息检索与自动摘要：自然语言处理能够更深入地理解用户的查询意图，从而提供更精准的搜索结果。同时，它还支持自动摘要生成，帮助用户快速浏览和筛选搜索结果，提高信息检索的效率。

（3）智能问答系统：利用自然语言处理技术，系统能够分析用户的问题，理解其意图，并从知识库中检索相关信息，最终生成准确的回答。这种系统已经广泛应用于智能客服、智能助手等领域，为用户提供了便捷、高效的咨询和服务。

（4）情感分析：涉及识别和分类文本中的主观信息，如情感倾向（积极、消极或中性）。这一技术在市场研究、品牌监控和社交媒体分析中非常有用。通过情感分析，企业可以及时了解公众对其产品或服务的评价，从而调整市场策略。

（5）对话系统：自然语言处理技术使对话系统能够理解和回应用户的问题和请求，

实现更加自然和流畅的交互体验。例如，Siri、Alexa 等智能语音助手，都能够利用自然语言处理技术实现与用户的自然语言交互。

（6）法律与医疗领域：自然语言处理技术在法律和医疗领域也有广泛的应用。在法律领域，自然语言处理可以用于文档分类、信息抽取、合同审查等任务；在医疗领域，自然语言处理则被用来分析电子健康记录，为医生提供了更加精准的诊断和治疗建议。

（7）社交媒体监控与新闻分析：自然语言处理技术可以自动识别和过滤社交媒体上的信息，帮助企业和政府机构了解公众舆论和市场需求。同时，自然语言处理还可以用于新闻分析，提取关键信息并生成摘要，为新闻工作者提供便捷的信息获取方式。

（8）电子商务与个性化推荐：通过分析用户的购物历史和浏览行为等信息，自然语言处理技术可以为用户提供个性化的商品推荐和服务。这有助于提高用户的购物体验和满意度，同时增加电商平台的销售额。

5. 自然语言处理的未来发展方向

随着技术的不断进步和应用场景的不断拓展，自然语言处理技术将迎来更加广阔的发展前景，以下是一些可能的发展方向。

（1）语义表示的深化：从符号表示向分布表示的转变将继续深化。通过词向量和深度学习等技术，计算机能够更好地理解和表示自然语言中的语义信息。这将有助于提高自然语言处理任务的性能和准确性。

（2）学习模式的创新：从浅层学习到深度学习的转变已经取得了显著的成果。未来，随着深度学习技术的不断发展和优化，自然语言处理的学习模式将更加高效和智能化。同时，迁移学习和预训练模型等技术也将继续推动自然语言处理的进步。

（3）平台化和开放化：自然语言处理领域提供的开放平台越来越多，门槛也越来越低。这将有助于促进自然语言处理技术的普及和应用。未来，随着更多开放平台和工具的出现，自然语言处理技术将更加易于使用和集成到各种应用场景中。

（4）跨语言处理能力的提升：随着全球化进程的加速和跨语言交流的需求日益增长，自然语言处理技术需要不断提升其跨语言处理能力。这将有助于打破语言障碍，促进国际信息交流和合作。

（5）与领域深度结合：自然语言处理技术将与更多领域进行深度结合，为行业创造价值。例如，在医疗、金融、教育等领域，自然语言处理技术将发挥更加重要的作用，为专业人士提供更加智能化和个性化的服务。

（6）人机交互的自然性和智能化：随着自然语言处理技术的不断进步和应用场景的拓展，人机交互将更加便捷、高效和智能化，为人们的生活和工作带来更多的便利和改变。

自然语言处理作为一门交叉学科，经历了从规则驱动到统计学习再到深度学习的演变过程，其技术进步不仅推动了计算机语言理解能力的提升，也为各行各业的智能化应用奠定了坚实的基础。未来，随着技术的不断发展和应用场景的不断拓展，自然语言处理技术将迎来更加广阔的发展前景。

3.6.4　专家系统

1. 专家系统的概念

专家系统（expert system）是基于知识的系统，用于在某种特定的领域中运用领域专家多年积累的经验和专业知识，求解需要专家才能解决的困难问题。专家系统作为一种计算机系统，继承了计算机快速、准确的特点，在某些方面比人类专家更可靠、更灵活，可以不受时间、地域及人为因素的影响。斯坦福大学的爱德华·费根鲍姆（Edward Feigenbaum）教授将专家系统定义为“专家系统是一种智能的计算机程序，它运用知识和推理来解决只有专家才能解决的复杂问题”。

2. 专家系统的主要研究内容

专家系统的研究内容广泛，主要包括以下几个方面。

1）知识表示与知识库构建

知识表示是专家系统的核心之一，它涉及如何将领域专家的知识和经验转化为计算机可理解和处理的形式。这包括选择合适的表示方法，如规则表示、语义网络、框架表示或面向对象表示等，以准确表达领域知识和经验。同时，知识库构建也是关键，它涉及将领域知识组织成结构化的形式，便于计算机存储、检索和推理。在知识库构建过程中，需要考虑知识的完整性、一致性、可维护性和可扩展性等问题，以确保专家系统的准确性和可靠性。

2）推理机制与决策支持

推理机制是专家系统的另一个核心，它负责根据已知的知识和输入的信息进行推理，以得出结论或做出决策。这包括正向推理、逆向推理、混合推理和不确定推理等多种策略。正向推理从已知事实出发，逐步应用规则推导出结论。逆向推理从目标结论出发，逆向应用规则寻找满足条件的已知事实。混合推理结合了正向和逆向推理的优点，根据具体情况灵活选择推理策略。不确定推理处理不确定性和模糊性的情况，提高专家系统的适应性和鲁棒性。推理机制的研究内容还包括如何优化推理过程，提高推理效率和准确性，以及如何处理冲突和不确定性等问题。

3）知识获取与知识更新

知识获取是构建专家系统的关键步骤之一，它涉及如何从领域专家或其他知识源中有效地获取知识和经验。这包括非结构化知识获取，如从文本、图像等非结构化数据中提取知识；结构化知识获取，如从数据库、知识库等结构化数据中提取知识；交互式知识获取，通过与领域专家交互来获取知识和经验。同时，知识更新也是专家系统持续有效运行的关键，它涉及如何根据新的知识和经验更新知识库，以确保专家系统的准确性和时效性。这包括知识的增量更新、版本控制和知识库的维护等方面。

以上 3 个方面的研究内容共同构成了专家系统的理论基础和技术框架，推动了专家系统的不断发展和创新。

3. 专家系统的处理过程

专家系统的主要处理过程涉及多个步骤，这些步骤共同构成了专家系统解决问题的完整流程，专家系统的简化结构如图 3-3 所示。

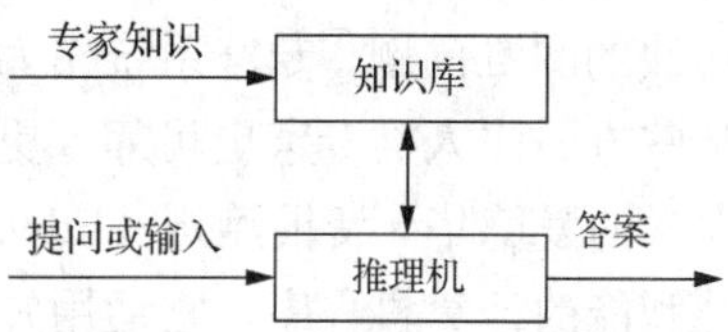

图 3-3 专家系统的简化结构

以下是专家系统主要处理过程的简单介绍。

1）问题输入与解析

首先，用户通过人机交互界面向专家系统输入问题或相关数据。专家系统接收到问题后，会对其进行解析，理解问题的含义和所需解决的目标。这一步骤是专家系统处理过程的起点，也是与用户交互的关键环节。

2）知识匹配与检索

在解析问题后，专家系统会开始在知识库中查找与问题相关的知识和规则。知识库是专家系统存储领域知识和经验的地方，它包含了大量的“如果-则”规则、语义网络、框架或面向对象的知识表示等。专家系统会根据问题的具体内容和需求，在知识库中进行匹配与检索，找到与问题相关的知识和规则。

3）推理与决策

找到相关的知识和规则后，专家系统会运用推理机制进行推理与决策。推理机制是专家系统的核心部分，它负责根据已知的知识和规则，以及输入的问题或数据，推导出结论或做出决策。推理过程可能涉及正向推理、逆向推理、混合推理或不确定推理等多种策略，具体取决于问题的性质和需求。

4）结果生成与输出

经过推理和决策后，专家系统会生成一个或多个可能的解决方案或结论。这些解决方案或结论会通过人机交互界面展示给用户，供用户选择和参考。同时，专家系统还可以提供必要的解释和说明，帮助用户理解解决方案或结论的来源和依据。

5）知识更新与维护

在整个处理过程中，专家系统还需要不断地进行知识更新与维护。这包括添加新的知识和规则到知识库中、删除过时或无效的知识和规则，以及优化知识库的结构和性能等。知识更新与维护是确保专家系统能够持续有效运行和适应领域发展的关键。

综上所述，专家系统的主要处理过程包括问题输入与解析、知识匹配与检索、推理与决策、结果生成与输出及知识更新与维护等多个步骤。这些步骤相互关联、相互支持，共同构成了专家系统解决问题的完整流程。

4. 专家系统的应用领域

专家系统广泛应用于医疗、金融、工业、教育、法律、客户服务等领域。它们利用领域专家的知识和经验，通过智能推理和决策支持，提高了问题解决的质量和效率，推动了相关行业的技术进步和创新发展。

（1）医疗领域：专家系统可以用于辅助医生进行诊断和治疗决策，特别是在疾病的早期诊断和治疗方案的制定方面。它还可以用于药物研发和生产控制等方面，帮助制药企业提高药物研发的效率和质量。

（2）金融领域：专家系统可以用于信用风险评估、金融市场预测和投资决策等方面。例如，一个基于专家系统的信用风险评估系统可以根据贷款人的个人信息、历史信用记录和经济状况等多种因素，对贷款申请进行评估，并给出是否批准贷款的建议。

（3）工业领域：专家系统可以用于设备故障诊断和维修、生产计划和物流优化等方面。它可以帮助企业减少停机时间和维修成本，提高设备的可靠性和性能。

（4）教育领域：专家系统可以用于智能教育和学生评估等方面。例如，一个基于专家系统的智能教学系统可以根据学生的学习习惯和水平，为学生量身定制课程内容和教学方法，并提供个性化的学习建议。

（5）法律领域：专家系统可以提供法律咨询服务，帮助用户解决法律问题，如合同审查、法律风险评估等。

（6）客户服务：在呼叫中心、在线客服等领域，专家系统能够自动回答用户问题，提供解决方案。

此外，专家系统还在环境保护、能源管理、交通运输等领域发挥着重要作用。

5. 专家系统的未来发展方向

随着人工智能技术的不断发展和进步，专家系统的应用范围将会更加广泛，并呈现出以下发展趋势。

（1）结合机器学习技术：专家系统结合机器学习技术，可以通过数据学习实现知识的自动化获取和更新。这将极大地提高专家系统的知识获取效率和准确性，使其能够更好地适应相关领域的发展和变化。通过机器学习，专家系统还可以从大量的数据中挖掘出潜在的知识和规律，进一步丰富其知识库和推理能力。

（2）基于语义理解的推理：随着语义理解技术的不断发展，专家系统将可以更加准确地理解人类自然语言，并进行推理和决策。这将使专家系统能够更好地与用户交互，提高系统的可用性和用户体验。基于语义理解的推理还可以帮助专家系统处理更复杂的任务和问题，如多义词的消解、上下文推理等。

（3）可解释性：随着人们对人工智能算法的逐渐关注，专家系统的可解释性将会成为一个越来越重要的方面。可解释性是指系统能够向用户解释其推理过程和决策依据的能力。提高专家系统的可解释性将有助于增强用户对系统的信任度和满意度，同时也有助于系统的调试和优化。

（4）多模态融合：随着多模态数据的不断增加，专家系统将可以从多种数据源中获取信息，进行推理和决策。这将使专家系统能够更好地处理复杂的问题和任务，提高系统的鲁棒性和准确性。多模态融合还可以帮助专家系统实现跨领域的知识共享和协同工作，进一步拓展其应用范围。

（5）智能化和自适应化：未来的专家系统将更加智能化和自适应化，能够处理更复杂的任务和问题。这包括提高系统的自我学习能力、自我优化能力和自我修复能力等。通过智能化和自适应化的发展，专家系统将能够更好地适应不断变化的环境和需求，为用户提供更加智能化和个性化的解决方案。

（6）集成化和网络化：专家系统将与其他信息系统和技术（如大数据、物联网、人工智能等）深度集成，提供更全面的解决方案。这将有助于实现跨领域的知识共享和协同工作，提高系统的整体性能和效率。专家系统将更加依赖网络，支持分布式计算和云服务。这将使专家系统能够更高效地利用计算资源和数据资源，提高系统的响应速度和处理能力。

（7）人机交互的增强：未来的专家系统将提供更自然、更智能的用户界面，支持语音识别、自然语言处理等技术。这将使用户与系统的交互更加便捷和高效，提高系统的可用性和用户体验。通过人机交互的增强，专家系统还可以更好地了解用户的需求和偏好，为用户提供更加个性化的服务和解决方案。

3.6.5 计算机视觉

1. 计算机视觉的概念

计算机视觉（computer vision，CV）是人工智能领域的一个重要分支，它研究如何使计算机获取、处理、分析和理解数字图像和视频。简而言之，计算机视觉旨在让计算机“看到”并“看懂”图像或视频中的内容，从而实现对现实世界的感知和理解。

计算机视觉的研究涉及图像处理、模式识别、机器学习和人工智能等多个学科的知识与技术。基本原理是利用各种成像系统获取原始视觉信号，并将这些信号转化为数字化形式，随后通过复杂的算法对这些数字信号进行处理和分析，以实现对图像和视频的高级理解。

2. 计算机视觉的主要研究内容

计算机视觉的主要研究内容涵盖了对数字图像和视频的高层次理解和处理。它试图模拟人类的视觉系统，使计算机能够“看”并理解所见的图像。这包括从图像中提取有用的信息，如物体的形状、颜色、纹理等特征，进而对图像进行分类、检测、分割、理解、识别等处理。

（1）图像分类：根据图像的语义信息将图像分为不同的类别，如动物、植物、建筑等。这是计算机视觉的基础任务之一，也是物体检测、图像分割等高级任务的前提。

（2）目标检测：在图像或视频中识别出特定的物体，并确定其位置和大小。目标检测是计算机视觉的重要研究方向，广泛应用于自动驾驶、安防监控等领域。

（3）图像分割：将图像划分为多个区域，每个区域包含相同类别的像素。图像分割技术可用于医学影像分析等。

（4）场景理解：对图像进行更高级的理解，包括物体识别、关系理解和场景语义理解。这是计算机视觉的高级任务之一，也是最具挑战性的任务。

（5）人脸识别：识别和验证图像或视频中的人脸。人脸识别技术已广泛应用于身份验证、人脸支付等领域。

（6）姿态估计：理解图像中人或物体的姿态或姿势。姿态估计技术可用于动作捕捉、虚拟现实等领域。

3. 计算机视觉的处理过程

计算机视觉的处理是一个从原始图像数据到高级语义理解的多阶段的转换过程，主要包括以下步骤。

（1）图像获取：使用传感器或摄像机获取图像或视频数据。

（2）前期处理：对图像进行校正、去噪、增强等操作，以提高后续处理的效果。

（3）特征提取：提取图像中的关键特征，如边缘、纹理、颜色等，用于图像的描述和分析。

（4）图像分析：通过对特征进行分析和处理，实现图像分类、目标检测、目标跟踪、场景分割等任务。

（5）图像解释：对图像进行高级推理和理解，如物体识别、场景理解、行为分析等。

4. 计算机视觉的应用领域

计算机视觉的应用领域非常广泛，涵盖了多个行业和领域，以下是一些主要的应用领域。

（1）自动驾驶：计算机视觉被广泛应用于自动驾驶汽车的识别和感知，帮助汽车实现行驶路线规划、障碍物检测和避让、交通信号识别等功能。

（2）工业制造：计算机视觉在工业制造领域的应用包括机器人视觉系统、缺陷检测、质量控制、零件识别和装配等方面。

（3）医疗诊断：计算机视觉在医疗诊断领域的应用包括影像分析、疾病诊断和治疗监测等方面。通过图像分割、目标检测等技术，医生可以更准确地诊断疾病，制定治疗方案。

（4）安防监控：计算机视觉在安防监控领域的应用包括人脸识别、行为分析、犯罪侦查等方面。通过实时监控和分析视频数据，安防系统可以及时发现异常情况，提高安全防范能力。

（5）增强现实：计算机视觉在增强现实领域的应用包括虚拟现实、游戏、电影和电视特效等方面。通过图像识别和跟踪技术，可以实现虚拟世界与现实世界的无缝融合。

（6）垃圾分类：计算机视觉在垃圾分类领域的应用包括垃圾自动分拣、可回收物分类等方面。通过图像分类和目标检测技术，可以实现对垃圾的快速准确分类。

（7）农业领域：计算机视觉在农业领域的应用包括种植和收获自动化、作物识别和病害检测等方面。通过图像分析和识别技术，可以提高农业生产效率和作物产量。

计算机视觉的应用领域还在不断拓展，正在深刻改变着人们的生活方式和工作模式，展现了其巨大的潜力和价值。

5. 计算机视觉的未来发展方向

随着技术的不断进步和应用领域的不断拓展，计算机视觉的未来发展方向将呈现以下几个趋势。

（1）深度学习技术的深化应用：深度学习技术在计算机视觉领域的应用将不断深化，包括更高效的模型训练、更准确的特征提取和表示及更广泛的应用场景。

（2）大语言模型（large language model，LLM）的应用：大语言模型在计算机视觉领域的应用将越来越广泛，它们具有强大的特征提取和表示能力，能够有效解决图像分类、目标检测、语义分割等任务。

（3）模型无关的研究：这类研究将关注超越具体模型架构的通用原则和方法，如自监督学习、对比学习、小样本学习等，以提升计算机视觉系统的灵活性和鲁棒性。

（4）跨模态融合：计算机视觉将与其他模态的数据进行融合，如文本、语音、传感器数据等，以实现更全面的信息理解和处理。

（5）实时性和鲁棒性的提升：随着应用场景的不断拓展，计算机视觉系统需要更高的实时性和鲁棒性，以适应复杂多变的环境和任务需求。

（6）伦理和隐私保护：随着计算机视觉技术的广泛应用，伦理和隐私保护问题将越来越受到关注。如何在保障个人隐私的同时，实现计算机视觉技术的有效应用，将是未来发展的重要方向之一。

3.7 人工智能主要技术应用案例——自动驾驶

自动驾驶技术是人工智能领域的一个重要应用方向，它集成了感知、决策、控制等多个复杂环节，旨在实现车辆在无人类干预下的安全、高效行驶。本节将以自动驾驶汽车在起步、转弯、等信号灯、避障等典型场景中的应用为例，详细分析人工智能在这些过程中的关键作用和技术实现。

1. 起步过程——智能识别与平稳加速

1）环境感知与状态评估

在起步之前，自动驾驶汽车需要通过摄像头、毫米波雷达、激光雷达等多种传感器对周围环境进行全方位感知。人工智能算法，特别是深度学习模型，如卷积神经网络，用于处理摄像头捕捉的图像数据，识别道路、交通标志、行人、车辆等障碍物。同时，毫米波雷达和激光雷达提供物体的距离和速度信息，为车辆提供实时的交通环境快照。

2）决策制定与路径规划

基于感知到的环境信息，自动驾驶汽车的决策系统需要判断何时起步。这涉及对交通规则的理解（如红灯停、绿灯行）、对周围车辆和行人行为的预测，以及基于这些信息的最优路径规划。强化学习算法在这里发挥着重要作用，它使车辆能够在模拟环境中学习不同场景下的最佳起步策略。

3）控制执行与平稳加速

一旦决策系统确定可以起步，控制模块将接管，通过精确的车辆动力学模型预测控制（model predictive control，MPC）算法，计算出最优的加速曲线，确保车辆平稳、快速地达到期望速度，同时保持乘坐舒适性。

2. 转弯过程——精准路径跟踪与动态调整

1）路径规划与跟踪

在转弯过程中，自动驾驶汽车需要根据道路曲率和交通规则，提前规划好转弯路径。这要求车辆能够实时感知前方道路的形状、宽度及交通状况，同时考虑自身的速度和加速度。人工智能算法，特别是基于深度学习的路径规划模型，能够根据实时感知数据，动态调整转弯路径，确保车辆安全、准确地完成转弯动作。

2）环境适应与决策优化

转弯过程中，车辆还需要应对可能的突发情况，如前方车辆突然减速或行人横穿马路。这时，自动驾驶汽车的决策系统需要快速响应，重新评估转弯路径的安全性，必要时进行紧急制动或避让。这依赖于实时数据处理和高级决策算法，如深度强化学习，使车辆能够在复杂多变的交通环境中做出最优决策。

3）车辆控制与状态维护

在转弯执行阶段，自动驾驶汽车需要精确控制转向角度、车速和加速度，以确保转弯过程的平稳性和安全性。这要求控制算法能够根据实时感知到的道路信息和车辆状态，动态调整转向系统和动力系统的输出，维持车辆的稳定性和操控性。

在车辆启动后，自动驾驶系统可以根据车上人员的语音指令，对汽车进行状态监测，如询问车辆的油耗情况、轮胎压力、保养提醒等，这是自然语言处理技术的典型应用。

3. 等信号灯——规则遵循与节能优化

1）交通规则识别与遵守

在等信号灯场景中，自动驾驶汽车需要准确识别交通信号灯的颜色和状态，以及路口的交通规则（如右转不受红灯限制等）。这依赖于深度学习算法对图像和视频数据的处理和分析能力，以及对交通规则的深入理解。

2）节能优化与舒适停车

在等待红绿灯期间，自动驾驶汽车可以通过调整发动机转速、关闭不必要的电气设备等方式，实现节能优化。同时，为了提升乘客的舒适度，车辆需要平稳停车，避免急刹车或急加速。这要求控制算法能够根据实时交通状况和车辆状态，精确计算停车位置和停车速度。

3）重新启动与路径规划

当绿灯亮起时，自动驾驶汽车需要快速响应，重新启动并规划好后续行驶路径。这涉及对交通流量的预测、对周围车辆行为的预测及对自身行驶速度的精确控制。人工智能算法在这里再次发挥关键作用，确保车辆能够安全、高效地重新启动并继续行驶。

4．避障过程——实时感知与快速响应

1）障碍物检测与识别

在避障过程中，自动驾驶汽车需要实时检测并识别前方的障碍物，包括静态障碍物（如道路施工、停放的车辆）和动态障碍物（如行人、其他车辆）。这依赖于多种传感器的融合感知和深度学习算法对感知数据的处理和分析能力。

2）风险评估与决策制定

一旦检测到障碍物，自动驾驶汽车的决策系统需要快速评估碰撞风险，并制定出最优的避障策略。这涉及对障碍物运动轨迹的预测、对自身行驶路径的调整及对交通规则的遵守。深度强化学习算法在这里发挥着重要作用，它使车辆能够在模拟环境中学习不同场景下的最佳避障策略。

3）控制执行与紧急制动

在避障执行阶段，自动驾驶汽车需要精确控制转向系统和制动系统，确保车辆能够安全、快速地避开障碍物。这要求控制算法能够根据实时感知到的障碍物信息和车辆状态，动态调整转向角度和制动力，实现紧急制动或紧急避让动作。

通过对自动驾驶汽车在起步、转弯、等信号灯、避障等典型场景中的深入分析，可以看出人工智能在这些过程中的关键作用和技术实现。从环境感知到决策制定，再到控制执行，人工智能技术的应用使自动驾驶汽车能够在复杂多变的交通环境中安全、高效地行驶。未来，随着技术的不断进步和完善，自动驾驶技术有望为交通出行带来革命性的变革。同时，我们也需要关注自动驾驶技术面临的挑战和问题，如复杂场景适应性、数据隐私与安全等，并积极探索解决方案以推动技术的持续发展和应用。

习题

一、单项选择题

1．人工智能的定义通常不包括（　　）。

A．模拟人类智能　　　　B．自主学习

C．完全替代人类　　　　D．解决复杂问题

2．人工智能的发展历程中，（　　）标志着机器学习的兴起。

A．20 世纪 50 年代　　B．20 世纪 80 年代

C．20 世纪 90 年代　　D．21 世纪初

3．（　　）不属于人工智能的分类。

A．机器学习　　B．专家系统

C．数据库管理　　D．自然语言处理

4．人工智能在（　　）中应用最广泛。

A．农业　　B．制造业

C．医疗健康　　D．以上都是

5．人工智能相关技术中，（　　）主要用于图像识别。

A．机器学习　　B．深度学习

C．专家系统　　D．自然语言处理

二、问答题

1．简述人工智能的定义。

2．简述人工智能的发展历程中的关键里程碑。

3．简述人工智能有哪些主要类别。

4．讨论人工智能在医疗健康行业的应用。

第 4 章　生成式人工智能与提示词工程

学习目标

- 了解常用的 AIGC 工具的使用。
- 熟练掌握提示词设计的原则与技巧。

课程思政案例

人工智能与文化传承：樊锦诗与“数字敦煌”的坚守与创新

1963 年，北京火车站台上，25 岁的樊锦诗攥着车票望向西北。这位北京大学考古专业高才生即将奔赴敦煌，开启与千年文明对话的传奇人生。大漠生活远比想象艰苦，樊锦诗初到莫高窟时，住土坯房、喝盐碱水，夜晚狼群叫声伴着流沙轰鸣，但洞窟里色彩斑斓、栩栩如生的壁画始终支撑着她在艰苦的环境中坚守下去。

20 世纪 80 年代，敦煌面临双重危机：自然侵蚀加速与旅游开发冲击。樊锦诗发现，年游客量突破 30 万时，洞窟内二氧化碳浓度超标 4 倍，壁画褪色速度加快 3 倍。1988 年，樊锦诗到北京出差之际，计算机存储技术让她灵光乍现：“把壁画变成数字图像就能永久保存！”但是当时将壁画转换为数字图像的技术攻坚异常艰难，樊锦诗带领团队一起开展研究。石窟曲面导致照片边缘畸变，团队发明“裁边拼接法”，每平方米需要拍摄 80 余张照片；为还原壁画色彩，研发恒温冷光源系统，确保拍摄和拼接的图像质量。2003 年完成的第 61 窟《五台山图》数字化堪称奇迹。这幅 13.6 米长的巨幅壁画，团队耗时 18 个月拍摄 4780 张照片，拼接误差控制在 0.1mm 以内。当高清图像首次投射时，老工匠们惊叹连金箔的纹路都清晰可见。

进入 21 世纪，樊锦诗推动敦煌研究院与科技企业合作，引入 AI 技术，应用深度学习系统自动识别壁画病害；2022 年上线的开放素材库，运用区块链技术实现 6500 余份资源全球共享。樊锦诗为守护壁画不被破坏，将每日游客量限制在 6000 人次以内，同时为满足游客参观需求，采用数字展示中心的球幕电影《梦幻佛宫》，使洞窟内停留时间从 25 分钟缩短至 8 分钟，实现保护与开放的平衡。

2023 年 7 月 10 日，一颗国际编号为 381323 号的小行星被命名为“樊锦诗星”，以表彰樊锦诗为中国石窟考古与保护做出的重大贡献。这颗穿越星际的星辰，恰似她守护敦煌的写照：在荒芜中创造光明，用科技延续文明。从手绘临摹到数字孪生，从孤灯守窟到云端共享，樊锦诗用半个世纪证明：真正的传承，是科技与人文的双向奔赴，是让千年文明在数字时代永续绽放。

樊锦诗曾经说过:“守护莫高窟是值得奉献一生的高尚的事业,是必然要奉献一生的艰苦的事业,也是需要一代又一代人为之奉献的永恒的事业。”樊锦诗倾其一生,为莫高窟的科学保护、学术研究、文化宣传等做出了巨大贡献。用她自己的话说:“我这一生就做了一件事,就是守护、研究、弘扬世界文化遗产——敦煌莫高窟,这是最大的幸福。”

(根据网络资料改写)

随着人工智能技术的飞速发展,生成式人工智能以其强大的内容生成能力,正逐步改变着世界。提示词工程,作为生成式人工智能领域的一项关键技术,正逐渐成为连接人与人工智能的重要桥梁。通过精心设计的提示词,可以引导生成式人工智能生成出符合预期的高质量内容,无论是文字、图像还是视频等。本章将介绍常用的 AIGC 工具及如何设计提示词。

4.1 大模型与 AIGC

大模型与人工智能生成内容(artificial intelligence generated content,AIGC)是当前人工智能领域的两大热门话题。大模型,通常指的是具有海量参数和强大学习能力的人工智能模型,它们能够处理复杂的数据和任务,如自然语言处理、图像识别等。这些模型的出现,极大地推动了人工智能技术的发展,使机器在理解和生成人类语言方面取得了显著进步。

AIGC 则是利用人工智能技术自动生成内容的一种新型创作方式。它涵盖了文本、图像、音频、视频等多种形式的内容生成,为创意产业带来了革命性的变革。

4.1.1 大模型的崛起

AIGC 的快速发展离不开大模型的崛起。这些模型通过深度学习技术,特别是 Transformer 架构的引入,实现了对自然语言处理能力的飞跃式提升。大模型通常包含数以亿计甚至更多数量的参数,这些参数通过海量文本数据的训练,学会了语言的统计规律和模式。这种规模化的处理方式使大模型能够捕捉到语言中的复杂特征,如上下文理解、语义推断等,从而生成连贯、有逻辑的文本内容。

4.1.2 AIGC 概述

AIGC 是人工智能技术在内容创作领域的一种重要应用。它利用先进的机器学习、深度学习等算法和技术,使机器能够自主创造内容,无须人工干预或只需少量人为指导。AIGC 的出现,不仅极大地提高了内容生产的效率和质量,还推动了多个行业的变革和发展。

1. AIGC 的定义

AIGC 是指利用人工智能技术自动生成的内容。这种内容可以包括文本、图像、音频、视频等多种形式，涵盖了新闻报道、广告创意、文学创作、游戏设计、音乐制作等多个领域。AIGC 技术的核心在于通过算法和模型的学习和优化，使机器能够理解和模拟人类的创作过程，从而生成符合人类需求和审美标准的内容。

2. AIGC 的特点

AIGC 的特点在于其强大的内容生成能力，能够自动化、个性化地创造文本、图像、音频、视频等多种类型的内容。同时，AIGC 支持多模态交互，具备学习与创新能力，能够不断优化生成内容的质量和相关性，主要体现在以下方面。

1）高效性

AIGC 技术能够显著提高内容生产的效率。传统的内容生产方式往往需要耗费大量的时间和人力，而 AIGC 技术则可以通过算法和模型快速生成高质量的内容。例如，在新闻报道等领域，AIGC 极大地提高了新闻报道的时效性。

2）低成本

相比传统的内容生产方式，AIGC 技术能够降低生产成本。由于 AIGC 技术可以自动地生成内容，因此可以减少对人力资源的依赖，从而降低生产成本。此外，AIGC 技术还可以根据需求进行定制化生产，避免了传统生产方式中的浪费和冗余。

3）多样性

AIGC 技术能够生成多种形式的内容，满足用户的多样化需求。无论是文本、图像、音频还是视频，AIGC 技术都可以根据用户的需求和偏好进行生成。这种多样性不仅丰富了内容的表现形式，还提高了用户的满意度和参与度。

4）智能性

AIGC 技术具有智能化特点。通过机器学习和自然语言处理等技术，AIGC 技术可以不断优化生成内容的质量和效率。例如，在广告创意领域，AIGC 技术可以根据消费者的行为和偏好定制广告文案和视觉设计，提高个性化营销的效果。这种智能性使 AIGC 技术能够更好地适应市场需求和用户变化。

5）创新性

AIGC 技术能够激发创意，拓展创作的边界。传统的内容创作往往受到创作者个人经验和想象力的限制，而 AIGC 技术则可以通过算法生成新颖、独特的创意内容。这种创新性不仅为创作者提供了更多的灵感来源，还推动了相关行业的创新和发展。

6）个性化

AIGC 技术能够根据用户的需求和偏好生成个性化内容。通过算法分析用户的兴趣、行为等数据，AIGC 技术可以生成符合用户个性化需求的内容，提高用户体验和满意度。例如，在电商领域，AIGC 技术可以根据用户的购物历史和偏好生成个性化的商品推荐和广告内容。

7）学习与优化

AIGC 技术具有持续学习和优化的能力。通过不断接收用户反馈和数据输入，AIGC 技术可以不断优化算法和模型，提高生成内容的质量和效率。这种学习与优化的能力使 AIGC 技术能够更好地适应市场需求和用户变化，使其保持强大的竞争力和旺盛的生命力。

3. AIGC 的应用价值

随着人工智能技术的飞速发展，AIGC 正逐步成为推动各行各业变革的重要力量，其核心价值在于通过智能化手段，提高内容创作与生成的效率、降低成本、激发创意，并为用户提供更加个性化、定制化的服务体验。

1）提高创作效率，加速内容产出

AIGC 技术能够显著提高内容创作的效率。传统的内容创作过程往往耗时费力，需要创作者投入大量时间和精力进行构思、撰写、编辑等工作。AIGC 技术则能够通过智能化算法，快速生成高质量的内容，从而大幅缩短创作周期。

2）降低成本，提升经济效益

AIGC 技术能够降低成本。传统的内容创作往往需要投入大量的人力、物力和财力，而 AIGC 技术则能够通过自动化和智能化的手段，降低创作成本。

以影视制作行业为例，传统的特效制作需要耗费大量时间和资金，而 AIGC 则通过深度学习算法，自动生成逼真的特效画面，从而大幅降低制作成本。此外，在音乐创作领域，AIGC 技术也能够通过算法生成符合特定风格和情感的音乐，为音乐制作人提供更加丰富和多样的音乐素材，降低音乐创作的成本。

3）激发创意，拓展创作边界

在设计领域，AIGC 技术可以根据用户的输入和指令，自动生成具有创意和美感的图像和图形。例如，用户可以通过输入关键词或描述，让 AIGC 工具生成与之相关的艺术作品或设计图案。这不仅为设计师提供了更多的创作灵感，还拓展了设计的边界和可能性。

4）个性化定制，满足多样化需求

AIGC 技术能够个性化定制。随着用户需求的日益多样化和个性化，传统的批量生产方式已经无法满足市场的需求，而 AIGC 技术则能够通过算法分析用户的偏好和需求，生成符合用户个性化需求的内容。

在教育领域，AIGC 技术可以根据学生的学习进度和能力水平，自动生成个性化的学习计划和教学资源。这不仅提高了教学效果和学习效率，还满足了学生个性化的学习需求。

5）促进内容多样化，丰富文化传播

AIGC 技术的应用还促进了内容的多样化，丰富了文化传播的形式和渠道。传统的内容传播往往依赖于单一的媒体形式，如文字、图片或视频等，而 AIGC 技术则能够通过算法生成多种形式的内容，如虚拟人物、动画、交互式体验等，从而为用户提供更加丰富多样的文化体验。

在文化旅游领域，AIGC 技术可以生成虚拟的旅游场景和体验，让用户足不出户就能感受到不同地域的文化风情。这不仅丰富了用户的旅游体验，还促进了文化的传播和交流。在娱乐产业中，AIGC 技术可以生成虚拟偶像、游戏角色等，为用户提供更加沉浸式的娱乐体验。

6）推动产业升级，引领未来趋势

AIGC 技术的应用还推动了相关产业的升级和发展。随着 AIGC 技术的不断成熟和应用场景的不断拓展，越来越多的行业开始将 AIGC 技术融入自身的业务发展中，从而推动了产业的升级和转型。

在媒体行业，AIGC 技术的应用推动了新闻报道的自动化和智能化，提高了新闻报道的时效性和准确性；在广告行业，AIGC 技术为广告主提供了更加精准和高效的广告投放方式，提高了广告的转化率和投资回报率；在出版行业，AIGC 技术为出版商提供了更加快速和便捷的内容生产方式，降低了生产成本和周期。

此外，AIGC 技术还为新兴产业的发展提供了有力支持。例如，在 VR 和 AR 领域，AIGC 技术可以生成逼真的虚拟场景和交互体验，为 VR 和 AR 产业的发展提供了重要的技术支撑。在 AI 语音助手领域，AIGC 技术可以生成更加自然和流畅的语音交互内容，提高了语音助手的智能化水平和用户体验。

未来，随着技术的不断进步和应用场景的不断拓展，AIGC 技术将在更多领域发挥重要作用。例如，在医疗领域，AIGC 技术可以生成个性化的医疗方案和治疗计划；在交通领域，AIGC 技术可以生成智能的交通管理和调度方案；在环境保护领域，AIGC 技术可以生成更加环保和可持续的生产和消费方式。

总之，随着技术的不断进步和应用场景的不断拓展，AIGC 技术将给人类社会带来更多的惊喜和变革。

4.2 AIGC 的典型应用场景

4.2.1 生成文档

在文档生成方面，AIGC 已经展现出了强大的能力。例如，ChatGPT 是一款基于大模型的聊天机器人，它能够理解复杂的指令，并生成连贯、有逻辑的文本内容。用户只需输入关键词、主题或大纲，ChatGPT 就能快速生成与输入相关的文章或报告。此外，Copy.ai 和 Jasper 等写作助手也提供了类似的功能，它们通过深度学习技术，能够生成高质量的新闻报道、学术论文和商业文案等。

随着人工智能技术的不断发展，AIGC 已经在诸多领域展现出了其强大的能力和潜力。其中，AIGC 在文档生成方面的应用尤为引人注目，为办公、教育、媒体等多个行业带来了前所未有的便利，下面探讨 AIGC 在文档生成方面的典型应用场景。

（1）智能写作助手。在撰写各类文档时，AIGC 可以作为智能写作助手，提供文本生成、修改、润色等功能。无论是报告、邮件、新闻稿还是论文，AIGC 都能根据用户需求，自动生成高质量的内容。这不仅大幅缩短了写作时间，还提高了文档的专业性和可读性。例如，WPS AI 作为 WPS Office 的智能组件，集成了智能文档写作、阅读理解和问答等功能，能够显著提升用户的写作效率和文档处理质量。

（2）教育资料自动生成。在教育领域，AIGC 可以根据教学大纲和学生需求，自动生成各类教学资料，如课件、教案、复习资料等。这不仅减轻了教师的备课负担，还为学生提供了更加个性化和多样化的学习资源。某些 AIGC 工具还具备将 2D 课本转换为 3D 的功能，通过 VR 技术，使学生更加直观地理解知识点。

（3）自动化报告生成。在企业运营和数据分析中，AIGC 可以根据数据和图表自动生成报告。这些报告不仅包含详细的图表和数据解读，还能自动生成摘要和建议，为管理层提供决策支持。通过 AIGC 生成的报告，企业可以更加快速、准确地掌握业务动态，及时调整策略。

（4）智能内容审核。在文档生成过程中，AIGC 还可以作为智能内容审核工具，对文档进行语法、拼写、逻辑等方面的检查。这不仅可以确保文档的质量，还能避免因错别字、语法错误等问题而影响读者的阅读体验。

在文档生成方面，ChatGPT 及文心一言具有较强的代表性。其中，ChatGPT 是 OpenAI 基于 GPT-3.5 架构训练的大模型，具有强大的自然语言处理和生成能力。它可以理解和生成人类语言，进行对话和回答问题。ChatGPT 广泛应用于自动客服、智能助手和教育辅助工具等领域，具备高度的灵活性和可扩展性。“文心一言”是百度公司研发的知识增强型大模型，具备与人对话互动、解答疑问、辅助创作等能力。它能够助力用户撰写文案、激发创意灵感，广泛应用于多个领域。在文档生成方面，文心一言可以根据用户需求，生成符合规范且富有创意的文本内容。

4.2.2　生成图像及音视频

AIGC 技术利用深度学习和生成式模型，能够创造出具有高度真实感和多样性的图像，为艺术创作、游戏设计、商业广告、影视制作等多个行业带来了革命性的变革，下面将详细描述 AIGC 在图像及音视频生成方面的典型应用场景。

（1）艺术创作。AIGC 技术为艺术家们提供了一种全新的创作方式。他们可以通过输入描述性文本或关键词，让 AIGC 生成相应的图像作为创作灵感或直接用于作品中。这种技术不仅可以帮助艺术家快速捕捉灵感和表达创意，还能生成一些传统手法难以实现的复杂图案和效果。

（2）游戏设计。在游戏开发过程中，AIGC 图像生成技术发挥着重要作用。它可以根据游戏策划的需求，快速生成角色、场景、道具等图像素材。这不仅大幅节省了美术设计师的时间，还提高了游戏画面的质量和多样性。特别是在一些大型角色扮演游戏或开放世界游戏中，AIGC 技术能够生成大量细腻、逼真的游戏场景和角色形象。

（3）商业广告。广告营销行业对创意素材的需求巨大，而 AIGC 技术正好满足了这一需求。设计师可以通过输入产品描述、目标受众、广告风格等信息，让 AIGC 生成符合要求的广告图像。这些图像不仅具有高度的真实感和吸引力，还能根据市场需求进行快速调整和优化。

（4）影视制作。在影视制作领域，AIGC 技术可以用于前期筹备阶段的概念设计。导演和美术指导可以通过输入剧本中的场景和角色描述，让 AIGC 生成相应的概念图，为后续的拍摄和制作提供参考。此外，AIGC 技术还可以用于特效制作中虚拟生物、场景等元素的生成和细化。

（5）VR 与 AR。AIGC 图像生成技术在 VR 和 AR 领域也有着广泛的应用。它可以为 VR 和 AR 场景生成逼真的图像和动画效果，提升用户的沉浸感和体验质量。特别是在一些教育、旅游、娱乐等场景中，AIGC 技术能够为用户提供更加丰富、多样的视觉体验。

在图像及音视频生成方面，Stable Diffusion（又称 Dream Studio）和即梦 AI 具有较强代表性。Stable Diffusion 是一种开源文本到图像的 AI 生成器，它可以在几秒钟内将文本提示转换为高质量的图像；它还可以结合上传的照片和书面描述来制作逼真的艺术作品，支持多种艺术风格和图像尺寸的选择，为用户提供了丰富的创作空间。即梦 AI 支持通过自然语言及图片输入，生成高质量的图像及视频，提供智能画布、故事创作模式等丰富功能；它的图像处理能力强大，包括一键扩图、图像消除和抠图等，能够实现多元素的无缝拼接；此外，其创意社区更是为用户提供了一个共同探索影像灵感、激发创意的平台，是设计师和艺术爱好者的得力助手。

4.2.3 辅助编程与测试

AIGC 技术近年来在程序自动生成领域取得了显著进展，为软件开发、数据分析、自动化测试等多个领域带来了革命性的变革，下面将介绍 AIGC 在程序生成方面的典型应用场景。

（1）自动化代码生成。AIGC 技术能够根据需求描述或设计文档，自动生成相应的程序代码。这大幅减轻了程序员的负担，提高了开发效率。特别是在一些重复性高、逻辑简单的代码编写任务中，AIGC 技术能够发挥巨大作用。

（2）代码重构与优化。随着软件项目的不断迭代和升级，代码重构和优化成了一个必不可少的环节。AIGC 技术能够分析现有代码结构，提出优化建议，甚至自动完成部分重构工作。这有助于提升代码质量，降低维护成本。

（3）自动化测试。在软件开发过程中，测试是一个至关重要的环节。AIGC 技术能够根据功能代码自动生成相应的测试用例，确保代码的健壮性和稳定性。这不仅提高了测试效率，还降低了人为错误的风险。

（4）智能错误检测与修复。AIGC 技术能够实时扫描代码，标记潜在错误和安全漏洞，并提供详细的修复建议。这有助于及时发现并解决问题，避免在后续的开发和测试过程中造成更大的损失。

（5）自动生成文档与注释。编写清晰、准确的文档与注释是软件开发中不可或缺的一部分。AIGC 技术能够根据代码自动生成详细的文档与注释，解释函数、参数和返回值等关键信息。这有助于软件开发团队成员更好地理解代码，提高协作效率。

在程序生成方面，DeepSeek 及 GitHub Copilot 表现不俗，其中 DeepSeek 是一款由我国的技术团队研发的 AIGC 工具，它具备强大的代码生成和优化能力。DeepSeek 能够分析现有代码结构，提出优化建议，并自动生成符合规范的代码片段。此外，它还支持跨文档处理、AI 翻译官模式、私人知识库等高级功能，为用户提供了更加便捷、高效的编程体验。DeepSeek 已经成功入驻 Azure AI Studio，成为首个直连全球 GPU 资源池的中国大模型，其推理速度得到了显著提升。GitHub Copilot 是一款由 GitHub 推出的 AIGC 工具，它集成了先进的语言模型技术，能够根据开发者的输入自动生成相应的代码片段。GitHub Copilot 支持多种编程语言和开发环境，能够自动补全代码、提供建议和优化方案等。它已经成为许多开发者日常工作中不可或缺的工具之一，极大地提高了开发效率和代码质量。

4.3 提示词工程

4.3.1 提示词的基本概念与重要性

提示词是 AIGC 技术中的一个关键环节，是指用于引导大模型生成文本的指令或描述。通过精心设计的提示词，可以更好地控制大模型的输出内容，使其更符合使用者的期望。提示词的设计对于 AIGC 的生成效果具有至关重要的影响。一个好的提示词可以激发大模型的创造力，生成更加符合主题和风格的内容，而一个糟糕的提示词则可能导致大模型生成的内容偏离主题或缺乏创意。

4.3.2 提示词的设计原则与技巧

在设计提示词时，需要遵循以下几个原则。

（1）明确性。提示词应该明确表达用户的需求和期望，避免模糊或歧义的表达。

（2）简洁性。提示词应该尽量简洁明了，避免冗长或复杂的描述。

（3）相关性。提示词应该与用户要生成的内容紧密相关，避免引入不相关的元素或信息。

（4）创新性。提示词可以包含一些创新性的元素或表达方式，以激发大模型的创造力。

同时，还可以运用一些技巧来优化提示词的设计。

（1）使用关键词。在提示词中明确使用与要生成的内容相关的关键词或短语。

（2）引入上下文。在提示词中引入一些与要生成的内容相关的上下文信息，以帮助大模型更好地理解需求。

（3）调整语气和风格。通过调整提示词的语气和风格，可以控制生成内容的情感色彩和表达方式。

在设计提示词时，可以结合具体的 AIGC 工具来优化生成效果。表 4-1 是一些典型的 AIGC 工具及其典型应用所推荐的提示词示例。

表 4-1 常用的 AIGC 工具及其典型应用所推荐的提示词示例

工具名称	典型应用	提示词示例
DeepSeek	文本生成、信息检索	生成一篇关于低空经济的论文，论文标题为《低空经济现状及发展趋势》，内容包括引言、文献综述、数据分析、结论与建议等部分，4000 字左右
ChatGPT	文本生成、对话系统、知识问答	我是一名在校大学生，今年暑假打算去厦门旅游，行程大约 7 天，费用预算约 4000 元，生成一份旅游攻略，包含每天的行程及各个景点大致介绍
文心一言	文本生成、内容创作、知识推理	创作一首关于春天的七言绝句诗，描述春天桃李芬芳，充满生机和活力的景象
通义千问	问答系统、知识推理、文本生成	我是一名导游，现在需要引导一个来自法国的旅游团参观故宫，生成关于故宫的介绍，表现出故宫的宏伟以及中华民族历史的悠久，约 5000 字
豆包	文本生成、内容创作、社交媒体营销	设计一张关于××产品的广告图片，要求图片中包含××元素，并突出产品的特点和优势，同时注重色彩搭配和视觉效果
Kimi	文本排版、会议纪要整理、PPT 生成	我是一名在校大学生，现需要参加校学生会的竞选，打算竞选秘书长职位，生成一份竞选的 PPT 文稿，15 页左右
Sora	语音合成、音频内容创作	为一部关于母爱主题的电影创作一段配乐，要求音乐风格符合电影氛围，能够激发观众的情感共鸣，并注重音乐的节奏感和旋律美

AIGC 作为一种前沿技术，以其强大的内容生成能力，为人工智能领域带来了革命性的变革。它不仅能够模拟人类的创造过程，生成多样化的文本、图像等内容，还为智能化应用提供了无限可能。提示词工程作为 AIGC 中的关键技术，通过精心设计和优化提示词，能够引导生成式模型生成更符合预期的高质量内容。这一技术的应用，极大地提升了 AIGC 的实用性和准确性。

AIGC 与提示词工程的结合，为人工智能的发展开辟了新的道路。未来，随着技术的不断进步和应用场景的不断拓展，相信这一领域将会迎来更加广阔的发展前景。

习题

一、单项选择题

1．大模型的崛起主要归功于（　　）技术的发展。

A．云计算　　B．量子计算　　C．人工智能　　D．区块链

2．AIGC 的典型应用场景不包括（　　）。

A．生成文档　　B．生成图像及音视频

C．辅助编程与测试　　D．进行市场调研

3．提示词工程的基本概念与重要性主要讨论了（　　）。

A．如何编写代码　　B．提示词的设计原则与技巧

C．如何进行市场分析　　D．如何提高编程效率

4．在 AIGC 介绍中，（　　）不是 AIGC 的组成部分。

A．生成图像及音视频　　B．辅助编程与测试

C．进行数据分析　　D．生成文档

5．下列哪一项不是提示词工程的设计原则（　　）。

A．明确性　　B．简洁性　　C．复杂性　　D．相关性

二、问答题

1．解释大模型的崛起对 AIGC 领域的影响。

2．AIGC 在生成图像及音视频方面有哪些具体的应用？

3．辅助编程与测试在 AIGC 中是如何实现的？

4．为什么提示词工程在 AIGC 中如此重要？

5．设计提示词时应遵循哪些原则？

第 5 章　使用 AI 工具制作文档

学习目标 ☞

- 熟练使用 DeepSeek 生成特定主题的文档。
- 熟练使用 WPS 的 AI 助手和批量处理功能，对简单文档及长文档进行排版。

课程思政案例

DeepSeek 大模型：本土 AI 崛起

DeepSeek 团队凭借算法创新、开源策略与垂直领域深耕，成功实现技术突破，在有限算力条件下缔造性能奇迹，并有力推动 AI 技术的本土化发展。

DeepSeek 团队创新性地采用“动态稀疏注意力”机制，较传统模型大幅降低了计算资源消耗；同时提出“渐进式知识蒸馏”技术，在保持模型性能的同时，显著降低了计算需求和部署成本。在古文翻译等特定任务中，DeepSeek 的准确率表现优于国际同类产品。

2025 年，DeepSeek 团队积极实施开源战略，构建了适配国产芯片的专属算子库，成功打破了对 CUDA 架构的长期技术依赖。通过开源社区，有效孵化了智能客服、医学影像分析等应用，加速了 AI 技术的商业化落地进程，并初步构建了全球领先的 AI 应用生态系统。在垂直领域深耕，团队聚焦中文语义理解核心技术，重点提升了方言、古汉语等复杂语言的处理能力，并针对医疗、教育等关键垂直领域优化专用数据集，进一步优化了产业应用价值。

DeepSeek 团队的实践，是坚持科技自立自强、突破关键核心技术封锁、以创新驱动发展、将先进技术深度融入国家重大需求和民生领域、积极探索自主开放创新路径的典范，集中体现了新时代科技创新服务于国家发展战略和人民需求的根本方向。

（根据网络资料改写）

在信息化办公场景中，文档处理的效率与规范性直接影响个人与团队的专业形象。然而，传统方法常因手动操作烦琐、格式调整耗时等问题制约生产力。本章以 DeepSeek 与 WPS 为例，系统解析 AI 工具如何革新文档处理流程：从简历生成、论文选题到一键排版，AI 助手通过指令交互、动态优化与模板适配，将重复性劳动转化为自动化操作，显著提升工作效率。

5.1　简单文档处理

5.1.1　使用 AI 工具生成文档

在日常办公中，简历、通知、简报等简单文档因格式固定、内容重复性强，常消耗大量时间在模板套用与格式调整上。DeepSeek 作为智能生成工具，可快速完成内容创作与结构化输出。

例如，制作一份专业中文简历，需要以下步骤。

（1）进入 DeepSeek 官方网站，单击“开始对话”按钮，如图 5-1 所示。

图 5-1　DeepSeek 官方网站首页

（2）向 DeepSeek 发送结构化指令，明确需求，如图 5-2 所示。

（3）DeepSeek 首先进行深度思考，对给出的指令进行分析，如图 5-3 所示；接着，自动输出逻辑清晰的简历框架，包含教育背景、工作经历、技能证书等模块，并匹配岗位关键词，如“软件开发工程师”“后端开发”，如图 5-4 所示。

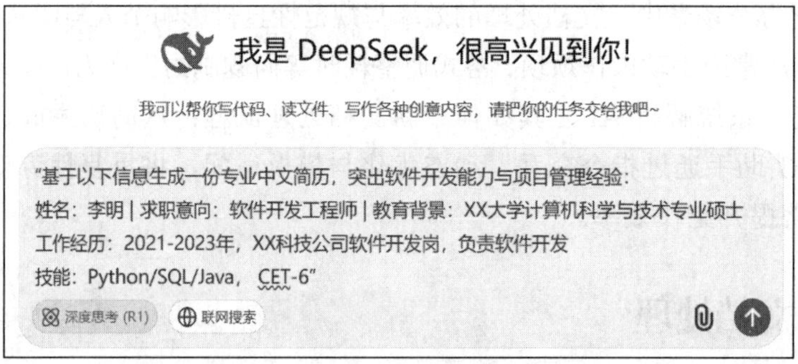

图 5-2　DeepSeek 指令输入页面

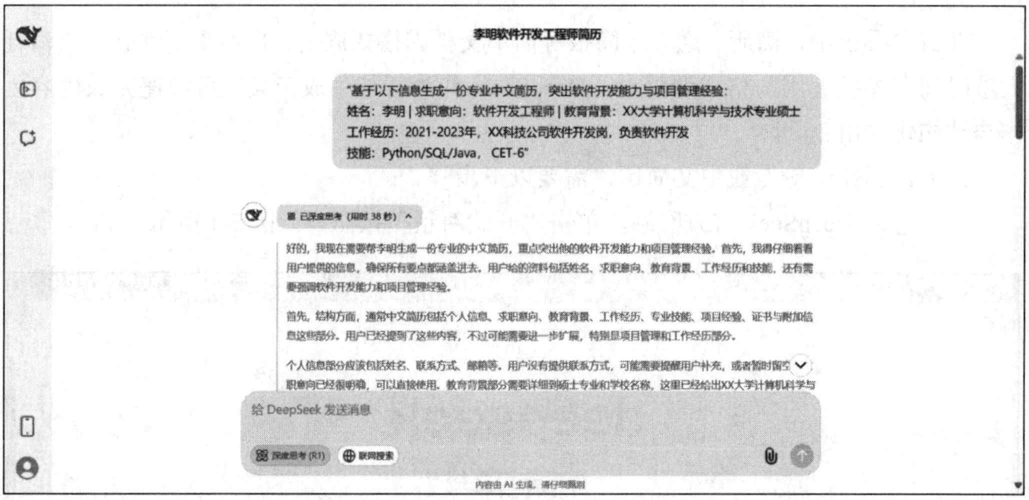

图 5-3　DeepSeek 深度思考

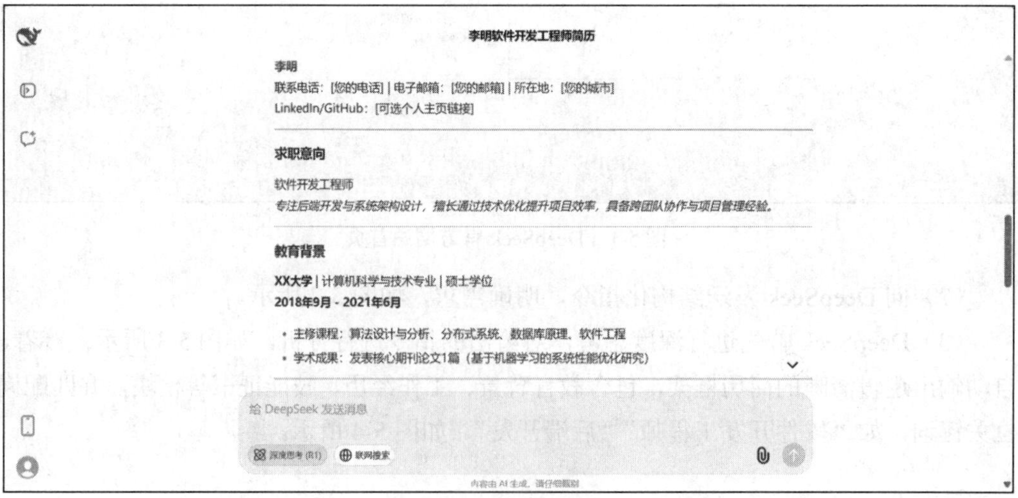

图 5-4　DeepSeek 内容生成

（4）通过对话优化细节，如“对工作经历中的‘全栈开发和系统优化’进行详细介绍”，如图 5-5 所示。DeepSeek 接着会对已生成内容进行优化，如图 5-6 所示。

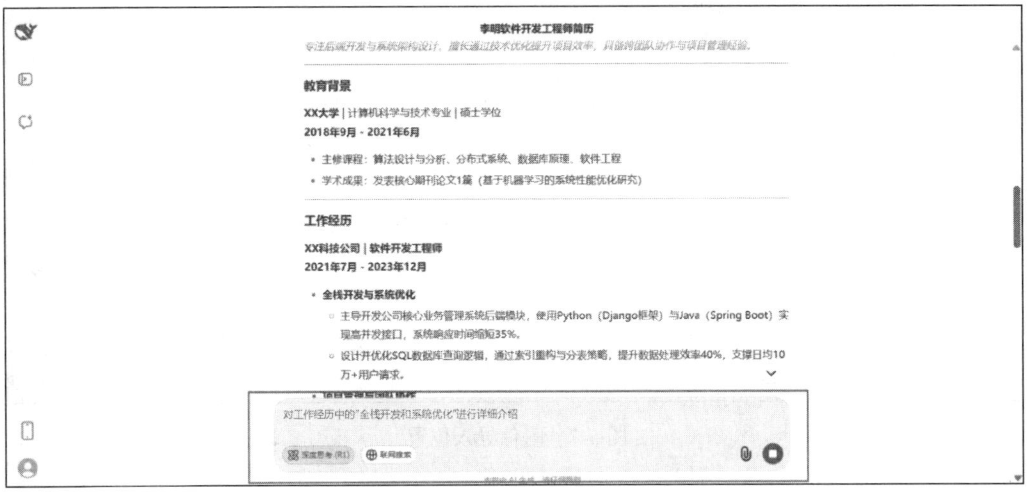

图 5-5　优化指令

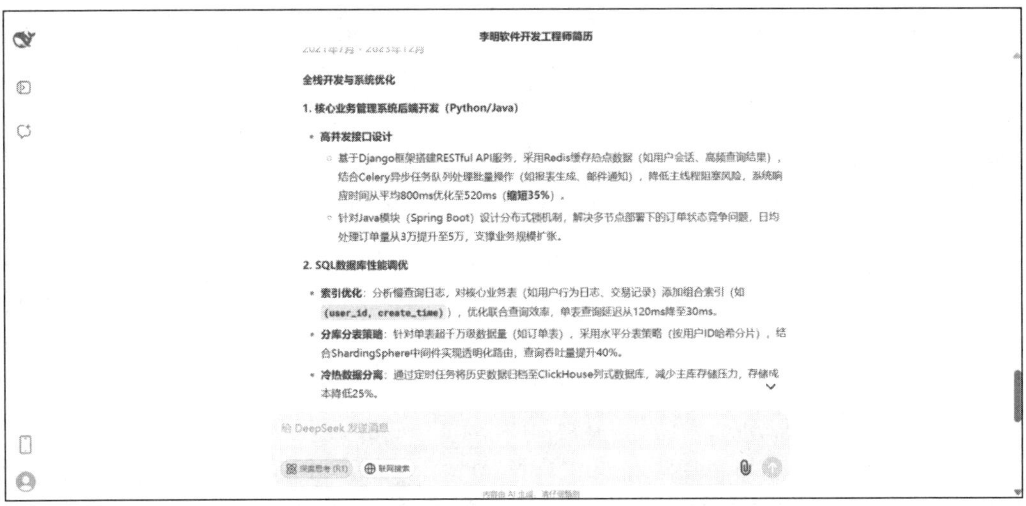

图 5-6　优化指令的内容生成

（5）对已生成的简历内容或者对已有简历进行进一步优化，需要以下步骤。

① 将简历作为附件导入 DeepSeek，过程如图 5-7 和图 5-8 所示。

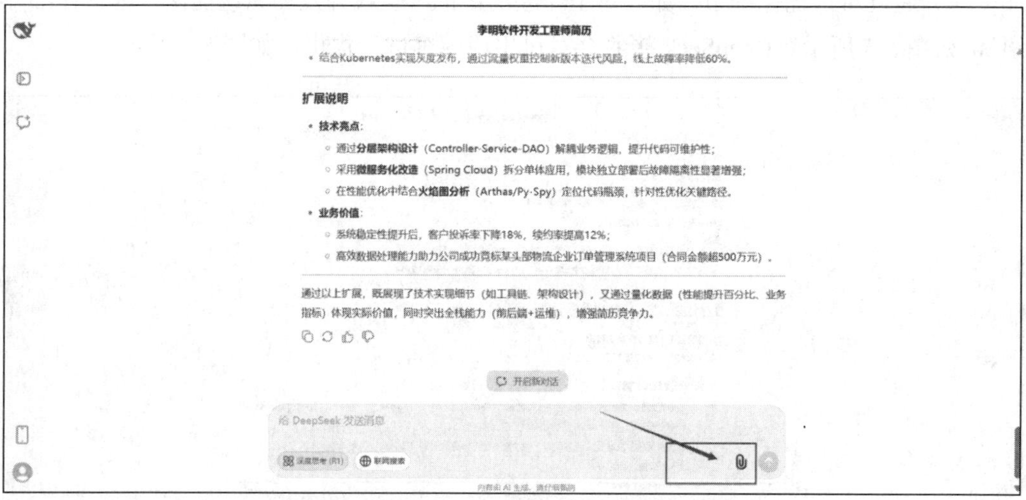

图 5-7　附件导入位置

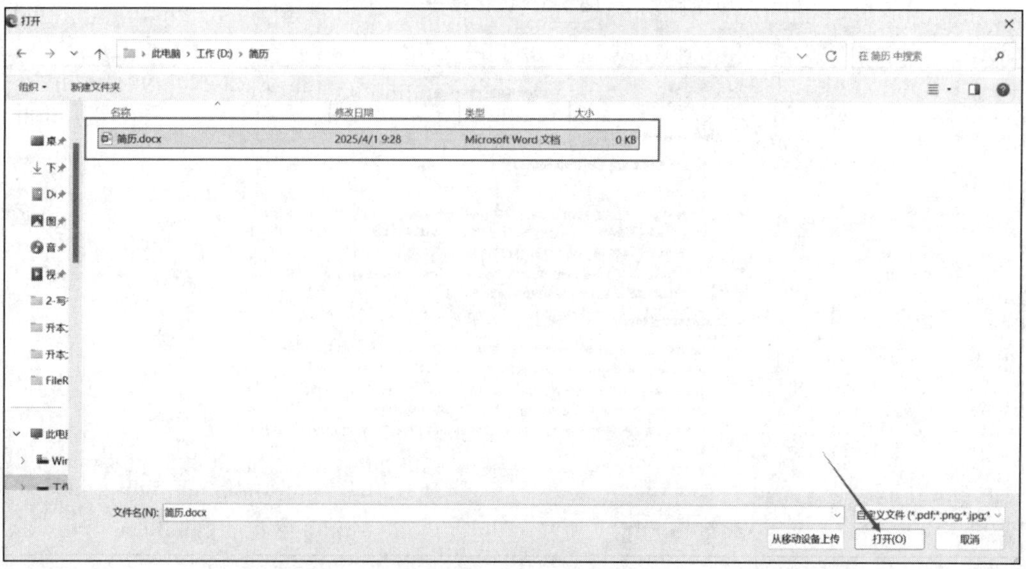

图 5-8　选择导入的附件

导入附件后的结果，如图 5-9 所示。

② 向 DeepSeek 发送诊断指令，如“请你作为资深 HR，找出已上传简历中存在的主要问题，可以用表格的形式呈现”，如图 5-10 所示。DeepSeek 根据指令，指出存在的问题和具体的改进建议，内容以表格形式呈现，一目了然，如图 5-11 所示。

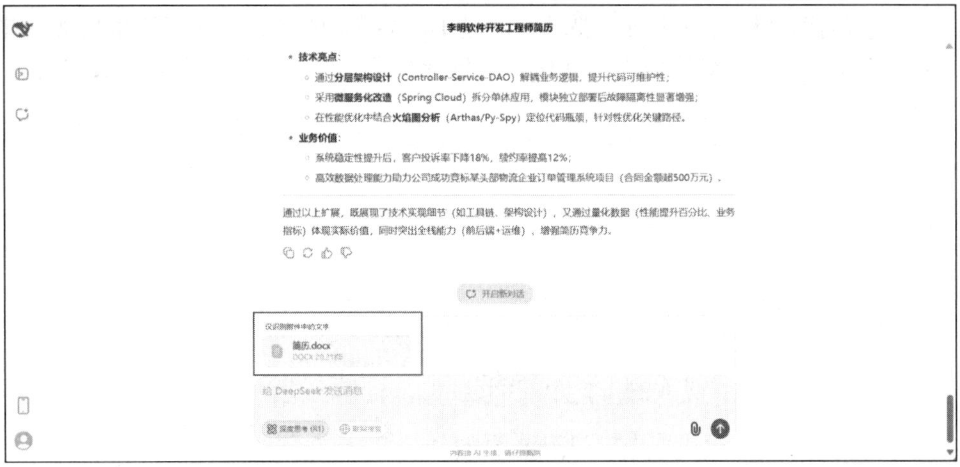

图 5-9　导入附件后的结果

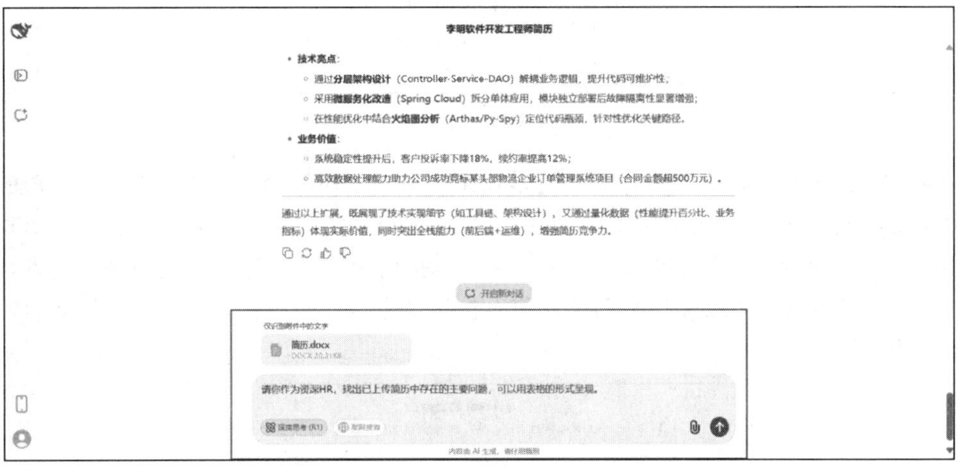

图 5-10　向 DeepSeek 发送诊断指令

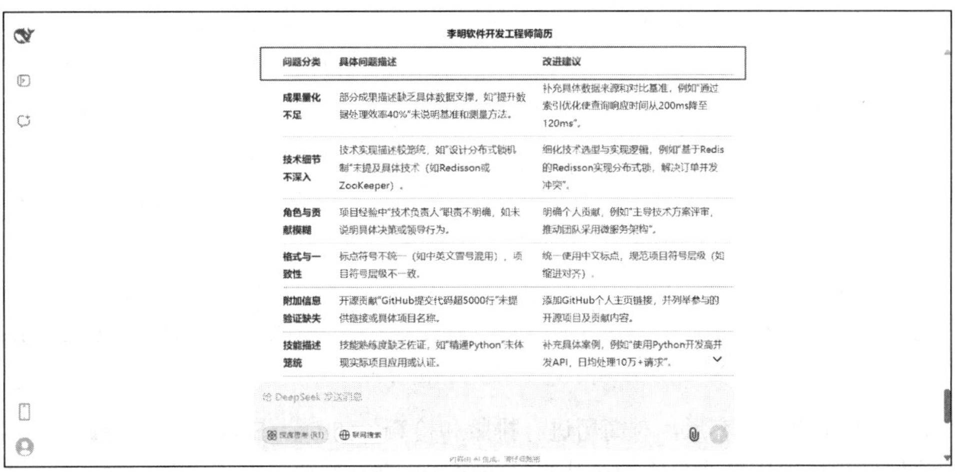

图 5-11　结果表格化呈现

③ 自动阅读目标公司的岗位要求，通过 DeepSeek 的帮助，在简历里增加一些与目标岗位匹配的内容，对简历进行优化。将目标公司的岗位需求复制至 DeepSeek，如图 5-12 所示。

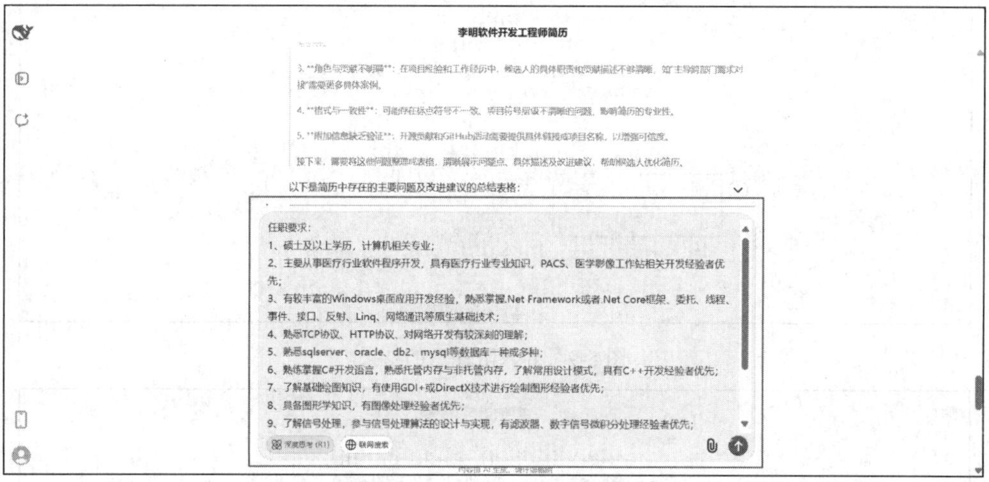

图 5-12 优化简历

④ 向 DeepSeek 发送指令，如“这是我想面试的公司的岗位要求，请你以 HR 的角度分析我的简历里的工作经验部分，如何将我的优势和实力展现出来？用表格的形式呈现出来”。DeepSeek 很直观地给出反馈结果，包括岗位要求关键词、简历现有内容、匹配度分析和优化建议，方便用户对简历进行快速调整，使简历和岗位能够高度契合，如图 5-13 所示。

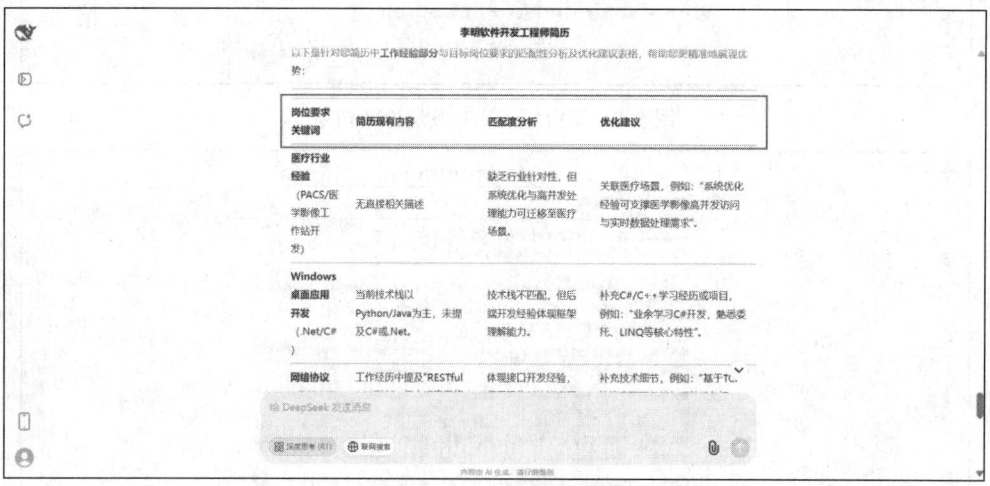

图 5-13 岗位匹配分析

⑤ 调整完简历内容后，对简历进行排版和检查。向 DeepSeek 发送指令，如“请帮我把这份简历梳理成专业简历的格式”。DeepSeek 进行专业排版和内容优化，简历的逻辑性、表达效果得到提升，如图 5-14 所示。

图 5-14　简历内容检查和排版

5.1.2　使用 WPS 优化简历排版

WPS 作为智能化办公工具，通过“AI 帮我写”“简历助手”等创新功能，大幅简化了简历排版流程。用户可快速导入已有简历，结合个性化模板与智能检测工具，实现一键优化格式、美化表格、调整布局等操作，同时融入职业头像与规范信息，显著提升简历的专业性与视觉吸引力，为求职竞争增添优势。

打开 WPS，单击“新建”按钮，接着选择“文字”选项，如图 5-15 所示。

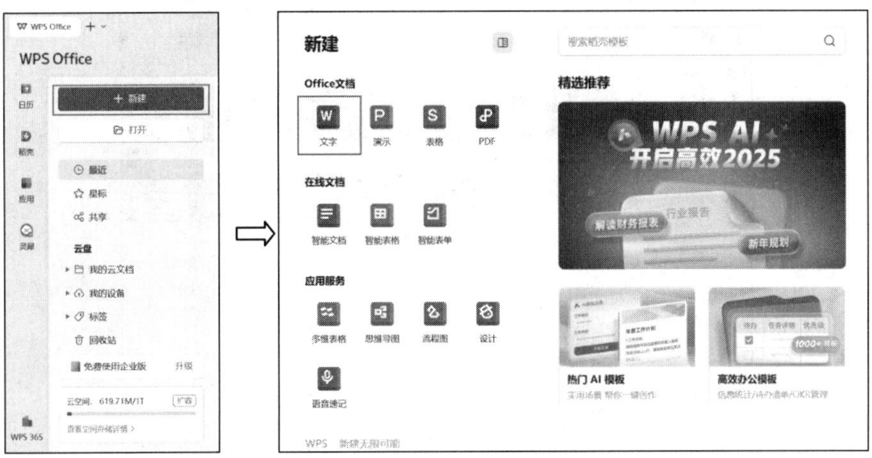

图 5-15　WPS“新建”界面

选择“空白文档”或者“AI 帮我写”选项，如图 5-16 所示。

“空白文档”是创建无预设格式文档的入口，与传统办公软件的新建文档功能相似，但融合了智能化辅助设计。也可根据用户历史使用习惯，选择空白文档下方推荐的相关模板，如求职简历、总结汇报等。WPS 具备实时检测排版问题，如字体不一致、段落缩进错误并提示修复文档顶部自动显示最近编辑文件，支持跨设备无缝衔接。

图 5-16 “新建文档”界面

“AI 帮我写”是基于 NLP 的 AIGC 工具，可快速生成符合场景需求的文本内容，显著提升写作效率。

接下来以 5.1.1 节生成的简历为例，详细介绍使用 WPS 进行简历排版的方法。

选择左侧栏中的“简历助手”选项，在“简历助手”页面中单击“导入简历”按钮，导入已有的简历，如图 5-17 和图 5-18 所示。

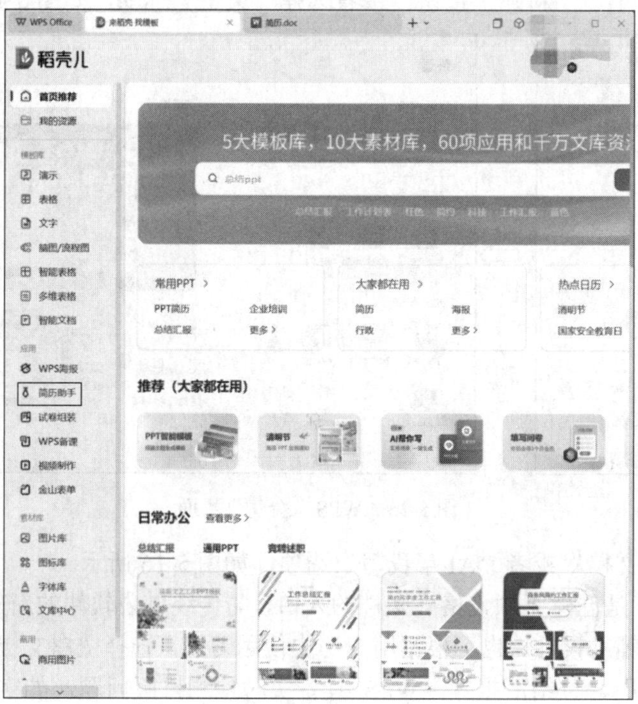

图 5-17 简历助手

图 5-18　导入简历

导入简历后，在界面右侧的“排版美化”窗格中有“切换模板”和“排版设置”选项卡，如图 5-19 所示。“切换模板”选项卡中提供不同颜色和风格的简历模板。“排版设置”选项卡中可对文字字号、行间距、模块间距、模板结构、模块样式等进行设置，如图 5-20 和图 5-21 所示。

图 5-19　排版美化

图 5-20　切换简历模板

图 5-21　简历排版设置

通过对“切换模板”和“排版设置”选项卡进行设置后，简历风格优化，排版更加美观，如图 5-22 所示。

接着对排版美化之后的简历，进行进一步优化。

补充头像图片，选中已有头像，单击“更改图片”按钮，上传自己的职业照片，如图 5-23 和图 5-24 所示。

补充个人信息，使用格式刷，使补充的个人信息格式与已有文字格式保持一致，如图 5-25 所示。

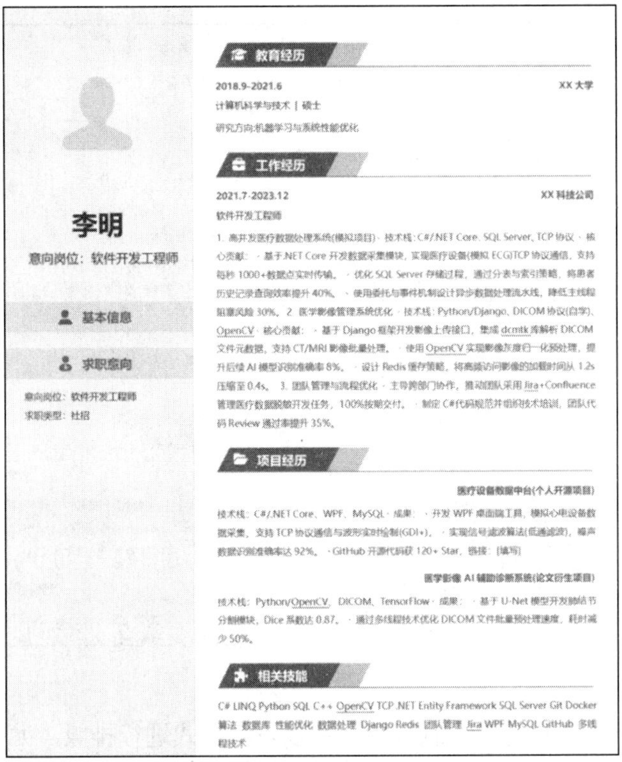

图 5-22　排版美化后的简历

图 5-23　更改头像图片

图 5-24　头像图片上传成功

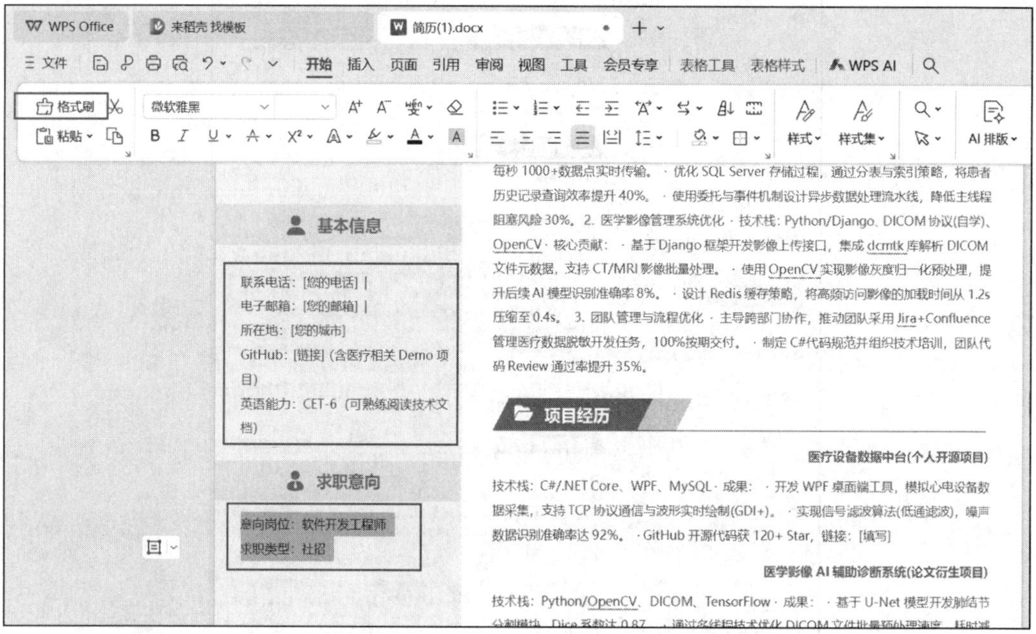

图 5-25　格式调整

对简历中的“相关技能”进行分类，并以表格形式进行排版，如图 5-26 所示。

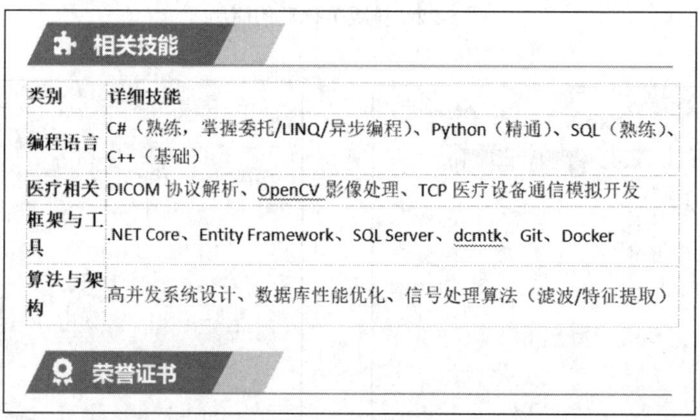

相关技能

类别	详细技能
编程语言	C#（熟练，掌握委托/LINQ/异步编程）、Python（精通）、SQL（熟练）、C++（基础）
医疗相关	DICOM 协议解析、OpenCV 影像处理、TCP 医疗设备通信模拟开发
框架与工具	.NET Core、Entity Framework、SQL Server、dcmtk、Git、Docker
算法与架构	高并发系统设计、数据库性能优化、信号处理算法（滤波/特征提取）

荣誉证书

图 5-26　添加表格

对表格进行优化。选中整个表格，右击，在弹出的快捷菜单中选择“表格美化”命令，右边出现“美化助手”窗格，如图 5-27 所示。利用“美化助手”窗格，可进行表格样式、行强调、列强调的调整。在表格样式中，可设置表格的颜色和样式。通过以上操作，美化表格样式。选中表格，右击，在弹出的快捷菜单中选择“单元格对齐方式”命令，调整表格文字对齐方式，效果如图 5-28 所示。

对简历进行检查和整体排版，调整“荣誉证书”栏的内容，使简历内容显示在一页上，如图 5-29 所示。

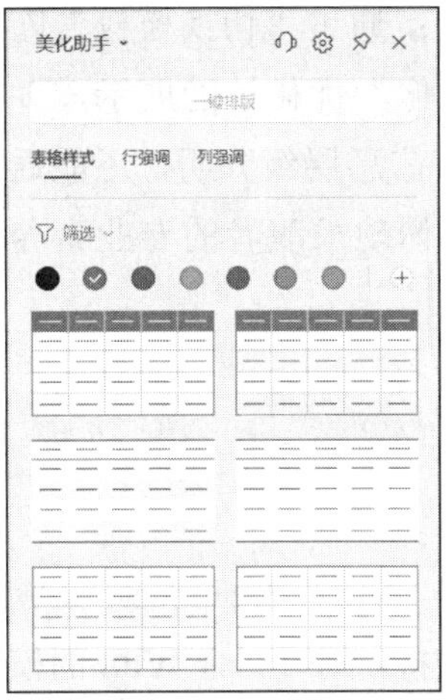

图 5-27 美化助手

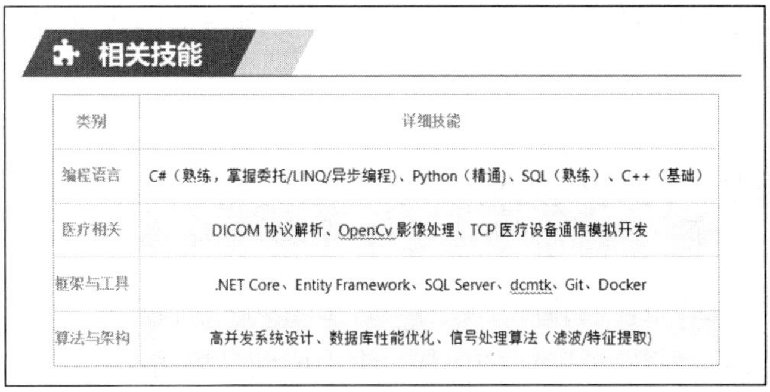

类别	详细技能
编程语言	C#（熟练，掌握委托/LINQ/异步编程）、Python（精通）、SQL（熟练）、C++（基础）
医疗相关	DICOM 协议解析、OpenCv 影像处理、TCP 医疗设备通信模拟开发
框架与工具	.NET Core、Entity Framework、SQL Server、dcmtk、Git、Docker
算法与架构	高并发系统设计、数据库性能优化、信号处理算法（滤波/特征提取）

图 5-28 表格文字对齐效果

李明

意向岗位：软件开发工程师

基本信息

联系电话：[您的电话] |
电子邮箱：[您的邮箱] |
所在地：[您的城市]
GitHub：[链接]（含医疗相关 Demo 项目）
英语能力：CET-6（可熟练阅读技术文档）

求职意向

意向岗位：软件开发工程师
求职类型：社招

荣誉证书

阿里云 ACA 认证
CET-6 ·
开源贡献：参与 ClearCanvas 医疗影像项目 Issue 修复(提交 PR 2 次)。 自我学习：系统学习《DICOM 标准详解》与《医学图像处理实战》，复现核心案例 3 个。

教育经历

2018.9-2021.6 XX 大学
计算机科学与技术 | 硕士
研究方向:机器学习与系统性能优化

工作经历

2021.7-2023.12 XX 科技公司
软件开发工程师
1. 高并发医疗数据处理系统(模拟项目) · 技术栈：C#/.NET Core、SQL Server、TCP 协议 · 核心贡献： · 基于.NET Core 开发数据采集模块，实现医疗设备(模拟 ECG)TCP 协议通信，支持每秒 1000+数据点实时传输。 · 优化 SQL Server 存储过程，通过分表与索引策略，将患者历史记录查询效率提升 40%。 · 使用委托与事件机制设计异步数据处理流水线，降低主线程阻塞风险 30%。 2. 医学影像管理系统优化 · 技术栈：Python/Django、DICOM 协议(自学)、OpenCV · 核心贡献： · 基于 Django 框架开发影像上传接口，集成 dcmtk 库解析 DICOM 文件元数据，支持 CT/MRI 影像批量处理。 · 使用 OpenCV 实现影像灰度归一化预处理，提升后续 AI 模型识别准确率 8%。 · 设计 Redis 缓存策略，将高频访问影像的加载时间从 1.2s 压缩至 0.4s。 3. 团队管理与流程优化 · 主导跨部门协作，推动团队采用 Jira+Confluence 管理医疗数据脱敏开发任务，100%按期交付。 · 制定 C#代码规范并组织技术培训，团队代码 Review 通过率提升 35%。

项目经历

医疗设备数据中台(个人开源项目)
技术栈：C#/.NET Core、WPF、MySQL · 成果： · 开发 WPF 桌面端工具，模拟心电设备数据采集，支持 TCP 协议通信与波形实时绘制(GDI+)。 · 实现信号滤波算法(低通滤波)，噪声数据识别准确率达 92%。 · GitHub 开源代码获 120+ Star，链接：[填写]

医学影像 AI 辅助诊断系统(论文衍生项目)
技术栈：Python/OpenCV、DICOM、TensorFlow · 成果： · 基于 U-Net 模型开发肺结节分割模块，Dice 系数达 0.87。 · 通过多线程技术优化 DICOM 文件批量预处理速度，耗时减少 50%。

相关技能

类别	详细技能
编程语言	C#（熟练，掌握委托/LINQ/异步编程）、Python（精通）、SQL（熟练）、C++（基础）
医疗相关	DICOM 协议解析、OpenCV 影像处理、TCP 医疗设备通信模拟开发
框架与工具	.NET Core、Entity Framework、SQL Server、dcmtk、Git、Docker

图 5-29 优化后的简历

从导入简历到最终输出，WPS 提供了全链路排版支持：通过“切换模板”匹配风格，利用“排版设置”统一字体与间距，借助“表格美化”优化技能展示，并结合 AI 辅助快速补全内容。最终生成的简历不仅布局清晰、信息层级分明，还能通过智能检测确保格式零误差，轻松实现一页精练呈现，充分体现求职者的专业素养与技术细节。

5.2 长文档处理

AI 技术与排版工具的结合正逐步革新传统论文写作流程。本节以 DeepSeek 和 WPS 为例，系统阐述 AI 如何从大纲生成到书稿润色提供智能化支持，同时结合 WPS 的模板库、AI 助手与批量排版功能，实现论文格式的精准规范。通过指令交互与附件上传，用户可动态优化内容逻辑与语言专业性；一键排版、目录生成、题注编号等功能则显著降低格式调整的复杂度。二者的协同应用，不仅提升论文撰写效率与质量，更推动学术创作向智能化、标准化迈进。

5.2.1 使用 AI 工具生成论文大纲及润色检查

在确定论文题目后，可使用 DeepSeek 对论文进行智能化辅助，一般分为生成大纲、润色与检查等步骤。

用户可向 DeepSeek 发出编写大纲的如下指令：请生成一篇“基于 Java Web 的线上花店销售系统”的论文大纲，包含选题背景和意义、相关技术和理论、系统需求分析、系统数据库设计、系统功能设计等，要求列出详细标题。根据指令，DeepSeek 给出论文大纲。也可上传论文大纲模板作为附件，向 DeepSeek 发送指令，要求根据附件编写“基于 Java Web 的线上花店销售系统”的大纲。若对生成大纲中的核心章节不够满意，则可发送指令，要求进一步优化核心章节，如图 5-30 所示。

论文大纲生成以后，用户可根据选题实际研究情况，撰写论文初稿，使用 DeepSeek 对论文初稿进行润色、检查和排版。首先将初稿作为附件上传至 DeepSeek，如图 5-31 所示。接着，发送指令对初稿进行润色、检查和排版，如“请对附件内容进行润色、检查和排版，语言表述符合计算机专业描述，具备工程思维”等。

Java Web电商论文创新选题推荐

求设计：

论文题目

基于Java Web的线上花店销售系统

摘要

（简要说明系统目标、技术选型、核心功能及创新点，300字以内）

目录

（自动生成，以下为章节标题）

第1章 选题背景与意义

1.1 研究背景
- 鲜花电商市场规模增长趋势（引用行业报告数据）
- 传统花店线下销售的局限性（地域限制、库存损耗等）
- 线上化转型需求与用户消费习惯变化（移动端购物普及）

1.2 研究意义
- 提升鲜花销售效率与用户体验
- 探索Java Web技术在垂直电商领域的应用价值
- 为中小型花店提供低成本线上化解决方案

第2章 相关技术与理论

2.1 Java Web技术栈
- Spring Boot框架（快速构建微服务）
- Spring MVC架构（分层设计模式）
- MyBatis持久层框架（数据库交互优化）

2.2 前端技术
- HTML/CSS/JavaScript基础
- Thymeleaf模板引擎（动态页面渲染）
- Bootstrap响应式布局（移动端适配）

2.3 数据库技术
- MySQL关系型数据库（数据表设计）
- Redis缓存（购物车数据临时存储）

2.4 第三方服务集成
- 支付宝/微信支付接口（沙箱环境）
- 短信验证码服务（用户注册验证）
- 物流API（配送状态查询）

第3章 系统需求分析

3.1 功能性需求
- 用户端需求：
  1. 用户注册/登录（手机号+验证码）
  2. 鲜花分类浏览与搜索（按节日、花材、价格过滤）
  3. 购物车管理（增删改商品、批量结算）
  4. 订单管理（状态跟踪、取消、评价）
- 管理端需求：

给 DeepSeek 发送消息

深度思考 (R1)　联网搜索

图 5-30　论文大纲

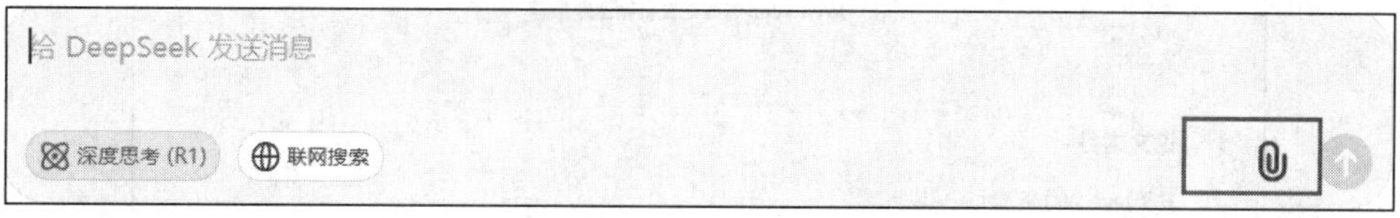

图 5-31 上传附件

5.2.2 WPS 助力论文排版

论文格式的规范性直接影响评审者对内容的专业性和严谨性的判断。WPS 内置的“稻壳模板库”“AI 助手”功能及自动化工具，可快速实现封面设计、标题样式统一、图片题注编号等复杂排版任务，大幅提升论文撰写效率，同时确保格式符合学术规范。

1. 论文整体排版

1）方法 1

进入 WPS，单击左侧导航栏中的“稻壳”按钮（图 5-32），进入稻壳首页。单击“文字”按钮，选择“文字模板”→“教育教学”→“论文答辩”选项，即可看到不同类型论文、目录、参考文献等模板，如图 5-33 所示。选择适合论文主题的论文模板，如“网上书店系统设计与实现论文”，如图 5-34 所示。选中要使用的模板，即可下载论文模板。根据下载的论文模板，辅助完成论文的整体排版。

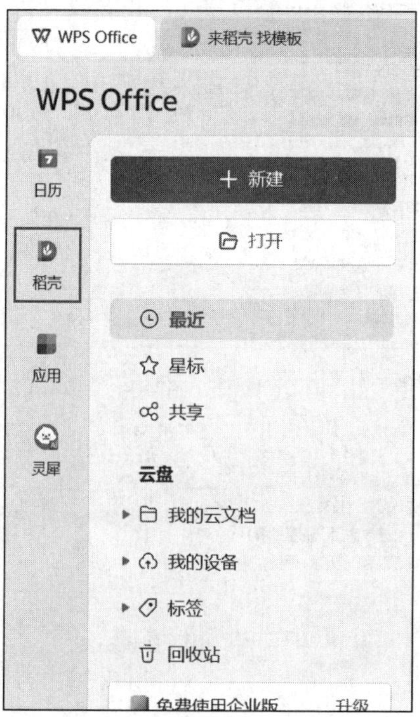

图 5-32 “稻壳”入口

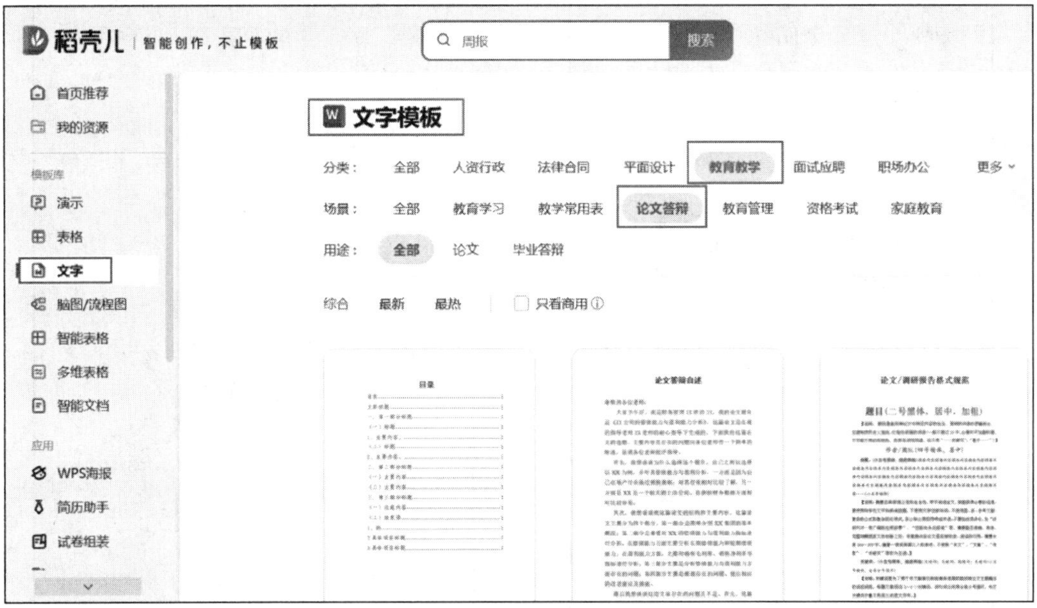

图 5-33　论文模板

图 5-34　论文模板选择和下载

2）方法 2

打开论文初稿，单击“WPS AI”→“论文排版”按钮，在“学位论文”窗格中选择对应大学的模板，如图 5-35 所示。单击“开始排版”按钮，即可一键完成论文排版。如果在学位论文一栏，查询不到所需学校的论文格式模板，则可单击“导入范文排版”按钮，导入所需论文模板即可，如图 5-36 所示。

图 5-35　选择论文模板

图 5-36　导入范文排版入口

2. 封面页智能生成

首先，在文档中右击，在弹出的快捷菜单中选择“AI 助手”命令，然后输入指令：生成符合学术论文规范的封面，包含归档号、学院、专业、年级、姓名、指导教师、职称、题目、日期。

AI 助手生成封面内容如图 5-37 所示。

归档号：2023-DJ-0456
学院：信息技术学院
专业：计算机科学与技术
年级：2019 级
姓名：李四
指导教师：王教授
职称：教授
题目：《基于 Java Web 的线上花店销售系统》
（副标题可置于主标题下方，若需添加）
日期：2025 年4月
此封面设计符合学术论文的常规规范，包含了归档号、学院、专业、年级、姓名、指导教师及其职称以及题目等关键信息。请注意，对于学术论文而言，通常不会包含“出版社”信息，因此在本次设计中未予列出。同时，副标题作为可选项，可根据实际需要决定是否添加。

图 5-37　AI 助手生成封面内容

将生成的信息，修正为个人真实的信息，并对封面进行字体等基本排版。然后，通过设置制表位实现左右对齐。按 Ctrl 键，用鼠标依次选中所有行（或直接拖动鼠标全选），右击，在弹出的快捷菜单中选择“段落”命令，在弹出的“段落”对话框中单击左下角“制表位(T)”按钮，如图 5-38 所示。

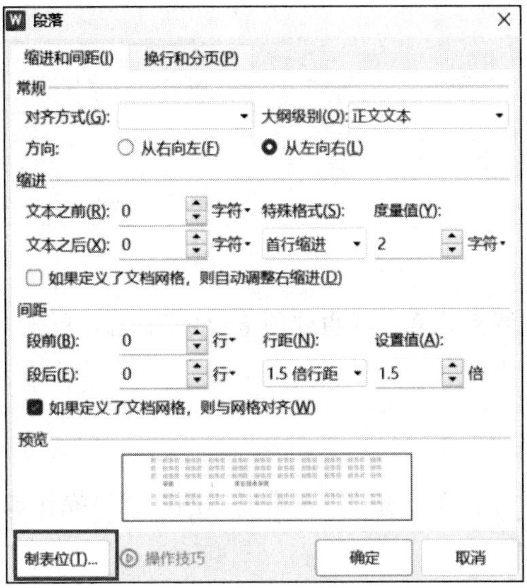

图 5-38 段落设置

设置第一个制表位（左侧对齐标签后的内容）：输入制表位位置（如 10 字符），对齐方式设置为左对齐，单击“设置”按钮，如图 5-39 所示。

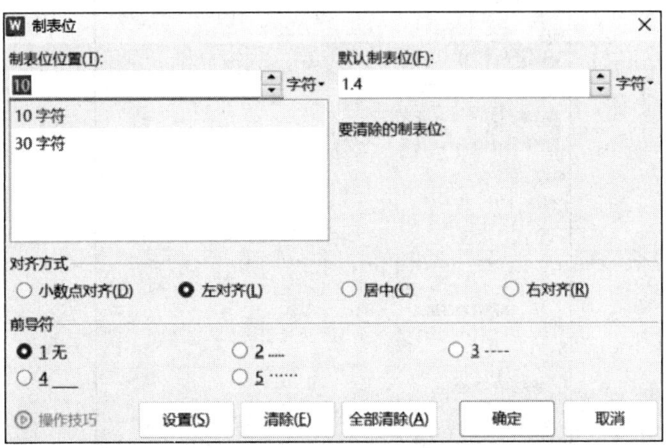

图 5-39 设置制表位 1

设置第二个制表位（右侧对齐长内容）：输入位置（如 30 字符），对齐方式设置为右对齐，单击“设置”按钮，如图 5-40 所示。

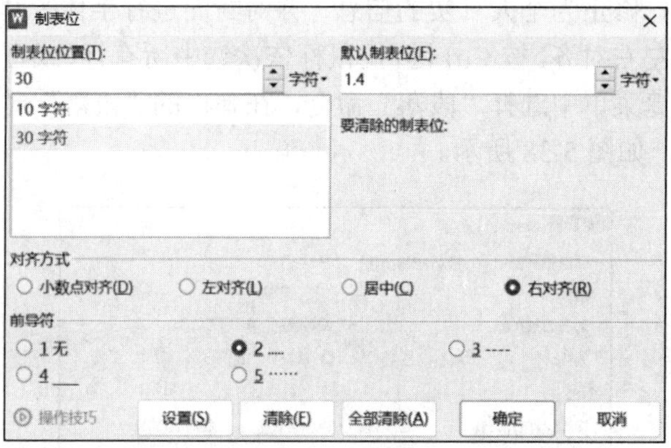

图 5-40　设置制表位 2

根据实际页面宽度调整数值（可通过预览效果测试），单击“确定”按钮保存设置。调整其余各项的对齐方式。

3. 目录生成

生成目录前，需要为章节标题设置标准的标题样式。操作步骤如下。

1）自定义标题样式

例如，一级标题“选题背景与意义”的设置。选中标题，选择“开始”→“样式”→“新建样式”选项，在弹出的“新建样式”对话框中将名称设置为“一级标题”，格式设置为字体黑体、三号、左对齐，如图 5-41 所示。

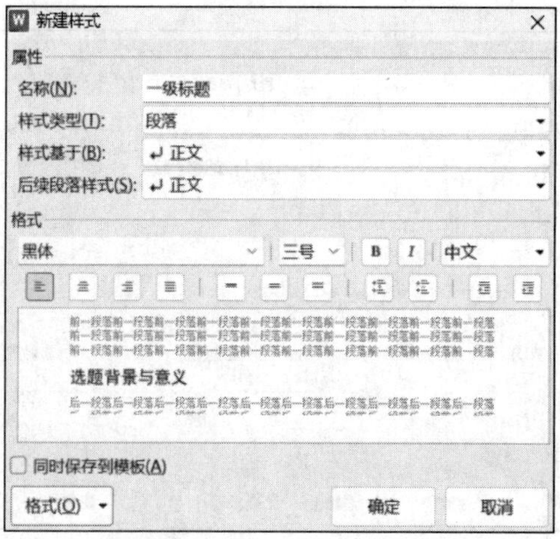

图 5-41　新建标题样式

单击左下角“格式”按钮，在弹出的菜单中选择“段落”命令，设置段前、段后间距 1 行，行距 28 磅，如图 5-42 所示。

也可使用模板中已设置的标题，即在论文整体排版中设置好的标题。

图 5-42　目录格式设置

2）插入自动目录

（1）方法 1。

将光标移动到需要插入目录的位置（通常在摘要或封面页之后）。选择“引用”→“目录”→“自定义目录”选项。在弹出的窗口中设置如下内容。

显示级别：选择目录包含的标题层级（如 1、2、3 级）。

制表符前导符：选择标题与页码之间的连接符（如“……”）。

单击“确定”按钮完成插入，WPS 将自动生成目录，如图 5-43 所示。

第 1 章　选题背景与意义……3
　1.1　传统花店销售模式的问题分析……3
　1.2　线上花店销售系统的优势……3
　1.3　系统实现的现实意义……3
第 2 章　相关技术与理论概述……5
第 3 章　系统需求分析……6
　3.1　设计目标……6
　3.2　非功能需求……6
第 4 章　系统分析与设计……8
　4.1　系统架构设计……8
　4.2　设计模型的建立……8
第 5 章　系统功能设计……11
　5.1　系统架构……11
　5.2　核心模块实现……11
第 6 章　系统功能实现与设计……13
　6.1　关键功能截图……13
　6.2　测试结果……13
第 7 章　总结与展望……15

图 5-43　自动生成目录效果

（2）方法 2。

将光标移动到需要插入目录的位置单击选择“引用”→“目录”→“插入 AI 目录”按钮，如图 5-44 所示，即可在文档中插入 AI 目录。

图 5-44　插入 AI 目录

3）更新目录

若论文内容有修改，如已生成目录缺少 4.1 节，需要将 4.1 节标题设置为二级标题，并同步更新目录，其详细步骤如下。

（1）右击目录区域，在弹出的快捷菜单中选择“更新目录”命令。

（2）选择更新范围：“只更新页码”为仅刷新页码，标题文字不变；“更新整个目录”是指重新生成所有标题和页码，推荐选择更新整个目录，如图 5-45 所示。

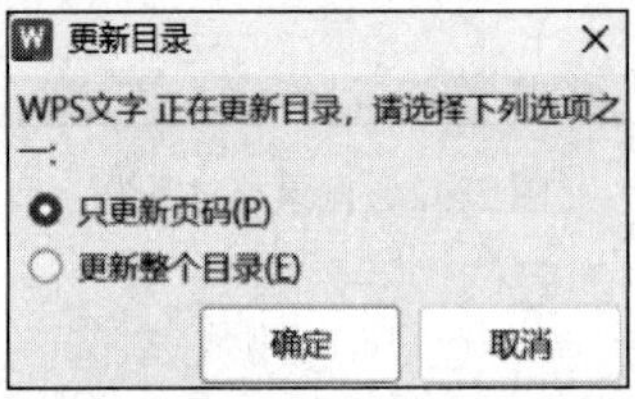

图 5-45　更新目录

4）调整目录格式

有时目录样式需要进一步优化，如修改字体与缩进，其详细步骤如下。

（1）选中目录内容。

（2）在“开始”选项卡中调整字体、字号。

（3）右击，在弹出的快捷菜单中选择“段落”命令，打开“段落”对话框，如图 5-46 所示。设置“文本之前”的值，调整段前缩进值。

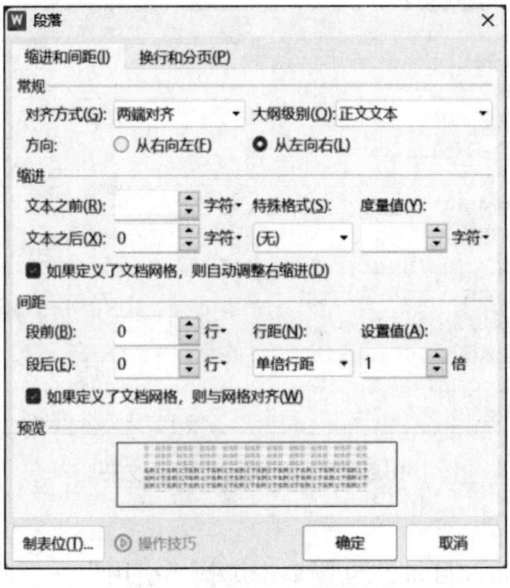

图 5-46　目录格式调整

（4）不同级别标题可通过设置间距调整段前段后距离，如二级标题段前 0.5 行等。

4. 字体与段落批量处理

1）字体设置

单击“开始”→“字体”对话框启动器按钮（图 5-47），在弹出的“字体”对话框中设置中文和西文字体，如图 5-48 所示。

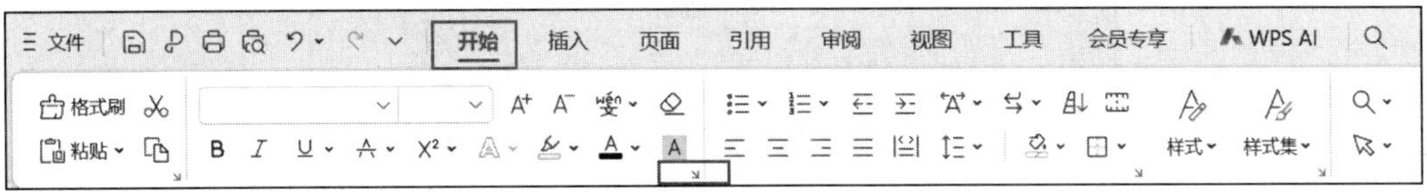

图 5-47　“字体”对话框启动器按钮

图 5-48　“字体”对话框

2）段落设置

利用样式功能批量管理段落样式。首先，创建自定义样式。选中一个已格式化的段落（如普通正文段落）。选择“开始”→“样式”→“新建样式”选项，输入样式名称，如“正文样式”，设置“样式基于”为“正文”，单击“确定”按钮，如图 5-49 所示。

批量应用已创建好的样式。选中所有需要统一格式的段落，选择“开始”→“样式”选项，选择已创建的“正文样式”选项，实现段落样式的批量管理。

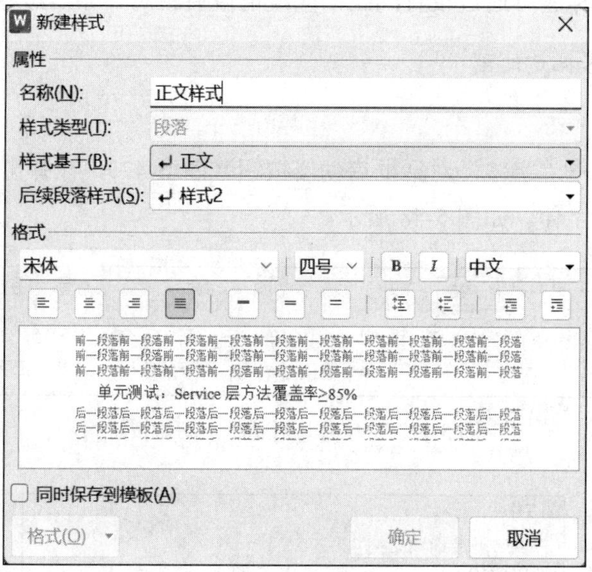

图 5-49　段落样式设置

3）代码块等特殊情况处理

若文档中包含代码块、表格等需要保留原格式的内容，可使用格式刷局部调整，单击“开始”→“格式刷”按钮，用鼠标选中需要匹配格式的段落，快速复制格式。

5. 图片设置

1）插入图片

如图 5-50 所示，选择“插入”→“图片”→“本地图片”选项，在打开的“插入图片”对话框中选择需要插入的图片。

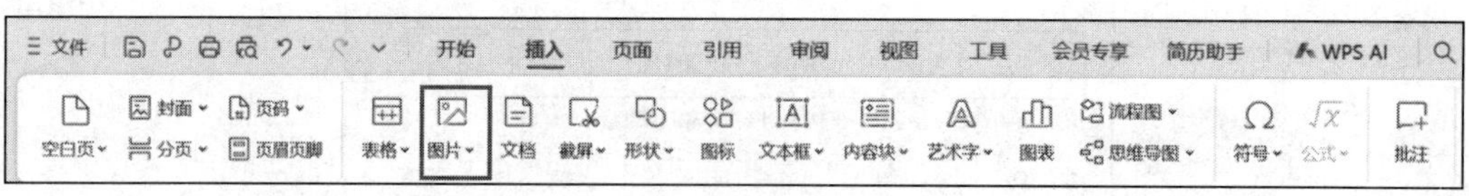

图 5-50　插入图片

2）设置图片

选中图片，拖动图片四角的控制点缩放图片大小，也可精确调整图片大小和位置。右击图片，在弹出的快捷菜单中选择“设置对象格式”命令，在弹出的“属性”窗格中可对图片的填充与线条、效果、图片进行设置，如图 5-51 所示。

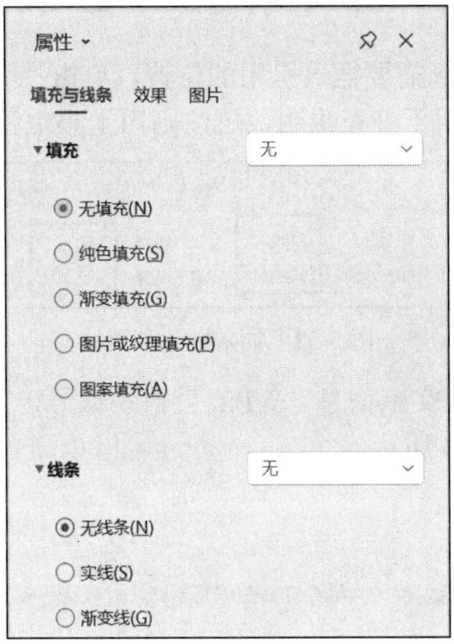

图 5-51　精准设置图片

3）添加题注和编号

首先，插入题注。选中第一张图片，右击，在弹出的快捷菜单中选择“题注”命令，在弹出的“题注”对话框中设置如下内容：“标签”设置为“图”（若列表中没有，单击“新建标签”按钮，打开“新建标签”对话框，在“标签”文本框中输入“图”）；“位置”设置为“所选项目下方”；输入题注内容（也可不设置），单击“确定”按钮，如图 5-52 所示。

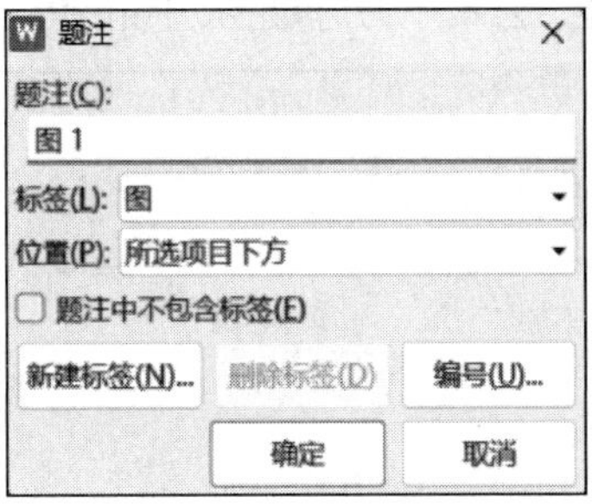

图 5-52　题注设置

然后，对其他图片自动编号。在另一张图片上右击，在弹出的快捷菜单中选择“题注”命令，打开“题注”对话框，单击“编号”按钮，在弹出的“题注编号”对话框中设置相应的编号格式，单击“确定”按钮，即可为其他图片自动添加编号。

6. 参考文献管理

1）准备阶段

提前收集文献的详细信息（如作者、标题、期刊名、出版年份、DOI 等），确保数据准确完整。根据学术要求选择合适的引用格式。

2）插入参考文献

打开 WPS 文档，定位到需要插入引用的位置，单击“引用”→“插入脚注”按钮，如图 5-53 所示。脚注通常用于补充说明，尾注则用于集中管理文献。

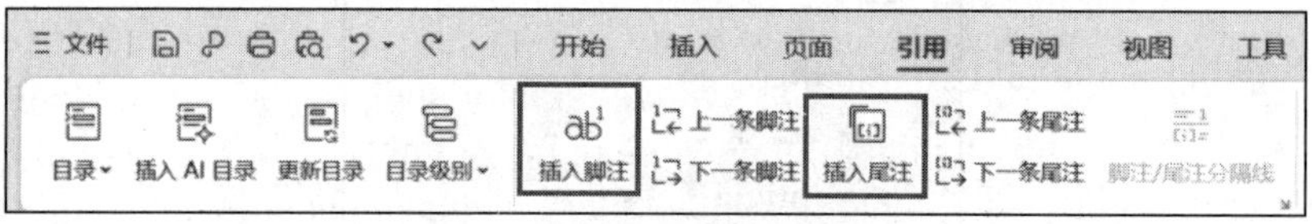

图 5-53　插入脚注和尾注

在尾注或脚注区域输入文献信息，WPS 会自动编号，然后在开始选项卡中手动调节尾注字体格式，如图 5-54 所示。

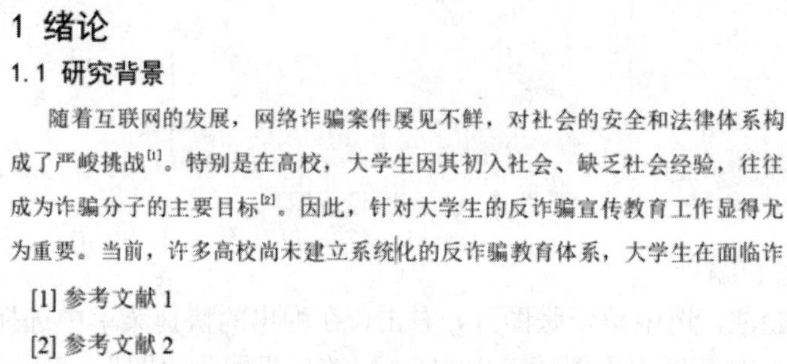
1 绪论

1.1 研究背景

随着互联网的发展，网络诈骗案件屡见不鲜，对社会的安全和法律体系构成了严峻挑战[1]。特别是在高校，大学生因其初入社会、缺乏社会经验，往往成为诈骗分子的主要目标[2]。因此，针对大学生的反诈骗宣传教育工作显得尤为重要。当前，许多高校尚未建立系统化的反诈骗教育体系，大学生在面临诈

[1] 参考文献 1

[2] 参考文献 2

图 5-54　参考文献引用和排版

7. 论文查重

WPS 引入了论文查重功能，云集了万方数据、PaperPass 等查重品牌，如图 5-55 所示。

图 5-55　论文查重界面

5.3　AI 助手在文档处理中的应用

AI 助手（如 DeepSeek、WPS AI）通过智能化交互与自动化功能，显著优化了文档处理的效率与专业性，其核心应用场景如下。

（1）智能内容生成与辅助写作。根据用户输入的关键词或大纲，自动生成报告、邮件、演讲稿等文档内容，如会议纪要模板、工作总结框架。可分析上下文后提供连贯的段落续写建议，或对简略内容进行扩展。实时翻译文档内容并保持格式不变，支持双语对照输出。

（2）动态内容优化。上传文档后，AI 助手可模拟 HR 视角分析简历与岗位匹配度，或从学术角度检查论文逻辑漏洞，以表格形式提供优化建议，实现诊断与匹配分析。AI 助手还会对文档表述进行优化，确保语言符合学术或行业规范，实现语言润色与专业适配。

（3）一键排版。WPS 通过“稻壳模板库”功能和 AI 助手实现封面智能生成、目录自动插入（支持自定义标题样式）、参考文献自动编号，减少手动调整成本。利用样式功能批量设置字体、段落格式，通过“表格美化”“图片题注自动编号”等功能确保图表与代码块的格式一致性。

（4）校对与合规性检查。AI 助手能够进行语法与拼写纠正，识别中英文语法错误、标点误用，并提供修改选项。具备风格优化的功能；可提示口语化表达、冗余句子，给出更专业的替换方案；可进行敏感信息的筛查，自动检测文档中的隐私数据并提示脱敏，如身份证号、电话号码。

（5）高效协作与知识管理。AI 助手能够提取摘要，快速生成长文档的核心要点，便于团队快速浏览；具备智能问答功能，通过对话形式查询文档内容，如“合同中的违约责任条款是什么？”；可进行版本对比，高亮显示不同版本间的修改内容，自动总结差异点。

（6）场景化模板库。AI 助手可推荐行业模板，根据使用场景推送匹配模板，支持内容自动填充，如求职简历、商业计划书。提供法律或合同辅助，提供条款建议、风险提示，确保文档合规性。这降低了操作门槛，用户无须精通复杂功能即可完成专业级文档处理，也节省了时间，减少重复性操作而专注核心内容，如手动调整格式等。AI 助手可进行智能学习，根据用户习惯优化推荐结果，越用越精准。

习题

一、单项选择题

1. 使用 DeepSeek 生成简历时，以下哪一个步骤属于“灵活迭代”操作？（　　）

   A. 导入简历附件

B．输入结构化指令

C．根据反馈优化“系统优化”部分的细节

D．生成简历框架

2．WPS 中通过“稻壳模板库”功能快速生成论文封面时，需要使用的指令是（　　）。

A．“请生成一份商业计划书封面”

B．“生成符合学术论文规范的封面，包含学院、专业、姓名等信息”

C．“插入 AI 目录”

D．“美化表格样式”

3．AI 助手在文档校对中无法实现的功能是（　　）。

A．敏感信息筛查　　B．段落续写建议

C．图片颜色调整　　D．语法纠错

二、填空题

1．WPS 中插入目录前需要为章节标题设置标准的__________样式，以确保自动生成目录的准确性。

2．在论文参考文献管理中，WPS 支持通过__________功能集中管理文献引用，并自动编号。

三、问答题

1．简述使用 WPS 对简历进行排版优化的主要步骤（至少列出 3 项）。

2．列举 AI 助手在文档处理中的 3 个核心应用场景，并简要说明其作用。

第 6 章　使用 AI 工具进行表格处理

学习目标 ☞

- 掌握使用 AI 工具获取和处理表格数据的方法。
- 学会使用 WPS 对表格和图表进行格式化和分析。
- 理解 AI 助手在表格处理中的应用场景和优势。

课程思政案例

“科技筑基者”杨涛：锻造中国自己的操作系统，撑起数字时代安全底座

杨涛，湖南麒麟信安科技股份有限公司董事长、第十四届全国人民代表大会代表，是我国国产操作系统领域的技术引领者与产业推动者。他深耕基础软件多年，带领麒麟信安构建起“操作系统+云计算+信息安全”三位一体的核心技术体系，推动企业发展成为国产操作系统的中坚力量。

国产操作系统是国家信息技术体系的根基，关系到国防安全、数据主权与关键基础设施安全。多年来，我国主流操作系统市场被国外产品占据，面临“卡脖子”风险。杨涛深知“没有自主可控的操作系统，就没有国家的信息安全。”他始终坚持技术报国初心，带领团队迎难而上，攻克关键技术，致力于建设自主可信、安全可控的软件底座。在麒麟信安的发展过程中，杨涛着眼国产生态构建。他推动企业自主研发兼容国产芯片与主流开源框架的“麒麟操作系统”，实现关键模块100%自主掌控。该系统先后参与“神舟”系列载人飞船、国家超算中心、新一代信息基础设施等项目，展现了国产基础软件的高可靠性与高安全性。不仅如此，杨涛还高度重视产学研融合与人才培养。他推动企业与国内院校联合设立“操作系统工程师人才培养基地”，倡导“从源头上建设基础软件人才体系”。同时，他积极参与国家政策建言，提出推动国产操作系统产业健康发展的建议，为行业发展争取制度保障。

面对人工智能技术快速发展带来的新挑战，杨涛也及时提出“人工智能必须在安全、可信的系统底座上运行”的观点，强调技术创新与安全可控必须协同推进。他坚持开放与自主并举的理念，鼓励在开源社区中发声，让中国声音在全球技术规则中占有一席之地。杨涛常说：“我们不是在做一个产品，而是在托起国家未来的信息安全。”在他的带领下，麒麟信安不仅实现了核心技术的突破，也为中国基础软件产业提供了宝贵的实践样本。2023 年，他荣获“新湖南贡献奖先进个人”称号，成为新时代科技报国精神的生动写照。杨涛的实践告诉我们，真正的科技创新不仅是技术突破，更是一份对国家、对民族深沉的责任感。在全球技术竞争日趋激烈的今天，他的故事激励着无数青年学子在数字时代的浪潮中，秉持信念，肩负使命，投身自主创新的伟大事业中去。

（根据网络资料改写）

AI 与 Excel 的结合打开了数据处理和自动化的新视野，极大地提升了 Excel 在数据分析、报告创建和决策支持方面的效率。这种结合主要通过以下几个方面实现增值。

首先，AI 可以帮助优化 Excel 的使用流程。对于复杂的 Excel 功能，如公式、宏或数据透视表，可能需要查询文档或在线资源才知道使用方法。AI 可以提供即时帮助，指导用户如何使用这些高级功能，甚至直接生成可用的公式代码，让用户更轻松地完成任务。其次，AI 可以帮助用户提升处理数据的效率。它可以根据用户使用自然语言提出的需求来快速地将数据或文本资料生成表格和图表，不仅降低了表格和数据处理的技术门槛，更是极大地节省了手动整理数据和设置图表的时间。最后，AI 能够帮助用户解析和探究复杂数据集。当用户向 AI 提出数据的相关问题时，它能够运用自然语言处理技术阐释数据分析结果，并提供基于数据见解的建议。此外，AI 还可以用于增强 Excel 的决策支持功能。通过模拟不同的经济或业务情境，AI 可以帮助用户预测未来的业务表现，并基于这些预测来制定策略。AI 与 Excel 的结合不仅使数据分析更加深入和直观，还简化了数据处理和决策制定的过程。这种结合使 Excel 的功能得到了极大的扩展，帮助用户以更高效、更智能的方式处理和分析数据。

6.1 简单表格处理

在当今数据驱动决策的背景下，高校在评估人才培养质量、就业状况及专业发展趋势时，准确而高效地获取数据显得尤为重要。本节旨在通过 Kimi 工具演示如何对“近 5 年本科毕业生数据分析”这一主题进行数据采集。Kimi 作为一款先进的 AI 工具，能够利用自然语言处理技术和智能搜索算法，从校内外多个数据源中高效整合所需数据。通过规范的操作流程，不仅可以确保数据的准确性和实时性，还能为后续的表格格式化与深入分析提供坚实的基础。

6.1.1　使用 AI 工具获取数据

1. 系统登录与环境准备

登录 Kimi 平台，并确保网络连接稳定，如图 6-1 所示。进入数据采集模块后，核查用户账户权限，确认具备访问各相关数据库及数据源的权限。此步骤旨在为后续操作提供安全且高效的数据采集环境。

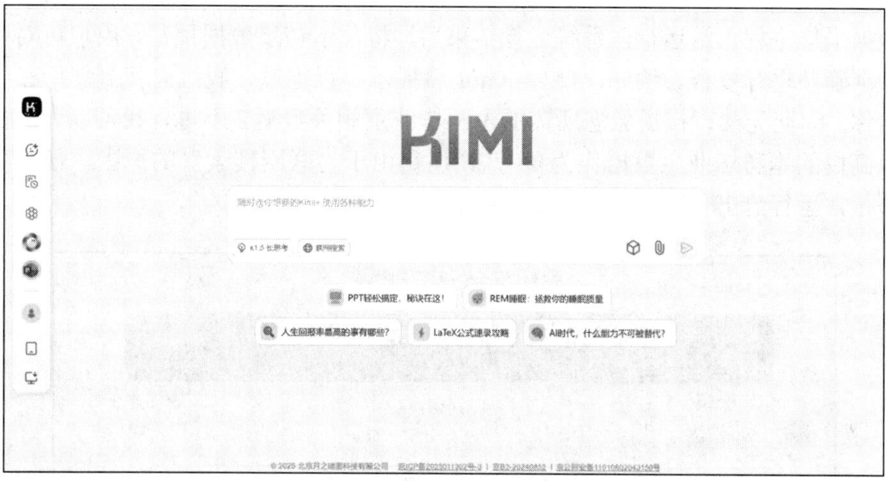

图 6-1　Kimi 首页

2. 查询指令的编写

在对话框中，使用书面化自然语言撰写查询指令。示例指令如下：

"请提取近 5 年（2019 年至 2023 年）我校本科毕业生相关数据，涵盖各年度毕业生总数、专业分布、就业率及平均薪资等指标。"

该指令应准确反映所需数据范围和指标要求，确保 Kimi 能够理解并正确解析查询意图。注意，此时应单击"联网搜索"按钮，如图 6-2 所示。

图 6-2　输入提示词

3. 参数设置与数据源选择

根据查询需求，在参数设置选项中设定数据采集的时间范围（2019 年至 2023 年）和具体指标。选择校内公开数据库、就业统计系统及学术研究平台作为主要数据源。检查参数设置是否符合预期要求，并对查询结果的格式进行初步设定，如表格格式、数值单位等。

4. 执行查询并监控进程

提交查询指令后，Kimi 将自动执行数据抓取任务。其间，请留意系统状态提示，确保数据采集进程正常运行。系统运行结束后，将显示初步数据预览，用户可对数据完整性和准确性进行核查。例如，此处 Kimi 就提示“很抱歉，我没有找到您所在学校的具体名称，因此无法直接提取您所需的本科毕业生相关数据。不过，我可以为您提供一些类似高校的本科毕业生数据作为参考”，但是由于“联网搜索”的原因，最终采集进程还是正常运行给出了数据，如图 6-3 所示。

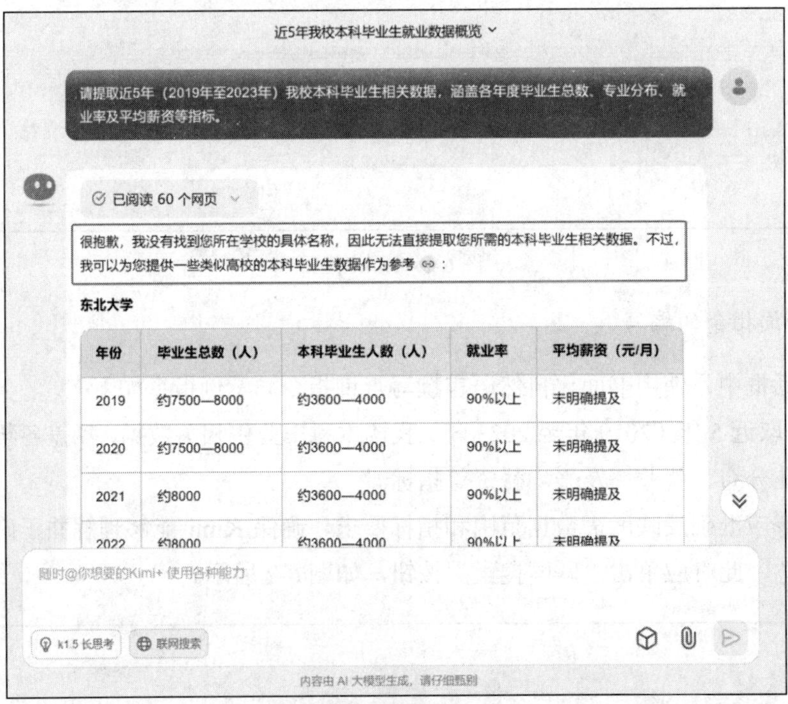

图 6-3 Kimi 生成数据表

5. 数据导出与后续处理

核实无误后，使用 Kimi 提供的数据导出功能，将采集结果以标准表格格式（如 CSV 或 Excel）保存至本地。但为确保导出文件中包含所有必要的指标和数据，建议直接单击“复制”按钮将数据复制下来，在 WPS 软件中进行下一步操作，如图 6-4 所示。

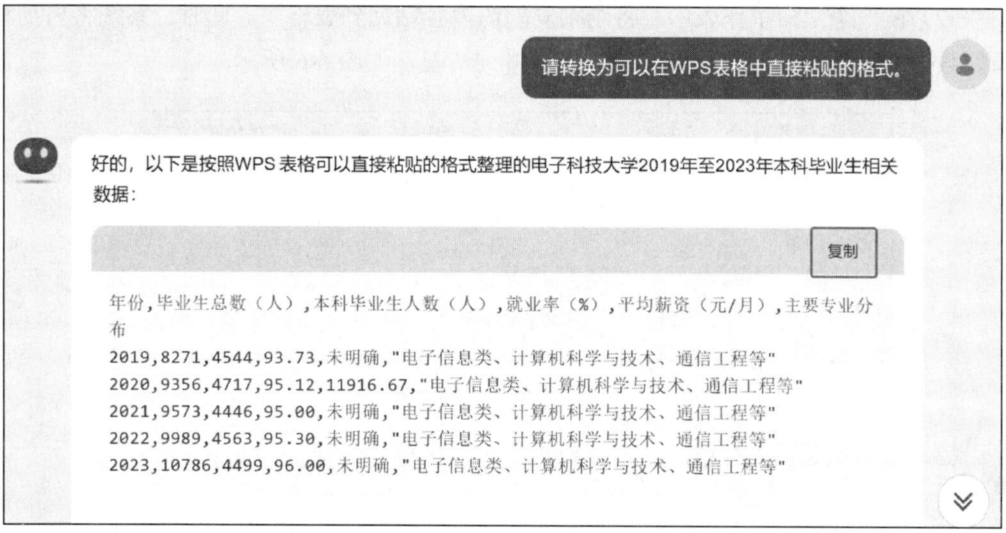

图 6-4　转换为可以在 WPS 表格中直接粘贴的格式

6.1.2　使用 WPS 进行表格格式化

在通过 Kimi 成功获取数据后，下一步需要使用 WPS 表格对数据进行格式化整理，以便于后续分析与报告编制。本节将详细介绍如何利用 WPS 办公软件对“近 5 年本科毕业生数据分析”所采集的原始数据进行标准化、清晰化的表格格式化操作，确保数据展示既符合审美要求，又便于查阅和统计。

1. 导入数据，将通过 Kimi 复制的数据粘贴至 WPS 表格中

（1）启动 WPS，选择“文件”→“新建”→“表格”选项，如图 6-5 所示。

图 6-5　新建 WPS 表格

（2）在一个空白工作表中，将刚刚复制的内容粘贴到表格中。此时，系统将自动将原始数据载入工作表，并显示数据的初步排列情况，如图 6-6 所示。

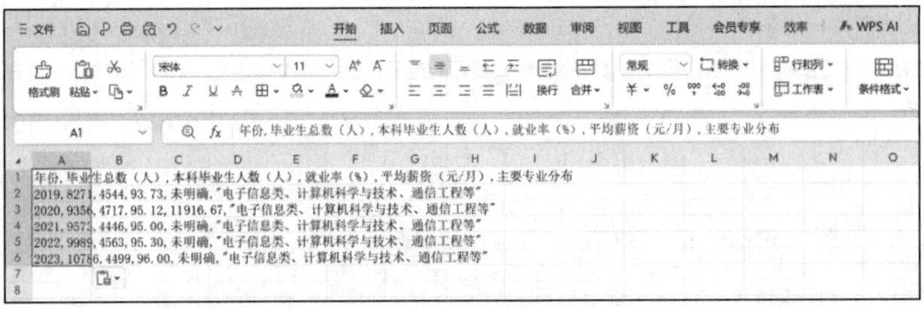

图 6-6　默认表格数据

（3）选中粘贴后的数据，单击“数据”→“分列”按钮，如图 6-7 所示。

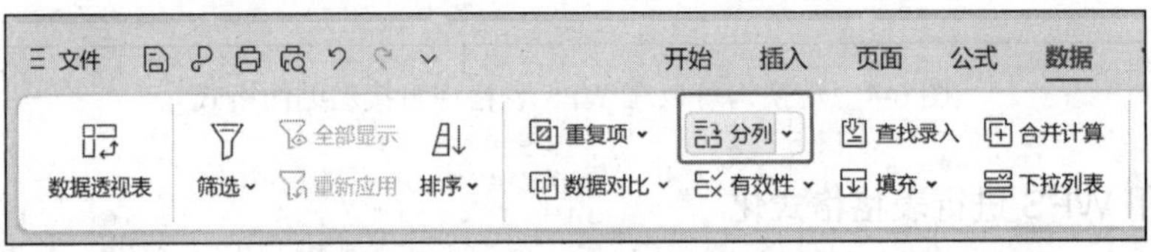

图 6-7　WPS 表格设置分列

（4）在弹出的“文本分列向导”对话框中，选中“分隔符号”单选按钮，单击“下一步”按钮，如图 6-8 所示。

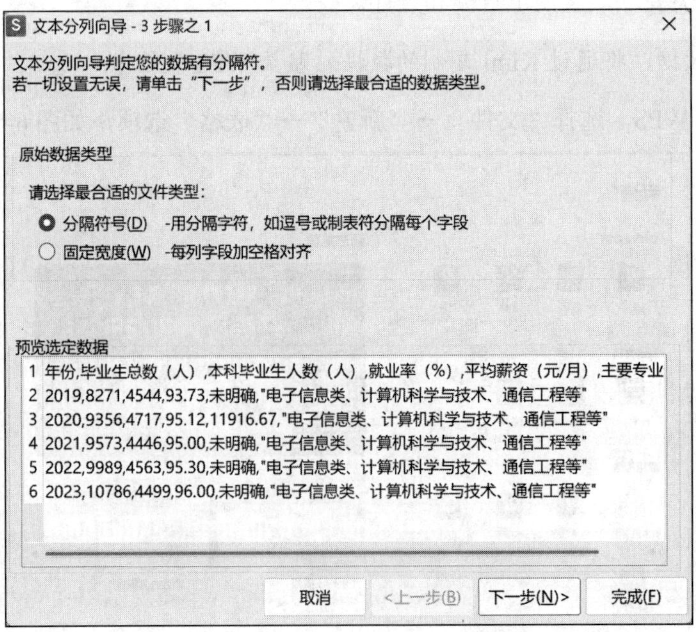

图 6-8　“文本分列向导”对话框

（5）选中“逗号”复选框，单击“下一步”按钮，如图 6-9 所示。

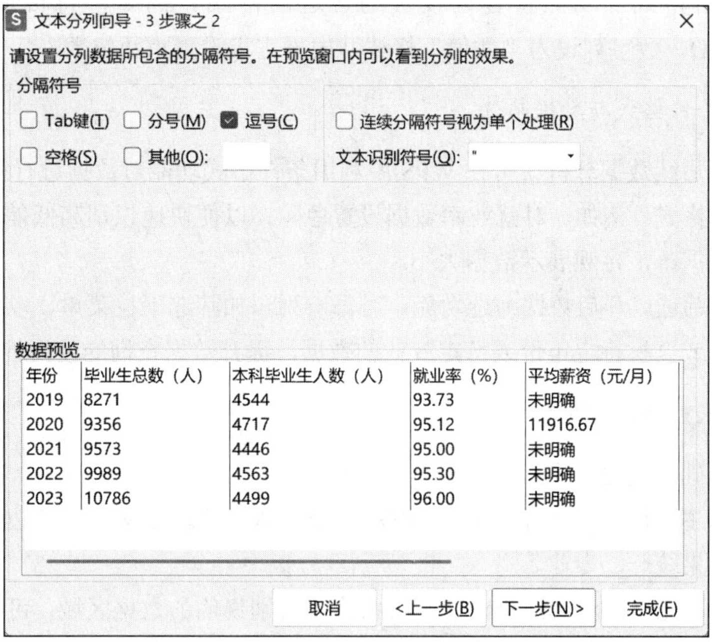

图 6-9　按逗号分列

（6）设置每列的数据类型（通常保持默认即可），单击“完成”按钮，效果如图 6-10 所示。

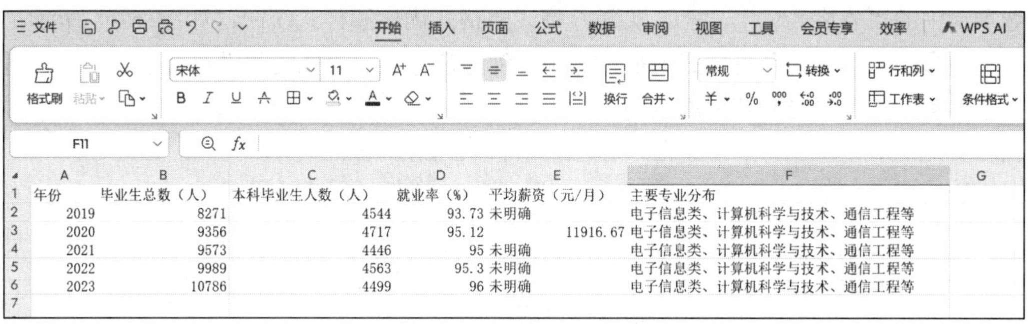

图 6-10　分列后数据显示

2. 调整数据结构与单元格格式

导入数据后，根据数据特点对表格进行初步整合。具体步骤如下。

（1）设置标题行：选中表格的第一行，将其设置为标题行，应用加粗、适当字号及背景色，以便清晰区分数据列名称。

（2）调整列宽与行高：根据数据内容的长度，手动或使用自动调整功能，统一调整各列宽度与行高，使数据呈现更加整齐，避免文字拥挤或留白过多的情况。

（3）统一数据格式：检查每一列的数据类型，如日期、数字和文本，使用 WPS 表格的“单元格格式”功能将各列设置为合适的格式。例如，将日期列格式化为 YYYY-MM-DD，数字列设为“数值”格式并根据需求设置小数位数。

3. 应用条件格式与数据筛选

为了便于后续数据分析，可在 WPS 中利用条件格式功能对数据进行视觉化标注。

（1）条件格式。例如，对就业率数据设置色阶，以便快速识别高低差异；对平均薪资数据应用数据条，直观展示数据大小。

（2）数据筛选。开启数据筛选功能，对每一列添加筛选下拉菜单，以便在需要时迅速筛选、排序或查找特定年份或特定专业的数据，提升数据查询的便捷性。

4. 美化表格与最终检查

在完成基础格式化操作后，对整体表格进行美化处理。

（1）应用主题样式。选择 WPS 提供的预设主题，或自定义背景和边框样式，使表格整体视觉效果统一、专业。

（2）合并单元格与添加注释。针对某些需要特别说明的数据区域，可以适当合并单元格，添加备注或注释，帮助读者理解数据含义。

（3）预览与修正。在完成所有格式化步骤后，仔细预览整个表格，确保所有数据清晰、格式统一，并根据需要进行最后的微调。

在 WPS 表格中，为快速提升数据呈现的专业性与视觉美感，用户可以借助“工具”选项卡中的“表格美化”功能，实现一键式的格式优化和样式统一，如图 6-11 所示。该功能提供了丰富的预设样式模板，包括多种配色方案、边框线条设计与字体组合，适用于各类教学、报告和数据展示场景。

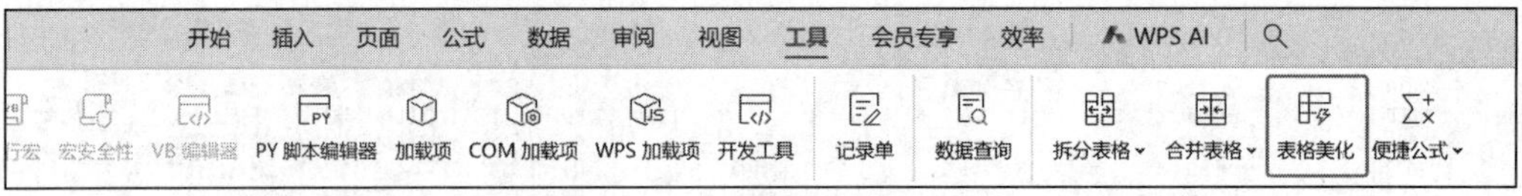

图 6-11 “表格美化”功能

选中目标数据区域后，单击“工具”→“表格美化”按钮，系统将自动识别表头和数据区域，用户可根据需要选择简约风格、商务风格、科技风格等模板，快速套用美观一致的表格格式。同时，“表格美化”功能还支持自定义调整，如修改主题色、设置斑马纹行、优化边框粗细等，极大地提升了表格的可读性和视觉层级感。

该功能特别适合教学场景中大批量数据的快速整理与展示，不仅减少了手动美化所需时间，也有助于培养学生对专业数据表达的规范意识与审美素养。表格美化后的效果如图 6-12 所示。

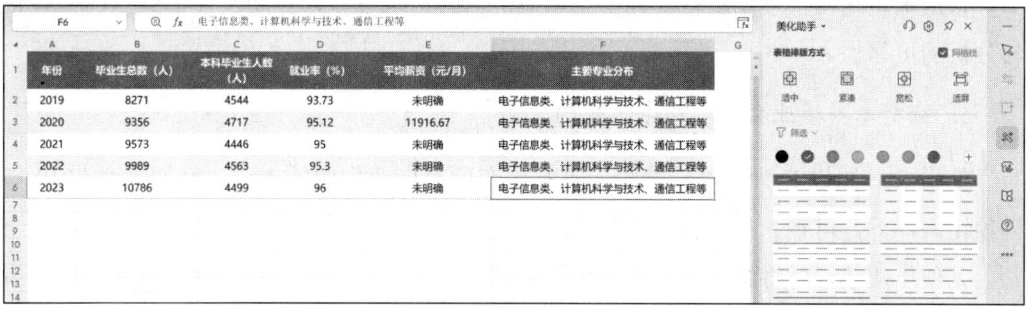

图 6-12　表格美化后效果

6.1.3　使用函数对数据进行分析

在完成数据的格式化后，利用 WPS 表格中的内置函数对毕业生数据进行深入分析，是实现数据价值提升与辅助教育管理决策的重要手段。下面将结合“近 5 年本科毕业生数据分析”示例，介绍如何使用常用函数对就业率、毕业生人数、薪资水平等关键指标进行处理与提取。

1. 计算各年份本科毕业生人数总和

通过 SUM()函数，可对本科毕业生人数进行年度汇总，计算 5 年总人数。本科毕业生人数数据位于 C2:C6 单元格，可使用如下函数 SUM(C2:C6)。

此函数可快速得出 2019 年至 2023 年本科毕业生的累计人数。

2. 计算五年平均就业率

使用 AVERAGE()函数对就业率数据进行求均值处理。就业率数据位于 D2:D6 列，且为百分比格式，可使用如下函数 AVERAGE(D2:D6)。

该函数返回 5 年间本科毕业生的平均就业率，用于分析整体就业形势的变化趋势。

3. 按年份提取就业率或薪资数据

借助 VLOOKUP()函数可根据指定年份提取对应的就业率或平均薪资。例如，要查找 2020 年的就业率，可使用如下函数 VLOOKUP(2020,A2:E6,4,FALSE)。

其中，A2:E6 为数据区域，4 表示返回第 4 列的就业率数据。

若需要获取同一年份的平均薪资，则只需将第 4 个参数改为 5，即 VLOOKUP(2020,A2:E6,5,FALSE)。

4. 判断数据缺失情况

为识别某列中“未明确”的薪资记录数量，可使用 COUNTIF()函数。薪资数据位于 E 列，可使用如下函数 COUNTIF(E2:E6,"未明确")。

该函数将返回“平均薪资”列中“未明确”的记录总数，有助于评估数据的完整性与分析的可靠性。

5. 分析本科毕业生占毕业生总数的比例

使用 C 列除以 B 列，可计算每年本科生在所有毕业生中的占比。例如，对 2019 年该项比例计算，可输入如下公式 C2/B2。

为便于阅读，可将结果设置为百分比格式，从而清晰展示本科生所占比重，进一步用于分析教育资源配置情况。

6.2 图表处理

在人工智能日益融入数据采集流程的背景下，使用智能问答类大模型获取权威、结构化的数据成为现代数据分析的重要前置步骤。本节将以“近 10 年出生人口数据分析”为案例，介绍如何通过豆包这一 AI 智能助手获取高质量、可用于进一步分析的原始数据。

6.2.1 使用豆包获取数据

1. 明确数据需求与提问目标

在进行数据获取前，应明确所需数据的范围与内容。本节案例的目标是获取近 10 年（如 2013 年至 2023 年）中国年度出生人口统计数据，包括出生人口总数、出生率等关键指标。为此，应在提问前构建精准、结构化的提问语句。

例如：“请提供 2013 年至 2023 年中国每年的出生人口数据，包括出生人口总数和出生率（如有），要求数据尽可能权威、准确。”

建议在提问中说明数据的时间范围、具体指标和权威性要求，以提高 AI 工具响应的准确度和可用性。

2. 进入豆包平台并进行提问交互

（1）打开豆包（可为网页端或 App 端），登录后进入首页，如图 6-13 所示。

（2）在对话框中输入上述提问内容，如图 6-14 所示。

（3）等待豆包返回结果，并对返回的数据进行初步判断，如来源说明、数据完整性、时间连续性等，如图 6-15 所示。

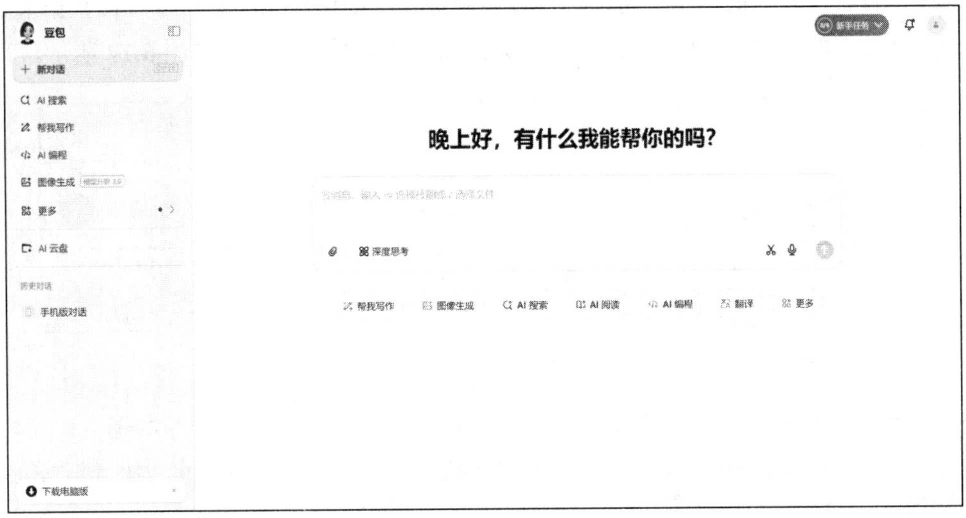

图 6-13　豆包首页

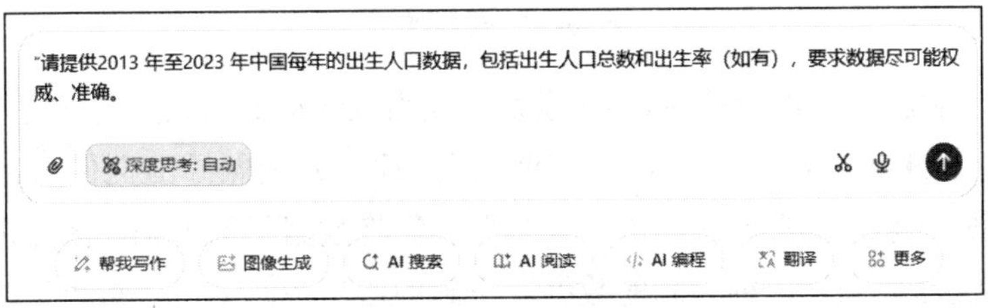

图 6-14　输入提示词

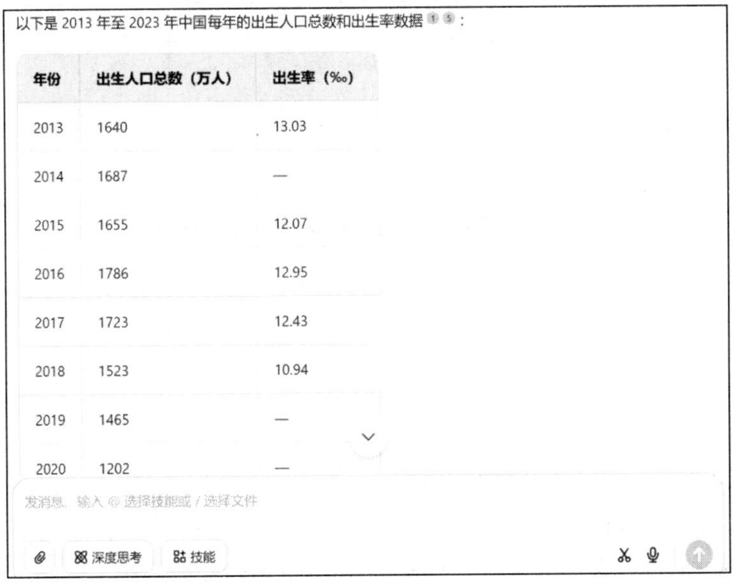
以下是 2013 年至 2023 年中国每年的出生人口总数和出生率数据：

年份	出生人口总数（万人）	出生率（‰）
2013	1640	13.03
2014	1687	—
2015	1655	12.07
2016	1786	12.95
2017	1723	12.43
2018	1523	10.94
2019	1465	—
2020	1202	—

图 6-15　豆包生成数据表格

（4）若首次返回信息不完整，可通过追问进一步细化，如“是否可附带数据来源”等，提升数据的实用性（图 6-16）。豆包会给出相应的数据来源，如图 6-17 所示。

图 6-16　数据细化

以下是 2013 年至 2023 年中国出生人口总数和出生率数据的数据来源。

- **2013 年—2017 年**：数据来源于国家统计局，可通过国家统计局官方网站等渠道获取相关统计信息。
- **2018 年—2022 年**：部分数据来自国家统计局发布的相关统计公报等资料。例如，2022 年出生人口数据可从国家统计局公布的信息中获取。
- **2023 年**：数据来源于国家统计局发布的《中华人民共和国 2023 年国民经济和社会发展统计公报》。

图 6-17　数据来源

（5）数据导出与后续处理。核实无误后，使用豆包提供的数据导出功能，将采集结果以标准表格格式（如 CSV 或 Excel）保存至本地。为确保导出文件中包含所有必要的指标和数据，建议不要直接单击“复制”按钮将数据复制下来，因为那样的数据在 WPS 软件中无法显示为一列一列的数据。正确的做法是，单击“编辑”按钮，再进行下一步操作，如图 6-18 所示。

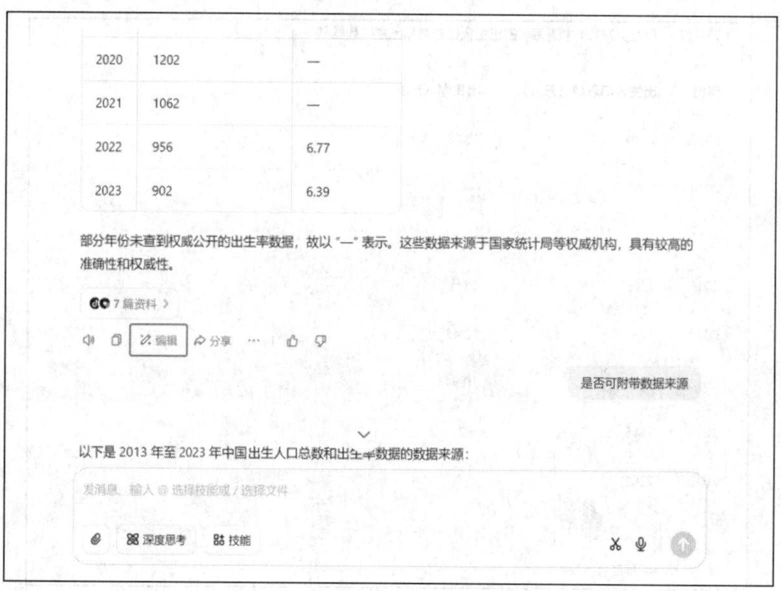

图 6-18　编辑默认表格数据

在新弹出的窗口中，单击“复制”按钮将数据复制下来，在 WPS 软件中进行下一步操作，如图 6-19 所示。

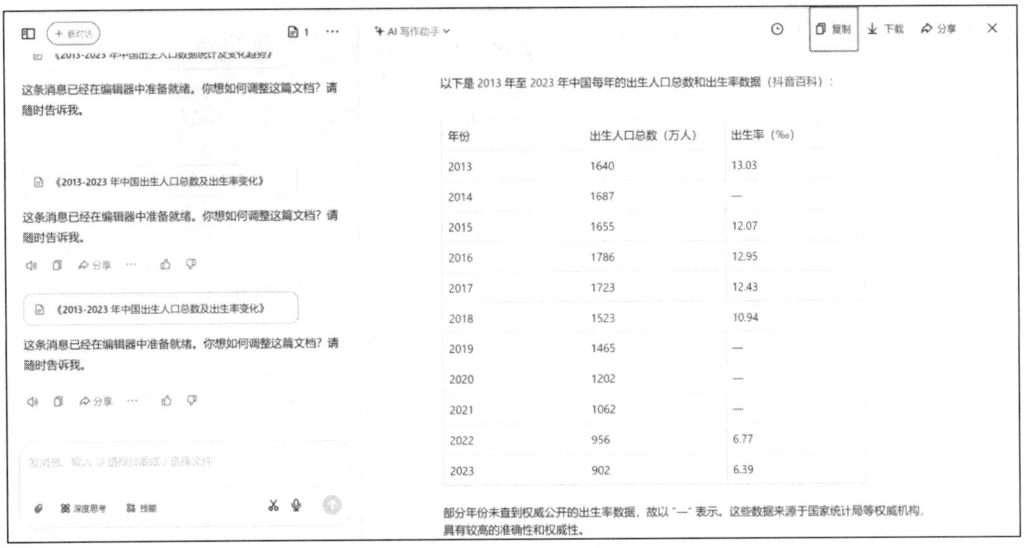

图 6-19　复制可在 WPS 直接粘贴的数据

3. 注意事项

（1）尽量避免模糊提问，如“最近的出生数据是多少”，应明确时间跨度。

（2）在引用 AI 提供的数据进行报告撰写时，务必注明其为辅助参考，建议结合官方统计数据进行比对。

（3）对于格式不规范的数据，应在导入表格前进行适当的清洗和整理。

6.2.2　使用 WPS 处理图表

数据的图形化处理是现代数据分析的重要组成部分，它能够使抽象的数值信息以更加直观、易于理解的形式展现，提升信息传递效率。在完成出生人口数据采集与整理之后，借助 WPS 表格的图表功能进行可视化表达，能够有效呈现人口变化趋势，便于进一步分析与研判。本节将以“2013—2023 年中国出生人口数据”为例，介绍如何使用 WPS 表格进行图表的生成、调整与美化。

1. 导入数据，将通过豆包复制的数据粘贴至 WPS 表格中

（1）启动 WPS 表格，选择“文件”→“新建”→“表格”选项，如图 6-20 所示。

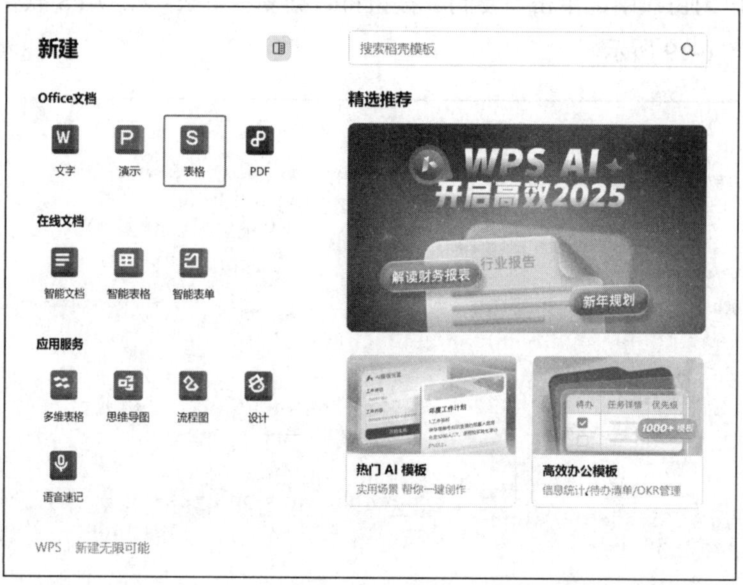

图 6-20　新建 WPS 表格

（2）新建一个空白工作表，将上述内容复制并粘贴到表格中。此时系统将自动将原始数据载入工作表，并显示数据的初步排列情况，如图 6-21 所示。

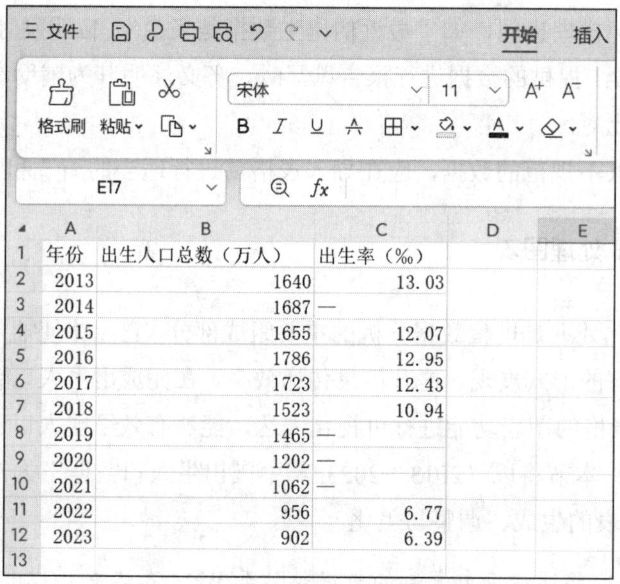

图 6-21　导入人口出生率数据

2. 插入折线图呈现出生人口变化趋势

（1）准备数据区域。选中“年份”与“出生人口总数（万人）”两列数据。

（2）插入图表。选择 WPS 表格菜单栏中的“插入”→“图表”→“折线图”选项，系统将自动生成初步图表，如图 6-22 所示。

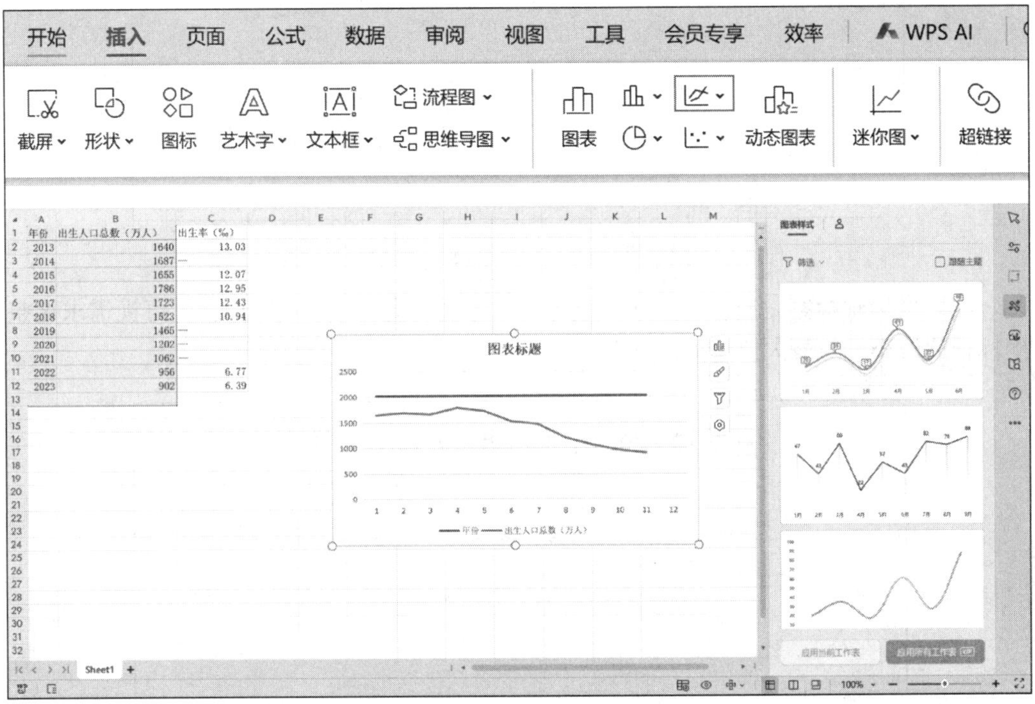

图 6-22　自动生成初步图表

（3）初步观察。可通过折线图直观查看近 10 年出生人口数量的变化趋势，明确整体下降的态势。

例如，从折线图中可以清晰观察到，自 2016 年达到峰值后，出生人口数量呈逐年递减趋势，2023 年已降至 902 万人。

3. 图表标题与格式设置

为提升图表的专业性和阅读性，可对默认图表进行如下优化操作。

（1）图表标题。单击“图表标题”文本框，输入“2013—2023 年中国出生人口变化图”，如图 6-23 所示。

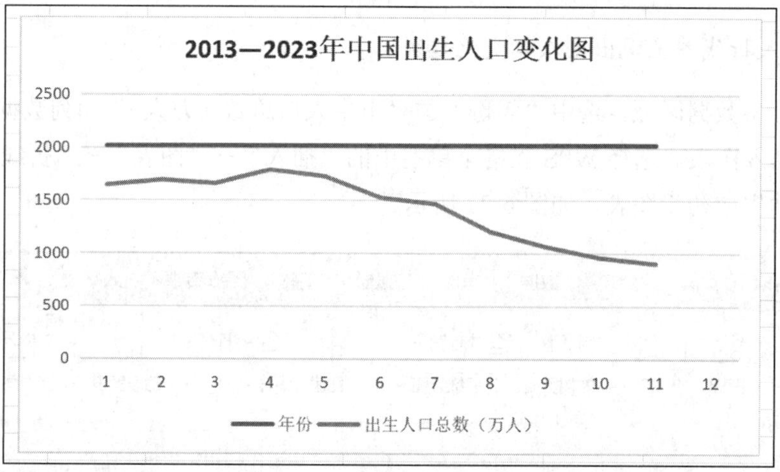

图 6-23　设置图表标题后的效果

（2）坐标轴标签。确保横轴单位为年份，设置纵轴单位为“万人”，可视需求调整坐标轴的最小值与最大值，如图 6-24 所示。

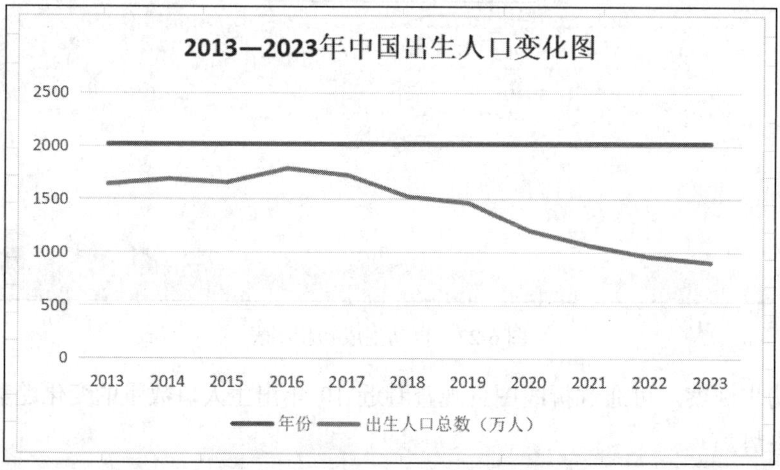

图 6-24　设置横轴单位后的效果

如果此时横轴不是年份，则需要调整，步骤如下：选中图表，选择“图表工具”→“选择数据”选项（图 6-25），在弹出的“编辑数据源”对话框中单击“类别”列表框右侧的“编辑”按钮（图 6-26），选中 A2 至 A12 行，单击“确定”按钮即可，如图 6-27 所示。

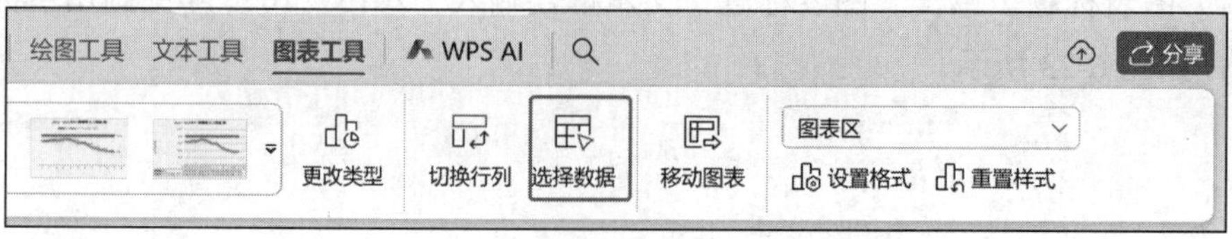

图 6-25　图表工具中的选择数据功能

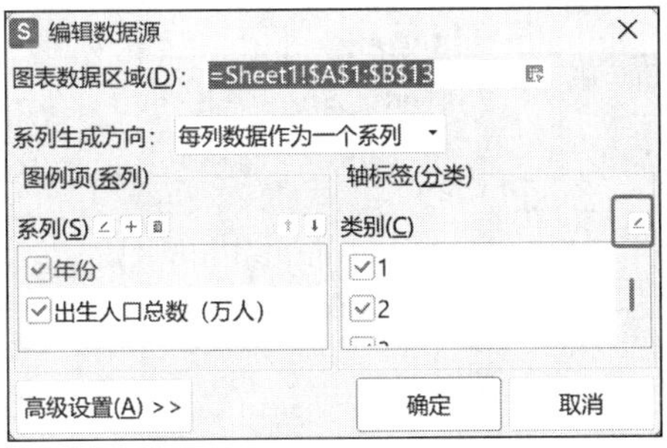

图 6-26 调整横轴数据

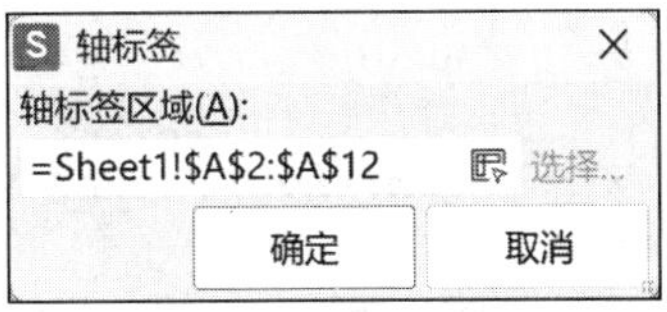

图 6-27 选择轴标签数据

（3）数据标签。右击折线，在弹出的快捷菜单中选择“添加数据标签”命令，以显示每个年度对应的出生人口数量，如图 6-28 所示。

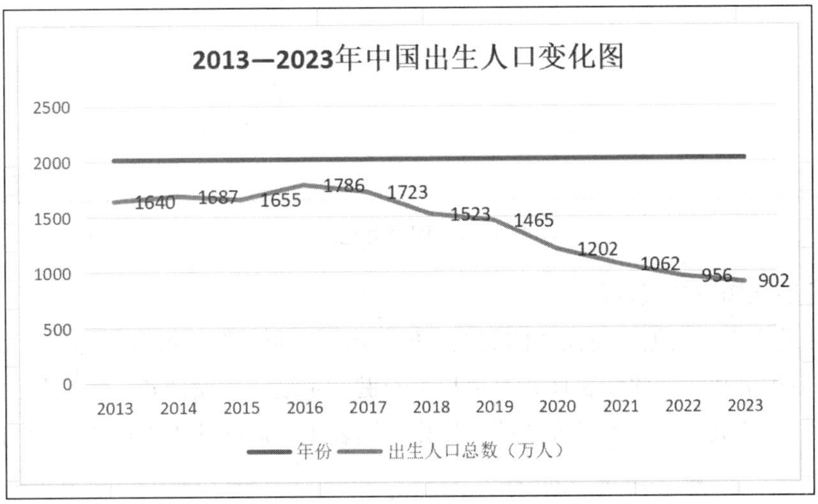

图 6-28 添加数据标签后的效果

（4）线条样式。可选择光滑曲线或加粗折线，提高图表的可视性。

（5）背景样式。可适度简化背景或去除不必要的网格线，确保图形主体突出。

4. 图表美化

在 WPS 表格中，“美化助手”是一个集成化的智能辅助工具，旨在帮助用户高效、专业地完成表格与图表的视觉优化。

1）功能入口与调用方式

用户在完成基础图表的插入后，可通过以下路径快速开启图表美化功能，步骤如下：

选中图表区域，单击侧边工具栏中的“美化助手”按钮，即可打开“美化助手”窗格，如图 6-29 所示。

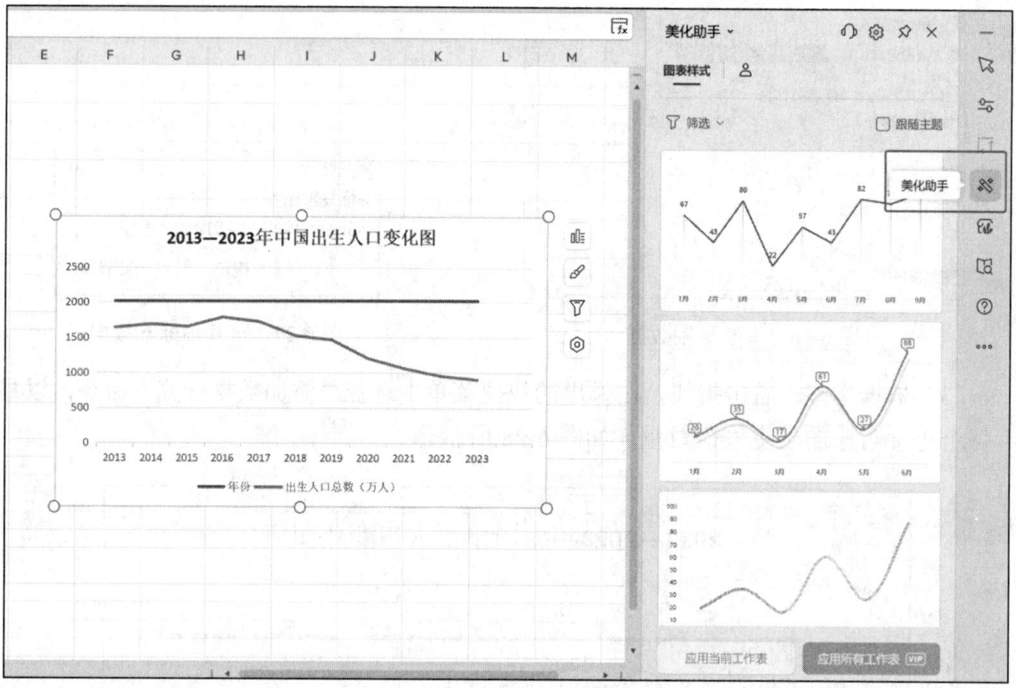

图 6-29　图表美化助手

2）智能化图表样式推荐

“美化助手”会根据当前图表的类型（如柱形图、折线图、组合图等）与数据特点，自动推荐多种美观协调的图表样式。用户可一键套用这些预设样式，实现配色、线条、数据标签、字体大小等多个维度的统一优化。图表美化后的效果如图 6-30 所示。

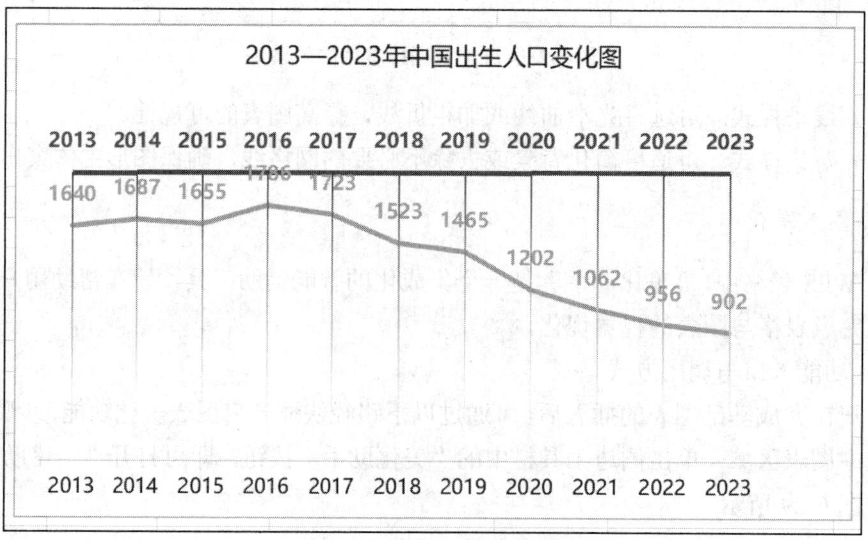

图 6-30　图表美化后的效果

这些推荐方案具有以下特点。

（1）色彩搭配科学。采用专业图形设计原则，确保色彩对比清晰，便于阅读。

（2）图表结构清晰。自动调整坐标轴比例、图例布局与标签位置，避免信息重叠。

（3）风格多样可选。涵盖简约、商务、科技感等多种视觉风格，适配不同使用场景。

3）自定义与灵活调整

在套用推荐样式后，用户仍可根据具体需求进行个性化调整，如更换颜色方案、调整字体字号、手动移动图例位置等，使图表既专业规范又富有个性。

4）应用意义

“美化助手”工具不仅能提高图表设计的效率与质量，还能强化对数据可视化美学与表达逻辑的认知。在实践中将逐步形成对“好图表”标准的审美判断力，增强数据呈现的沟通力与说服力。

5. 双轴图展示出生人口与出生率

若需同时展示“出生人口总数”与“出生率”，可借助组合图表实现双指标对比分析。

注：由于部分年份出生率数据缺失，系统可能无法绘制完整曲线，建议在图表中以虚线或注释方式标示缺失年份，确保图表表达的完整性与科学性。也可以将注释方式标示的数据补齐，如图 6-31 所示。

	A	B	C
1	年份	出生人口总数（万人）	出生率（‰）
2	2013	1640	13.03
3	2014	1687	12.18
4	2015	1655	12.07
5	2016	1786	12.95
6	2017	1723	12.43
7	2018	1523	10.94
8	2019	1465	9.18
9	2020	1202	8.18
10	2021	1062	7.18
11	2022	956	6.77
12	2023	902	6.39

图 6-31　双轴图对应的数据

（1）选中“年份”“出生人口总数”“出生率”3 列数据。

（2）选择“插入”→“图表”→“组合图”选项，如图 6-32 所示。选择将“出生人口”设置为主坐标轴，“出生率”设置为次坐标轴，单击“插入图表”按钮，如图 6-33 所示。

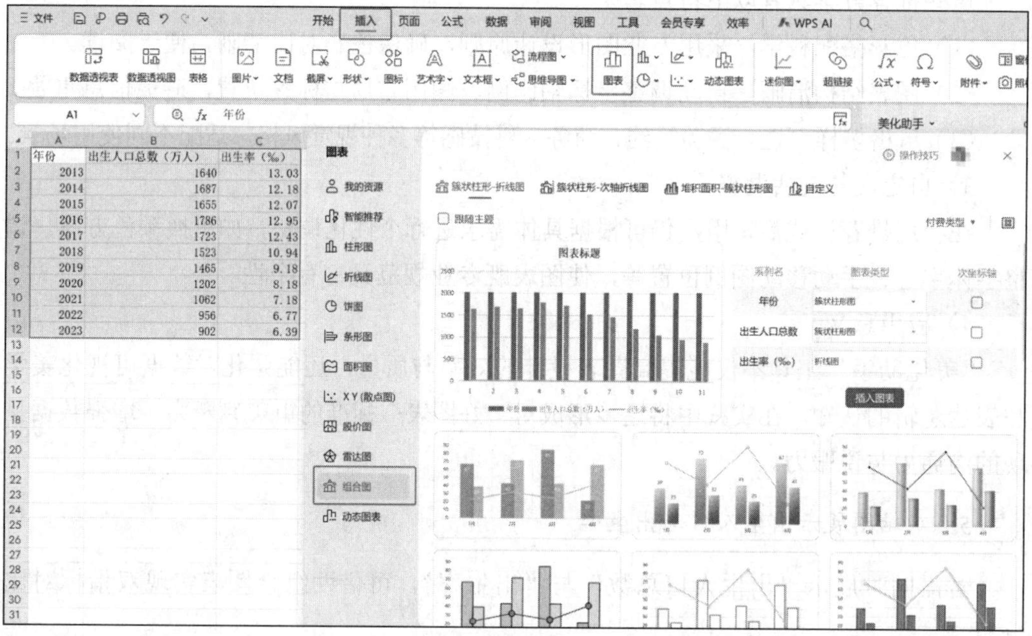

图 6-32　插入图表组合图

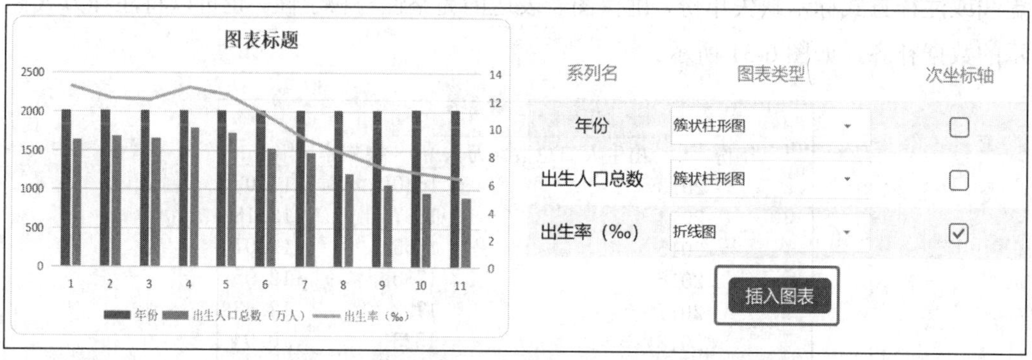

图 6-33　设置坐标轴

（3）系统生成双轴图后，可观察两个变量的关系趋势，并进行格式调整使之协调美观，如图 6-34 所示。

6. 图表的输出与引用

完成图表制作后，可通过以下方式进行输出与引用。

（1）将图表复制粘贴至 WPS 演示文稿中，如图 6-35 所示。也可以将图表复制到 WPS 文字或分析报告中。

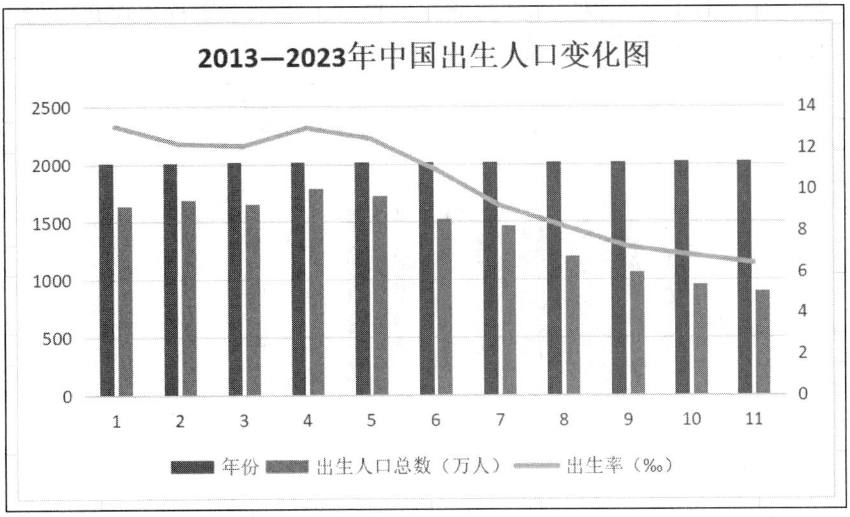

图 6-34　双轴图效果

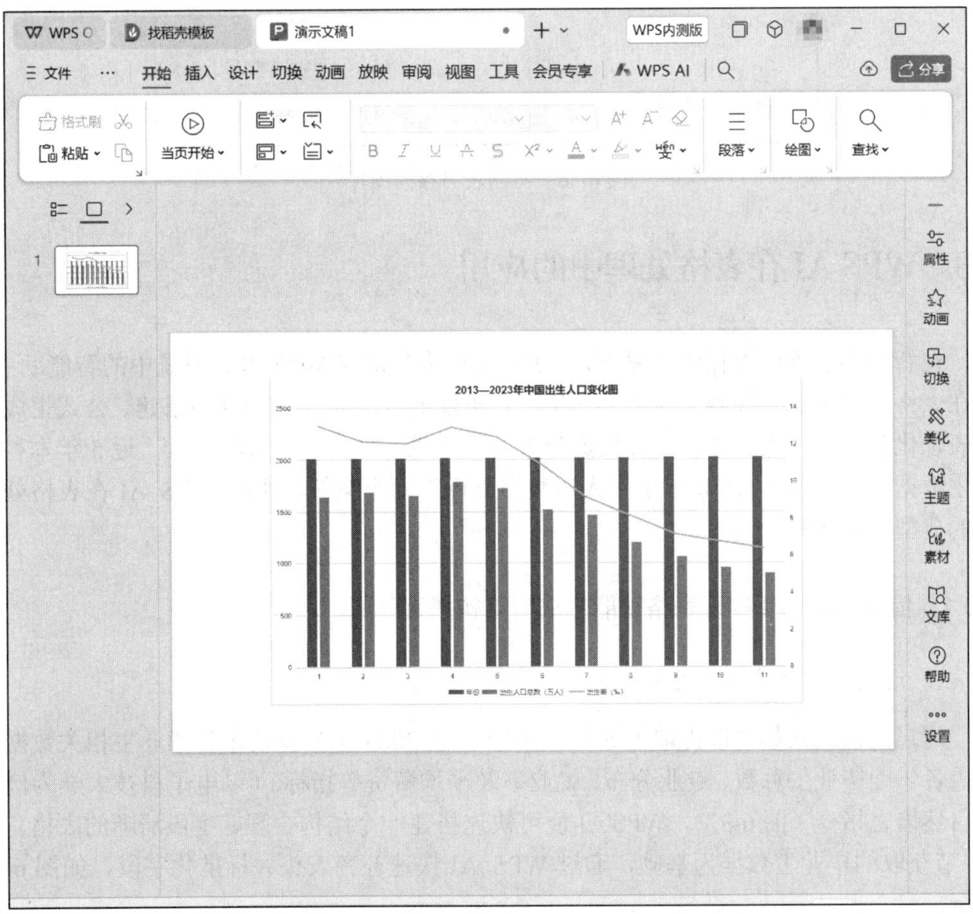

图 6-35　将图表应用到演示文稿中的效果

（2）在图片上右击，在弹出的快捷菜单中选择“另存为图片”命令，导出高分辨率图像，适用于论文插图或线上展示，如图 6-36 所示。

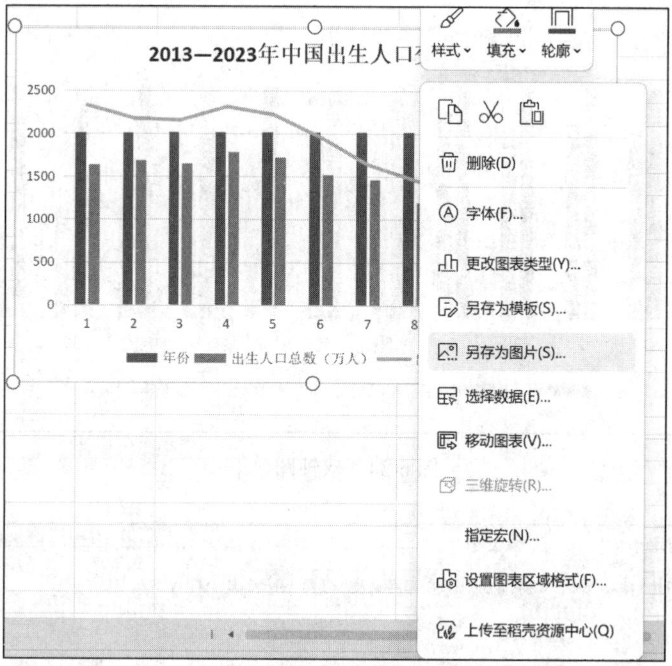

图 6-36　将图表另存为图片

6.3　WPS AI 在表格处理中的应用

在智能办公不断深化的背景下，WPS AI 作为集成在 WPS 办公系统中的智能助手，正在表格处理领域发挥越来越大的作用。它不仅能辅助完成数据结构搭建、公式生成与图表优化等任务，还能显著提升数据分析的准确性与效率。本节将结合“近 5 年本科毕业生数据分析”与“近 10 年出生人口数据分析”两个案例，讲解 WPS AI 在表格处理中的典型应用场景。

6.3.1　借助 WPS AI 实现表格智能生成与结构搭建

1. 通过自然语言指令生成结构化表格

用户只需输入如“请提取近 5 年（2019 年至 2023 年）我校本科毕业生相关数据，涵盖各年度毕业生总数、专业分布、就业率及平均薪资等指标。（以电子科技大学为例）”等自然语言指令（图 6-37），WPS AI 便可快速搭建一个结构合理、字段清晰的表格。以 6.1 节获取的毕业生数据为基础，通过 WPS AI 快速补齐表头并标准化字段，如图 6-38 所示。

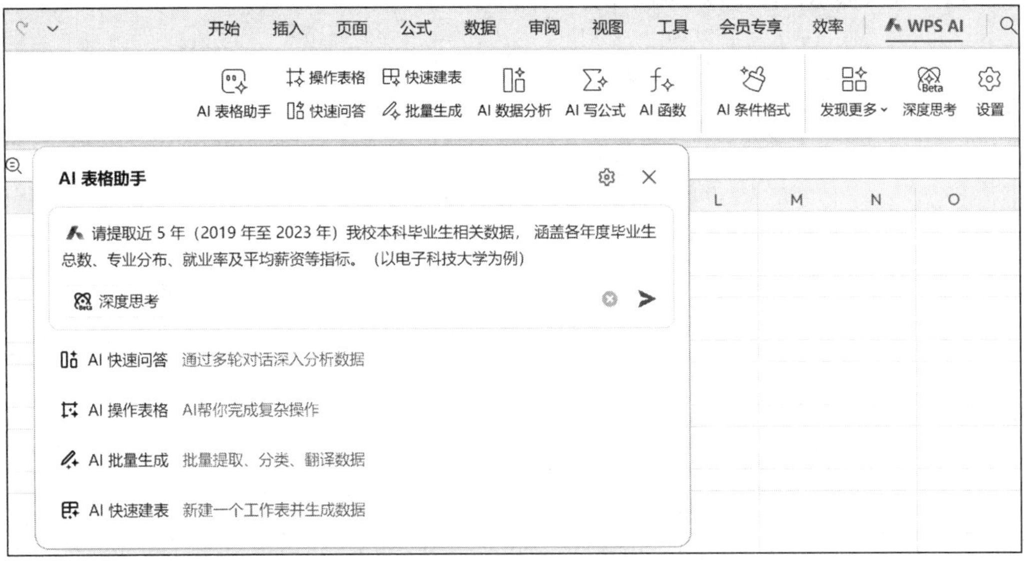

图 6-37　图表生成提示词

生成结果，如图 6-38 所示。

年份	毕业生总数（人）	本科毕业生人数（人）	就业率（%）	平均薪资（元/月）	主要专业分布
2019	8271	4544	93.73	未明确	电子信息类、计算机科学与技术、通信工程等
2020	9356	4717	95.12	11916.67	电子信息类、计算机科学与技术、通信工程等
2021	9573	4446	95	未明确	电子信息类、计算机科学与技术、通信工程等
2022	9989	4563	95.3	未明确	电子信息类、计算机科学与技术、通信工程等
2023	10786	4499	96	未明确	电子信息类、计算机科学与技术、通信工程等

图 6-38　近 5 年本科毕业生数据

2. 从非结构化数据中识别字段

如在豆包中提取了出生人口的年度统计数据（带文字描述），可将其复制粘贴至 WPS 表格，由 WPS AI 识别年份、人口数量与出生率字段。操作步骤如下。

（1）单击 WPS AI→“AI 表格助手”按钮，如图 6-39 所示。

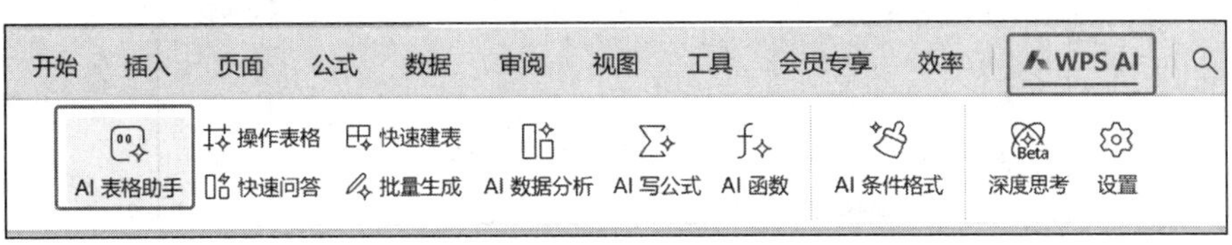

图 6-39　WPS AI 表格助手

（2）输入提示词，如图 6-40 所示。

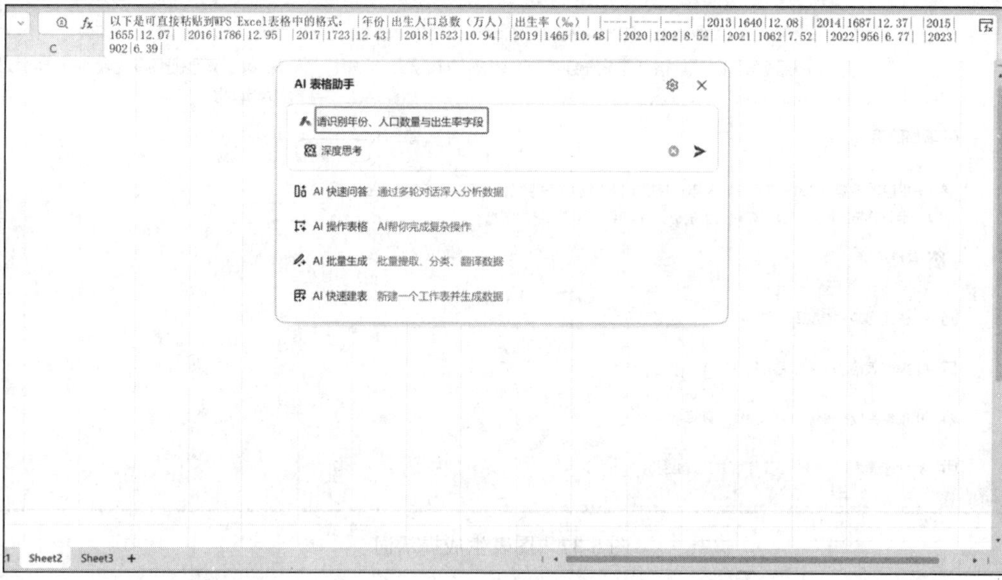

图 6-40 输入提示词 1

（3）将生成结果插入至新工作表，如图 6-41 所示。

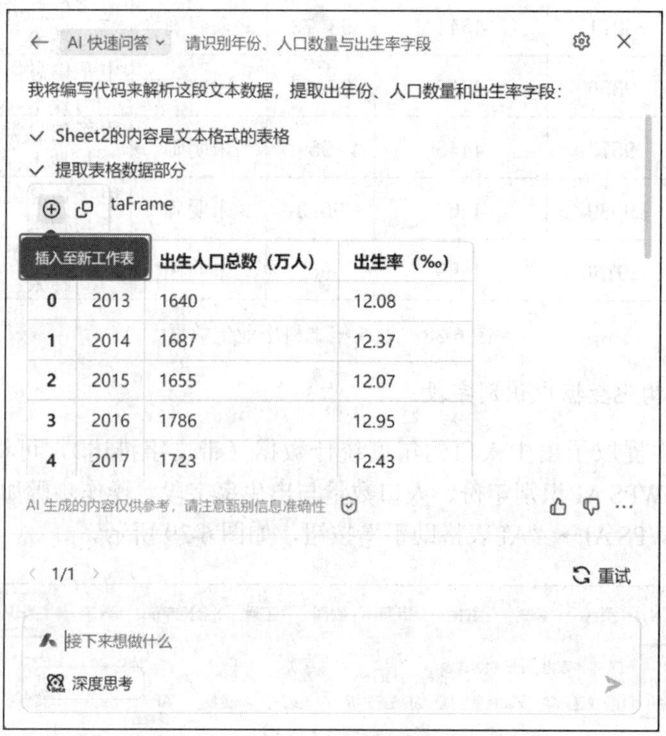

图 6-41 将生成结果插入至新工作表

（4）得到新工作表数据，如图 6-42 所示。

序号	年份	出生人口总数（万人）	出生率（‰）
1	2013	1640	12.08
2	2014	1687	12.37
3	2015	1655	12.07
4	2016	1786	12.95
5	2017	1723	12.43
6	2018	1523	10.94
7	2019	1465	10.48
8	2020	1202	8.52
9	2021	1062	7.52
10	2022	956	6.77
11	2023	902	6.39

图 6-42　新工作表数据

6.3.2　利用 WPS AI 进行数据分析与公式推荐

1．自动生成公式

对于毕业生数据中的就业率分析，用户只需输入“请帮我计算五年的平均就业率”（图 6-43），WPS AI 即可自动识别相关列，生成=AVERAGE(D2:D6)等公式，并配有结论，如图 6-44 所示。

2．智能分析建议

对于出生人口数据，输入“找出出生率逐年下降的年份”，WPS AI 将执行逻辑判断，生成筛选条件，并自动标示关键数据区段，辅助识别趋势，如图 6-45 所示。

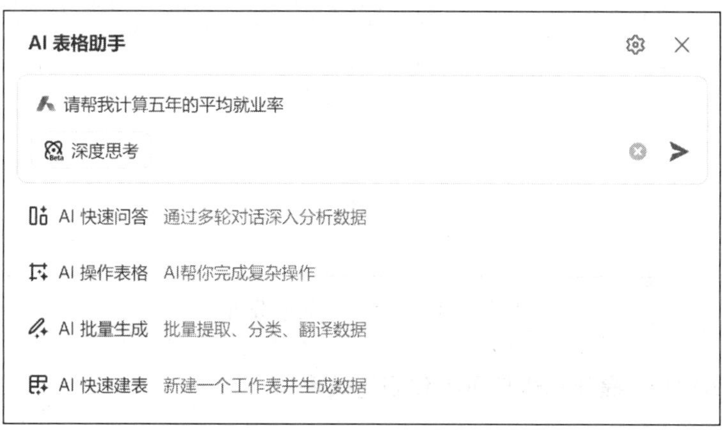

图 6-43　输入提示词 2

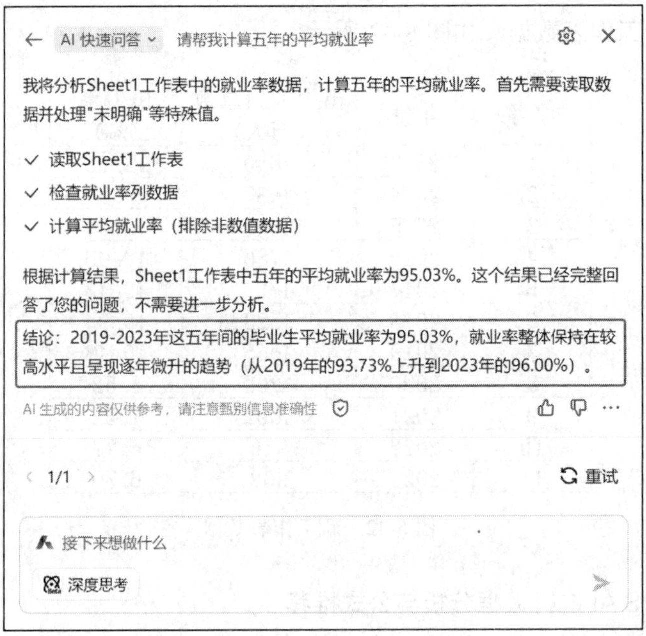

图 6-44　WPS AI 得出结论

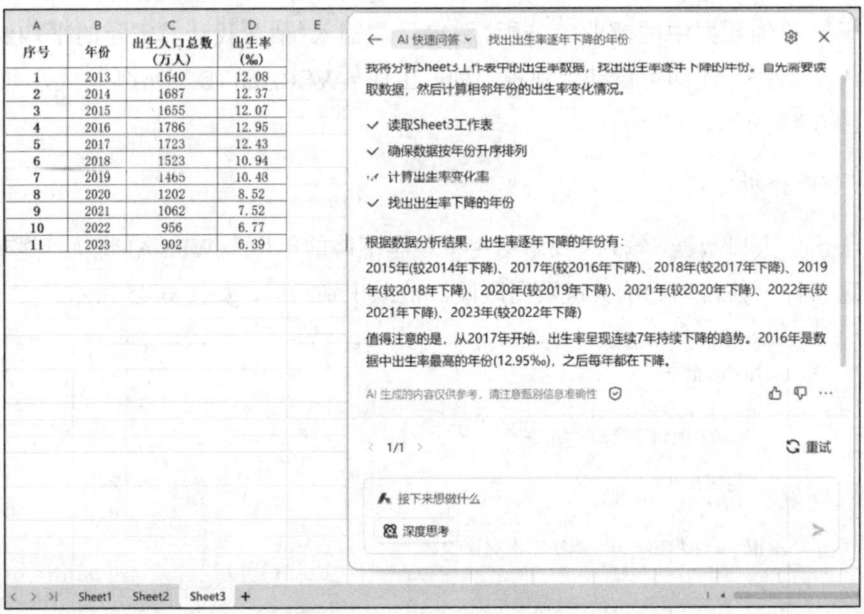

图 6-45　WPS AI 智能分析

6.3.3　运用 WPS AI 提升图表与可视化表达效率

1. 图表一键生成

选中近 10 年出生人口数据后，单击“WPS AI”→“AI 数据分析”按钮，输入提示词“分析数据并推荐图表”，如图 6-46 所示。系统将推荐折线图展示出生人口变化趋势，或组合图展现人口与出生率双变量趋势。

图 6-46　WPS AI 数据分析

2. 自动美化与文案生成

WPS AI 不仅会根据颜色识别、图例密度优化图表样式，还能生成解读说明，如图 6-47 所示。

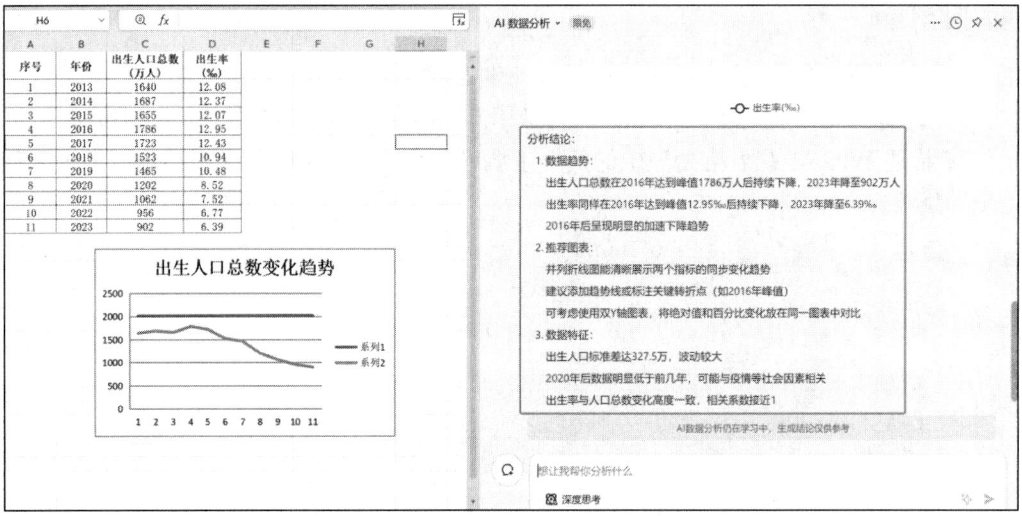

图 6-47　WPS AI 生成图表并分析结论

习题

一、单项选择题

1．（　　）是本章中用于计算累计本科毕业生人数的函数。

A．AVERAGE()　　B．COUNTIF()　　C．SUM()　　D．VLOOKUP()

2．WPS“美化助手”中的“图表美化”功能主要不包括（　　）。

A．自动调整配色方案　　B．自动生成公式代码

C．优化图表结构与图例布局　　D．添加数据标签

3．在使用 VLOOKUP()函数时，描述正确的是（　　）。

A．可以根据指定条件返回一个单元格的数值

B．用于计算平均值

C．只能处理文本数据

D．无法用于跨列查询

二、填空题

1．使用________函数可以快速求出某一区间内本科毕业生人数的总和。

2．在 WPS 中，通过“美化助手”中的“图表美化”功能，系统会自动推荐多种________、________和________方案，以优化图表的视觉呈现。

3．在使用 VLOOKUP()函数提取 2020 年就业率时，公式中的数字 4 表示返回数据区域中的第________列数据。

三、问答题

1．简述使用 Kimi 获取近 5 年本科毕业生数据的主要操作流程。

2．说明 WPS“美化助手”中的“图表美化”功能的作用及其对图表制作的帮助。

3．描述 WPS AI 在表格处理中的两个主要应用场景，并说明其在提高数据处理效率方面的优势。

第7章 使用AI工具制作演示文稿

学习目标 ☞

- 掌握用AI工具快速生成演示文稿的方法。
- 学会用WPS进行基础编辑和动画设置。
- 掌握使用AI助手提升演示文稿制作效率的方法。

课程思政案例

龙芯：砥砺奋进铸“中国芯”

在科技竞争的国际舞台上，芯片技术堪称核心战场。长期以来，国外凭借先发优势和技术封锁，试图让我国计算机产业困于“无芯之境”。然而，龙芯团队以无畏的勇气和坚定的信念，开启了一场艰苦卓绝的自主研发征程，在荆棘中踏出一条属于中国的芯片之路。

2001年，龙芯项目艰难起步。彼时，团队面临着技术、资金、人才等多方面的困境。技术上，国外技术壁垒森严，国内相关资料极度匮乏，每一项技术突破都需要摸着石头过河；资金方面，研发经费捉襟见肘，限制了设备采购与团队扩充；人才储备也远不及国外成熟团队，一切都要从头积累。

在架构设计的关键阶段，团队成员们常常围坐在堆满资料的会议桌前，为一个设计细节争论得面红耳赤。有人提出创新的架构思路，却因颠覆传统认知而遭受诸多质疑。但提出者毫不退缩，迅速在白板上勾勒出架构草图，从提升数据处理速度、降低能耗等方面，条理清晰地阐述其优势与可行性。经过连续数小时的激烈探讨，他们忘记了时间的流逝，嗓子喊哑、饥肠辘辘也浑然不觉，最终敲定了架构方向。

指令集优化环节同样充满挑战。团队成员紧盯着屏幕上密密麻麻的代码和数据，对每一条指令的执行时间、资源占用等指标进行精确计算。为了找到最优解，他们编写了海量测试程序，进行了成千上万次模拟实验。一位年轻工程师为优化一条关键指令，在实验室里连续奋战三天三夜，困了就趴在桌上打个盹，桌上堆满了写满公式和思路的草稿纸，垃圾桶里塞满了失败的方案。但他始终咬牙坚持，不断调整算法，尝试新的思路，终于取得了突破。

2002年，龙芯1号流片前夕，测试组发现处理器1万多个触发器的扫描链无法正常工作，这如同晴天霹雳。但团队没有丝毫退缩，连续工作两天两夜，手工修改版图，成功保障流片顺利完成。2010年，龙芯3B型号芯片又遭遇难题，按设计部分性能本可领先世界，却连操作系统都无法启动。经排查是芯片可测性设计部分存在逻辑错误，团队耗时一年多反复修改，才让芯片稳定下来。

多年的不懈努力终有回报。2025 年，龙芯 3A6000 震撼推出，相比上一代龙芯 3A5000，在相同工艺下单线程性能提升 60%以上，全芯片多线程性能更是成倍增长。龙芯 3C5000L 通过封装集成 4 个 3A5000 硅片形成 16 核处理器，基于它的 4 路 64 核服务器整机的 SPEC CPU 2006 性能分值可达 900 分以上。龙芯团队用无数个日夜的拼搏，突破了国外技术封锁，实现了从无到有、从弱到强的蜕变，为我国计算机产业的自主可控发展注入了强劲动力，让“中国芯”在世界舞台上绽放光芒。

（根据网络资料改写）

在当今数字化与智能化飞速发展的时代，AI 工具正以前所未有的方式重塑教育领域。AI 工具以其强大的数据分析、内容生成与视觉呈现能力，能够帮助我们快速梳理要点，精准提炼核心知识，以生动形象且富有逻辑的方式呈现给观众。它能打破传统演示文稿制作的时间与精力限制，让制作者能够更专注于内容的深度与质量，为观众带来更具吸引力、更具启发性的体验。本章将介绍使用 AI 工具高效地进行演示文稿的制作。

7.1 基本文稿处理

7.1.1 借助 AI 工具轻松搭建演示文稿框架

当下，利用 AI 工具生成演示文稿变得轻而易举，以通义软件为例，它能极大地助力用户快速构建演示文稿的雏形。例如，用户要制作一份题为“计算机专业大学生学业规划”的演示文稿，打开通义软件后，会看到一个简洁的操作界面，如图 7-1 所示。

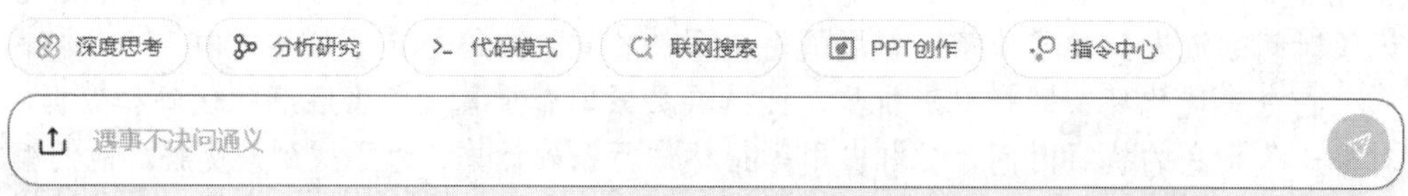

图 7-1 通义软件操作界面

首先单击“PPT 创作”按钮，然后根据需求给出提示词，如“我是计算机科学与技术专业的一名大一学生，请帮我制作一份关于‘大学学业规划’演示文稿”。最后单击“生成”按钮，通义软件便会即刻运转起来，凭借其海量的知识储备和智能算法，在短暂的时间内生成一个较为全面的演示文稿框架，如图 7-2 所示。

图 7-2　根据需求给出提示词后生成的演示文稿框架

根据生成的演示文稿框架，用户可以进行修改与优化，确认框架无误后单击“PPT创作”按钮，通义软件会生成一份更加详细的演示文稿大纲。大纲内容可以进行在线编辑，例如，添加“演讲人”为小李，并且可以根据需求选择演讲的使用场景，如图 7-3 所示。大纲确认完毕后，单击“下一步”按钮，根据需要选择合适的模板（图 7-4），单击“生成 PPT”按钮，即可生成拥有不同配色方案的演示文稿。

图 7-3　根据框架生成详细的演示文稿大纲

图 7-4　选择模板

演示文稿生成完毕后，可以进行最后的编辑与调整，如图 7-5 所示。修改完毕后可以进行在线演示或者保存至本地文件。

图 7-5　最终生成的演示文稿

7.1.2　演示文稿制作的得力助手——WPS

当用户借助通义软件生成了演示文稿后，接下来就需要使用 WPS 对其进行进一步的细化和完善，让这份演示文稿更加符合实际需求。

首先，启动 WPS 演示文稿。如果有 WPS Office 快捷图标，那么可以直接双击它；若没有，也可以通过“开始”菜单或快速启动栏打开 WPS Office，单击“新建”→“演示”按钮，创建一个空白演示文稿。选择“文件”→“打开”选项，在软件存储路径下找到并打开之前通义软件生成的演示文稿文件。

1. 整体风格与布局调整

选择“设计”选项卡，如图 7-6 所示。在这里，可以为演示文稿选择一个统一且符合主题风格的模板。例如，选择简约、科技风的模板，它的色调以蓝色和灰色为主，线条简洁流畅，与计算机专业的科技感相契合，能让演示文稿看起来更加专业。

图 7-6 “设计”选项卡

单击“设计”选项卡中的“更多主题”按钮，WPS 将提供更丰富的主题方案，如图 7-7 所示。可以根据当前的演示文稿内容与使用场景选择合适的配色与主题风格。

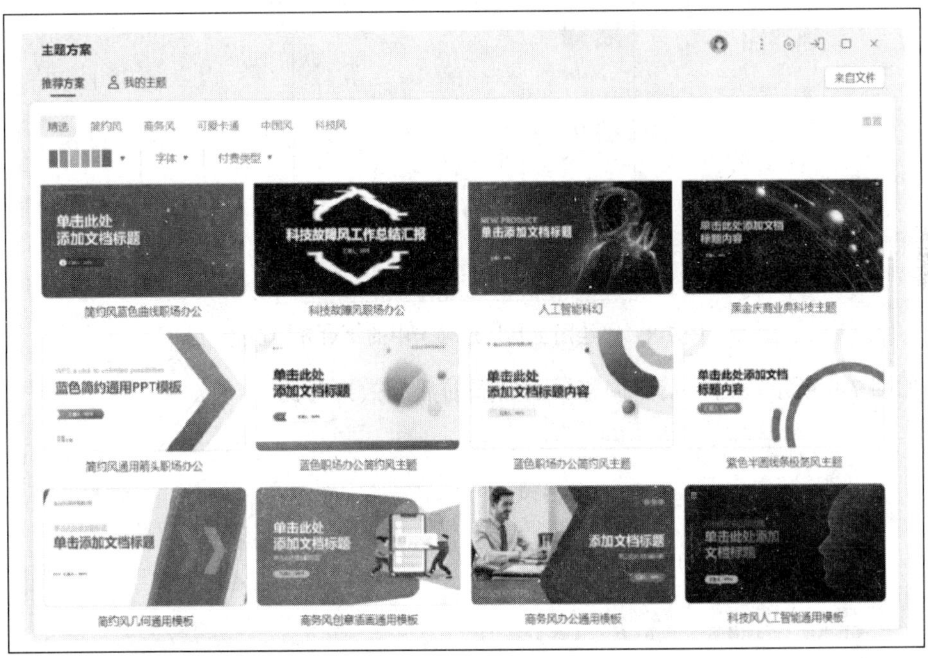

图 7-7 WPS 提供丰富的主题模板

调整页面布局时，若觉得某些页面元素的分布不够合理，可直接用鼠标拖动元素进行位置调整。例如，在目录页，目录项的位置过于紧凑，影响美观度和阅读体验，就可以分别选中每个目录项，将它们均匀分布在页面上，使页面看起来更加整洁、有序。可以先手动调整每个目录项的尺寸与样式，再通过“绘图工具”选项卡中的“对齐”功能实现各目录项间的对齐与分布，如图 7-8 所示。

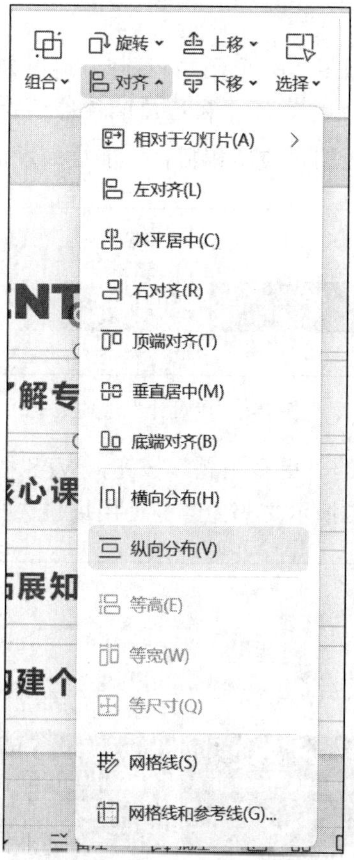

图 7-8　“绘图工具”选项卡中的“对齐”功能

如图 7-9 所示，为目录页调整页面布局前后的效果对比。

图 7-9　目录页进行页面布局前后的效果对比

2. 文本内容优化

在 WPS 中，可以使用“开始”选项卡中的“字体”和“段落”选项组中的各种功能对演示文稿的文本样式进行优化，如图 7-10 所示。

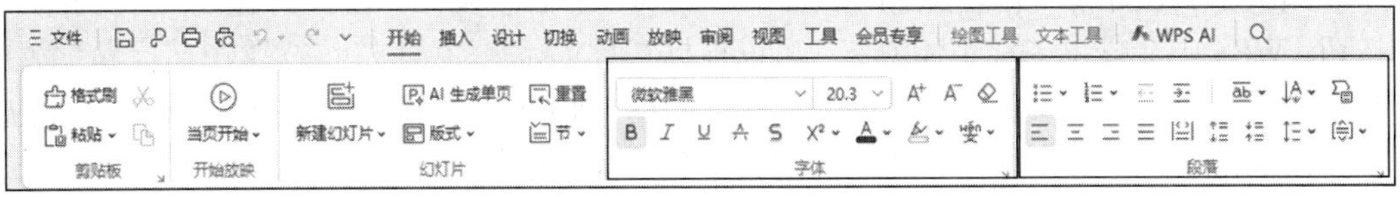

图 7-10　“开始”选项卡中的“字体”和“段落”选项组

1）字体、字号与颜色调整

标题字体处理。选中封面页的主标题“规划学业，筑梦未来——大学生学业规划”，在“开始”选项卡的“字体”选项组中，将字体设置为“微软雅黑 Bold”，字号调整为 44，颜色选择深蓝色，这种颜色既醒目又富有科技感。“汇报人：小李”的字体设置为“微软雅黑”，字号设置为 20，颜色为灰色，既与主标题区分开来，又不会喧宾夺主。图 7-11 所示为标题字体处理前后效果对比。

图 7-11　标题字体处理前后效果对比

正文文本设置。对于正文内容，如各章节的具体内容，统一将字体设置为“宋体”，字号设置为 20。为了区分不同层次的文本，对于小标题，如“兴趣探索”“优势识别”等，可以将字体加粗，字号适当增大到 24，颜色选择浅蓝色，这样能让小标题更加突出，便于读者快速抓住重点内容。图 7-12 所示为标题字体处理前后效果对比。

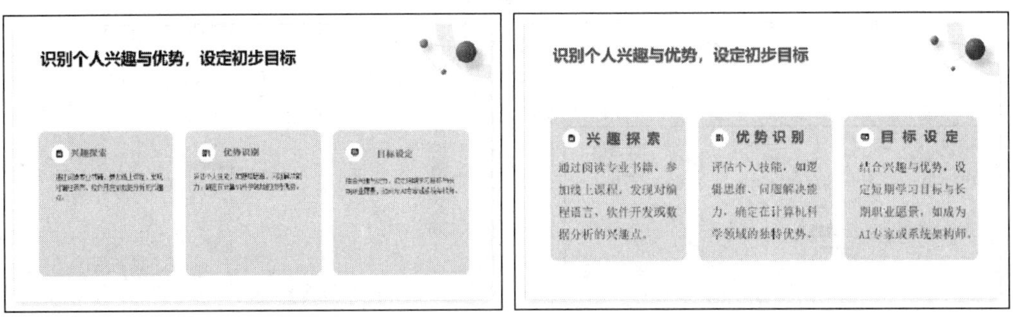

图 7-12　标题字体处理前后效果对比

如果想要快速统一演示文稿中的字体，也可以单击“设计”选项卡中的“统一字体”按钮。WPS 中会提供多种字体方案，可以根据“西文标题”“西文正文”“中文标题”“中文正文”等字体方案来分别统一字体样式，如图 7-13 所示。如果 WPS 中提供的字体方案无法满足需求，可以单击“创建自定义字体”按钮进行自定义设置，如图 7-14 所示。

图 7-13　“统一字体”下拉菜单

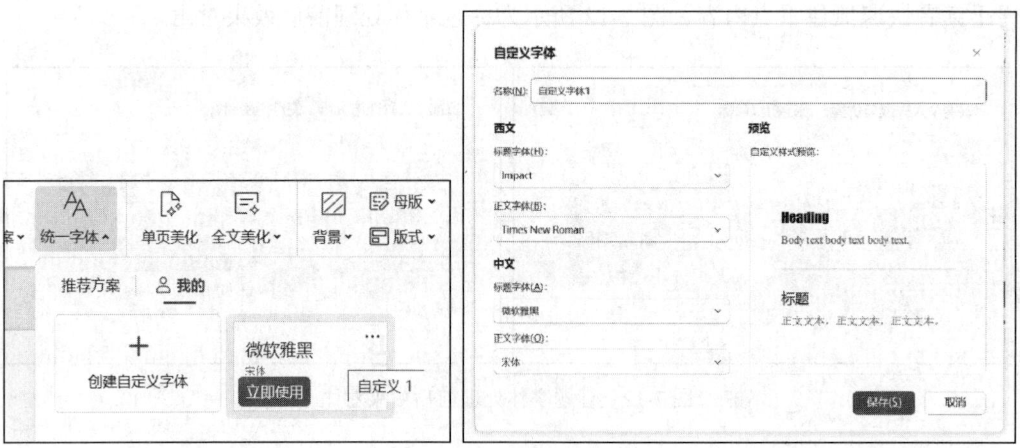

图 7-14　自定义字体方案

2）段落格式优化

选中文本内容所在的文本框，单击“开始”→“段落”右下角的对话框启动器，打开“段落”对话框，将行距设置为 1.5 倍，段前和段后间距都设置为 0.5 行。这样设置后，段落之间的间距增大，文本看起来更加清晰易读，避免了文字过于密集给人造成的视觉压力。例如，在“制订个人学习计划”这一页，经过段落格式调整后，各项要点之间区分更加明显，读者能更轻松地理解每一个要点的内容。图 7-15 所示为段落处理前后效果对比。

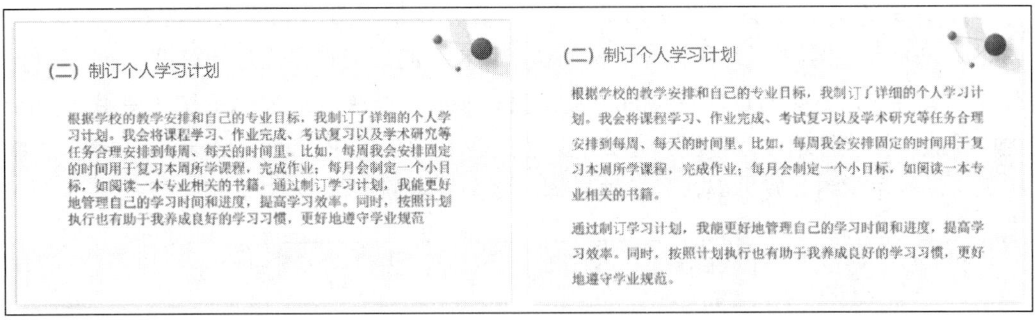

图 7-15　段落处理前后效果对比

3. 图片处理

通常演示文稿中需要频繁使用图片，我们可以利用 WPS 的图片编辑功能对其进行优化。选中图片，“图片工具”选项卡会自动出现，如图 7-16 所示。

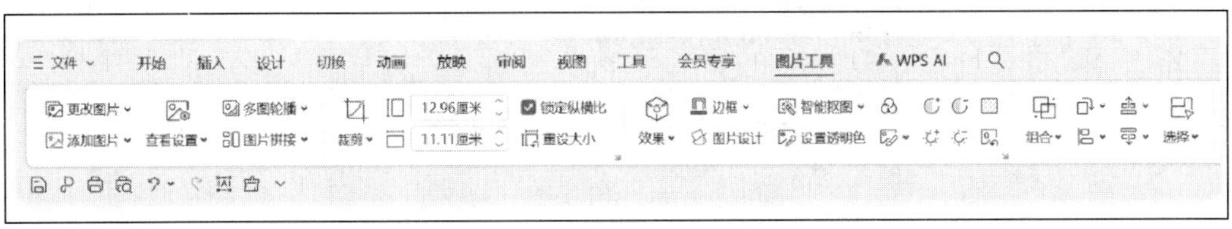

图 7-16　“图片工具”选项卡

如果图片的亮度、对比度不太合适，可以单击“图片工具”选项卡中“图片样式”组中的“增加/降低亮度（对比度）”按钮进行调整。例如，有些图片可能因为拍摄环境或其他原因，亮度较低，导致画面不够清晰，这时就可以适当增加亮度和对比度，让图片更加清晰鲜明。

直接用鼠标拖动图片边缘的控制点可以调整图片的大小；将鼠标指针移到图片上，按住鼠标左键拖动可以调整图片的位置。确保图片与文字内容紧密结合，并且在页面中布局合理，不影响整体的美观度。

7.2 进阶技巧——让演示文稿“动”起来

7.2.1 巧用 AI 工具打造个性化面试演示文稿

对于即将踏入职场的同学们，一份独具特色的面试演示文稿能够显著提升竞争力。iSlide 作为一款功能强大的工具，在制作就业面试演示文稿方面表现出色。

打开 iSlide AI，选择“生成 PPT”选项，在文本框内给出 PPT 的主题和具体要求，如图 7-17 所示。例如，“帮我设计一份面试求职的 PPT，应聘岗位是计算机软件工程师。在过往实习中，我参与过软件项目开发，负责核心功能模块的编码工作，使用 Python 优化算法，使软件运行效率提升了 20%。熟练掌握 Java、Python、JavaScript 等多种编程语言，熟悉常用开发框架，具备独立解决复杂技术问题的能力”。

图 7-17　选择“生成 PPT”选项，输入制作要求

基于输入的信息，iSlide AI 会智能的生成一份 PPT 大纲，如图 7-18 所示。对于生成的大纲，可以进行编辑，编辑完成后，单击“生成 PPT”按钮，iSlide AI 就会自动

开始 PPT 的制作。如图 7-19 所示，PPT 生成后会有不同的主题模板可供选择，根据需要选择合适的模板，即可完成 PPT 的制作，效果如图 7-20 所示。

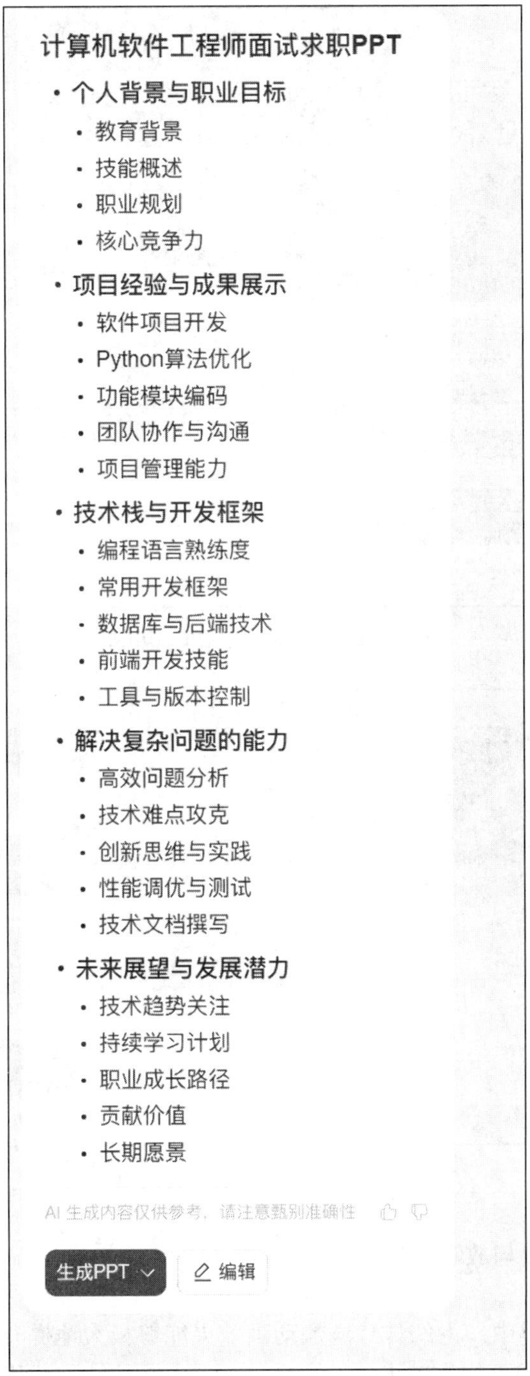

图 7-18　使用 iSlide 生成的大纲

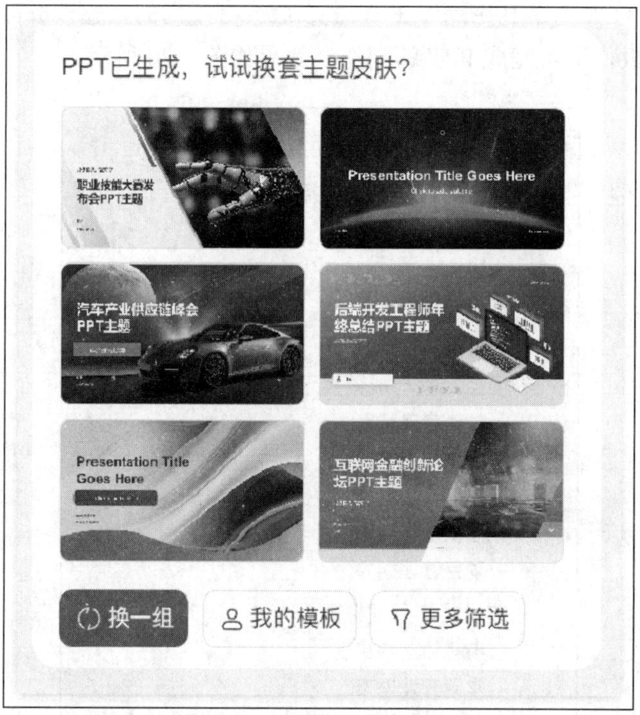

图 7-19　选择演示文稿主题模板

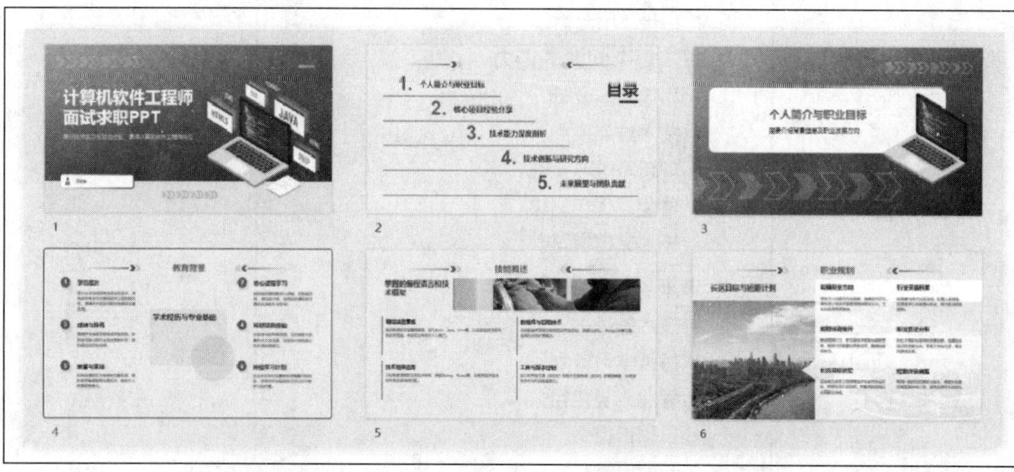

图 7-20　iSlide 生成的演示文稿

7.2.2　WPS 动画设置与放映技巧

在 WPS 演示文稿中，为幻灯片添加动画效果能够极大地提升演示文稿的吸引力和趣味性，使内容的呈现更加生动形象。同时，合理设置放映方式可以确保演示文稿在不同场景下都能顺利展示。下面详细介绍如何进行这些操作。

1. 动画设置

1）添加动画效果

打开制作好的演示文稿，选中想要添加动画的元素，可以是一张图片、一段文字或者一个形状。例如，在 7.2.1 节面试演示文稿中，想让“编程语言熟练度”幻灯片的文本框依次出现。先选中包含这些文字的文本框，再统一进行动画设置，如图 7-21 所示。

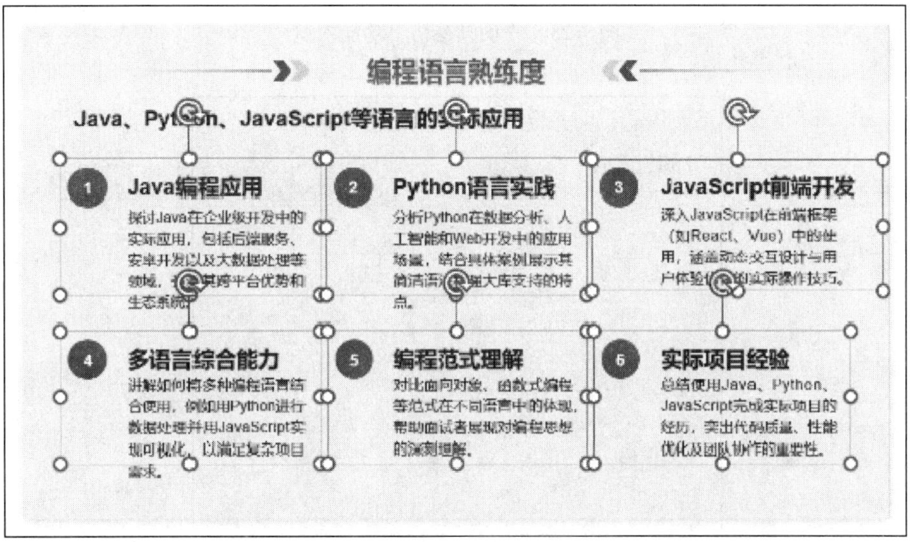

图 7-21　批量选中需要设置动画的文本框

WPS 的“动画”选项卡中有丰富的动画效果，大致可分为“进入”“强调”“退出”等选项组（图 7-22）。“进入”选项组用于设置元素如何出现在幻灯片上，“强调”选项组能突出显示某个元素，“退出”选项组则决定元素怎样从幻灯片上消失。

图 7-22　“动画”选项卡中的动画效果

选择“进入”选项组中的“出现”选项，所选文本框中的文字就会默认设置为以“出现”动画效果显示。然后，继续为其他文本框添加动画效果。

2）设置动画顺序与触发条件

单击“动画”选项卡中的“动画窗格”按钮（图 7-23），在演示文稿界面的右侧会弹出“动画窗格”。在“动画窗格”中刚才添加的动画效果会以列表形式展示出来，如图 7-24 所示。

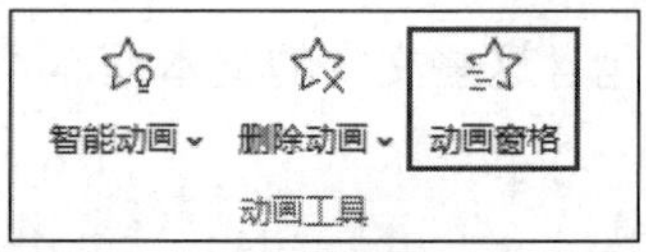

图 7-23　“动画窗格”功能入口

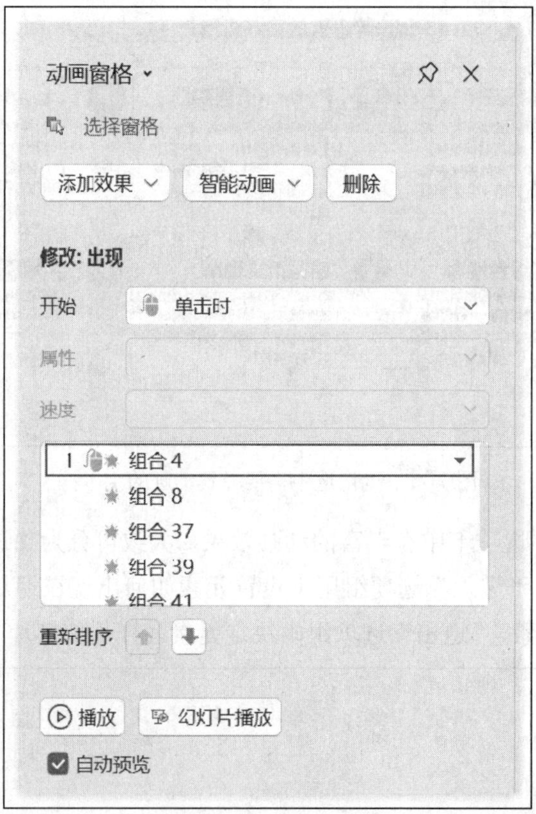

图 7-24　动画窗格

对于“编程语言熟练度”文字列表的动画设置，单击该动画效果右侧的下拉箭头，在弹出的下拉菜单中选择“计时”选项，在弹出的“出现”对话框中，在“开始”下拉列表中选择“与上一动画之后”选项。这意味着该动画效果会在上一个动画结束后开始播放，如图 7-25 所示。

接着，设置延迟时间为 1s，如图 7-26 所示。这样，每一行文字在其前一行文字出现 1s 后，会依次出现，使演示文稿的节奏更加自然流畅。

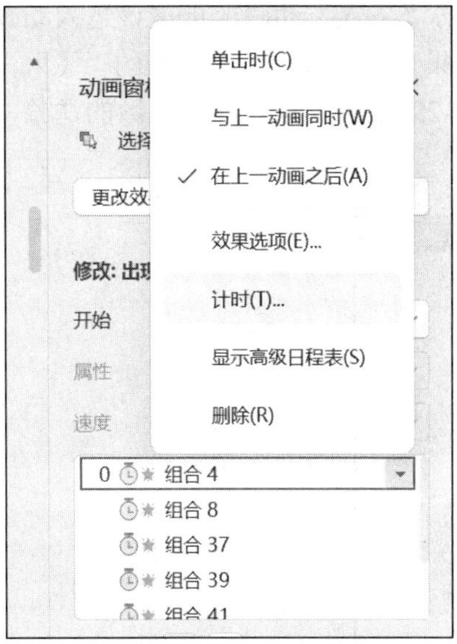

图 7-25　设置动画效果依次播放

图 7-26　设置延迟时间

对于想要拥有同样动画效果的元素，可以使用“动画”选项卡中的“动画刷”功能进行设置，如图 7-27 所示。

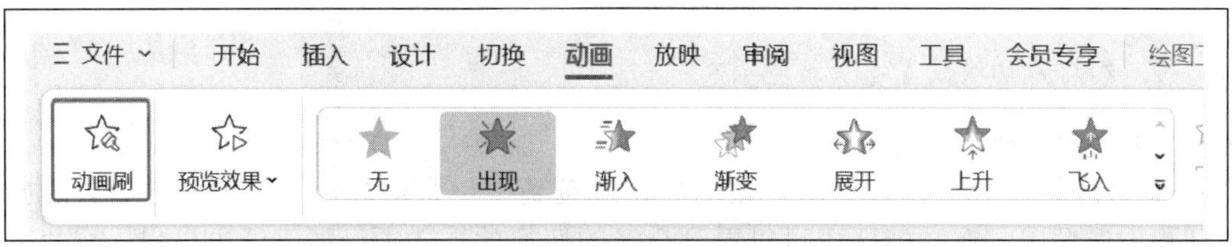

图 7-27　“动画刷”按钮

如果需要调整动画顺序，如发现某个动画效果应该在另一个之前播放，则直接在动画窗格中拖动该动画效果到合适的位置即可，调整动画顺序后的效果如图 7-28 所示。

图 7-28　调整动画顺序后的效果

3）调整动画参数

除了设置动画的开始方式和延迟时间，还可以调整动画的速度。速度决定了动画效果从开始到结束所花费的时间。在“动画窗格”中，“速度”的数值可以手动修改。例如，将一个飞入动画的持续时间从默认的 1s 增加到 2s，这样动画效果会显得更加缓慢、柔和。

有些动画效果还提供了额外的参数设置。例如，“飞入”动画，单击该飞入动画效果右侧的下拉箭头，在弹出的下拉菜单中选择“效果选项”选项，在弹出的“飞入”对话框中可以设置方向和是否伴随着声音等，如图 7-29 所示。通过这些参数的调整，可以让动画效果更加符合演示文稿的需求。

图 7-29　调整动画参数

2. 幻灯片切换设置

1）选择切换效果

幻灯片切换效果决定了从一张幻灯片过渡到下一张幻灯片时的动画效果。选择“切换”选项卡，在功能区中可以看到众多的切换效果选项，如“淡出”“推入”“分割”等。

对于求职面试类演示文稿，为了营造轻松自然的氛围，可选择“淡出”切换效果，当前选中的幻灯片就会应用这个切换效果。如果希望所有幻灯片都应用相同的切换效果，单击“应用到全部”按钮即可，如图 7-30 所示。

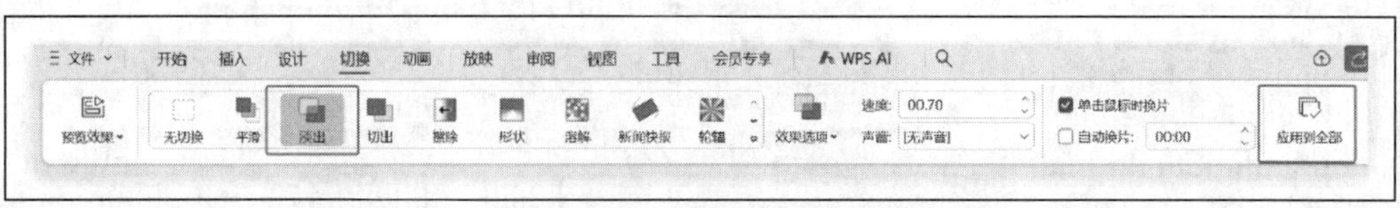

图 7-30　设计所有幻灯片的淡出切换效果

2）设置切换参数

在选择好切换效果后，还可以设置切换的参数。例如，设置切换的持续时间，可以通过拖动“持续时间”滑块或者手动输入数值来调整。将持续时间设置为 1.5s，这样幻灯片之间的切换会更加平稳，不会显得过于突兀。

可以选择是否在切换时伴有声音。在“声音”下拉菜单中，有多种声音选项可供选择，如“微风”“鼓掌”等。如果选择“无声音”选项，则幻灯片切换时不会播放任何声音。

若希望幻灯片自动切换，选中“自动换片”复选框，并设置相应的时间间隔。例如，设置为 5s，那么在播放演示文稿时，每张幻灯片会在显示 5s 后自动切换到下一张，如图 7-31 所示。

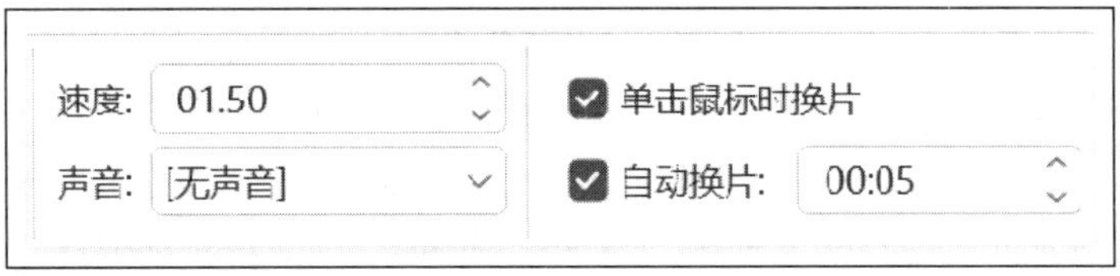

图 7-31　设置幻灯片自动切换

3. 放映设置

1）选择放映方式

选择“放映”→“放映设置”→“放映设置”选项，会弹出“设置放映方式”对话框，如图 7-32 所示。

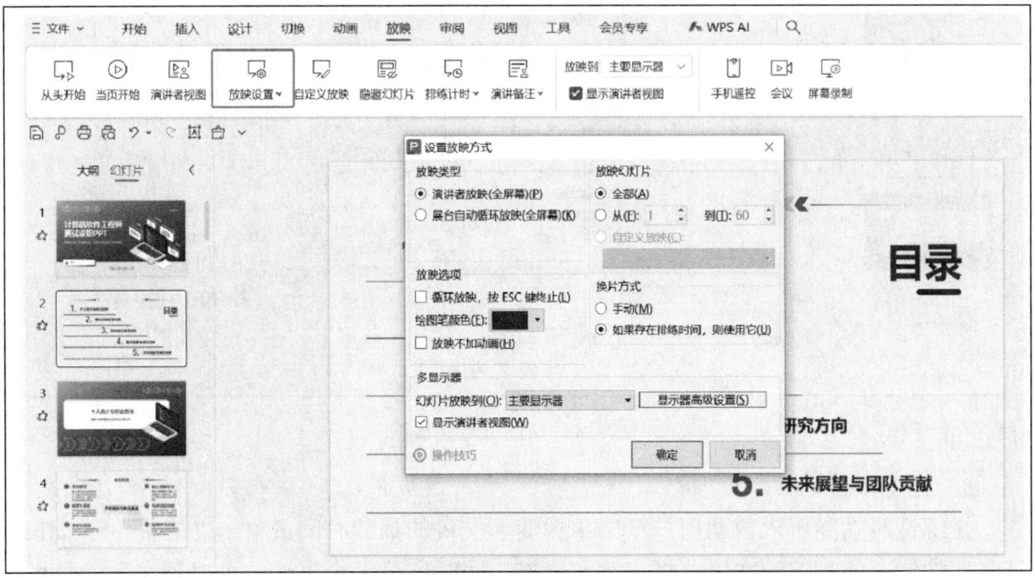

图 7-32　设置放映方式

在“设置放映方式”对话框中，有“演讲者放映（全屏幕）”“展台自动循环放映（全屏幕）”两种放映方式可供选择。“演讲者放映（全屏幕）”是最常用的方式，适合在课堂、会议等场合由演讲者控制放映进度；“展台自动循环放映（全屏幕）”则会自动循环播放演示文稿，适合无人值守的展示场景，如在商场的展示屏幕上自动播放产品介绍演示文稿。

2）自定义放映

如果只想播放演示文稿中的部分幻灯片，可以使用“自定义幻灯片放映”功能。选择“放映”→“自定义放映”选项。在弹出的“自定义放映”对话框中，单击“新建”按钮。

然后在“定义自定义放映”对话框中，从左侧的“在演示文稿中的幻灯片”列表中选择想要包含在自定义放映中的幻灯片，单击“添加”按钮将其移动到右侧的“在自定义放映中的幻灯片”列表中。可以通过“上移”和“下移”按钮调整幻灯片的顺序。设置完成后，为自定义放映命名，如“求职面试展示”，单击“确定”按钮保存设置。在播放演示文稿时，单击“放映”→“自定义幻灯片放映”按钮，在弹出的“自定义放映”对话框中选择刚才创建的自定义放映“求职面试展示”，就会只播放指定的幻灯片，如图 7-33 所示。

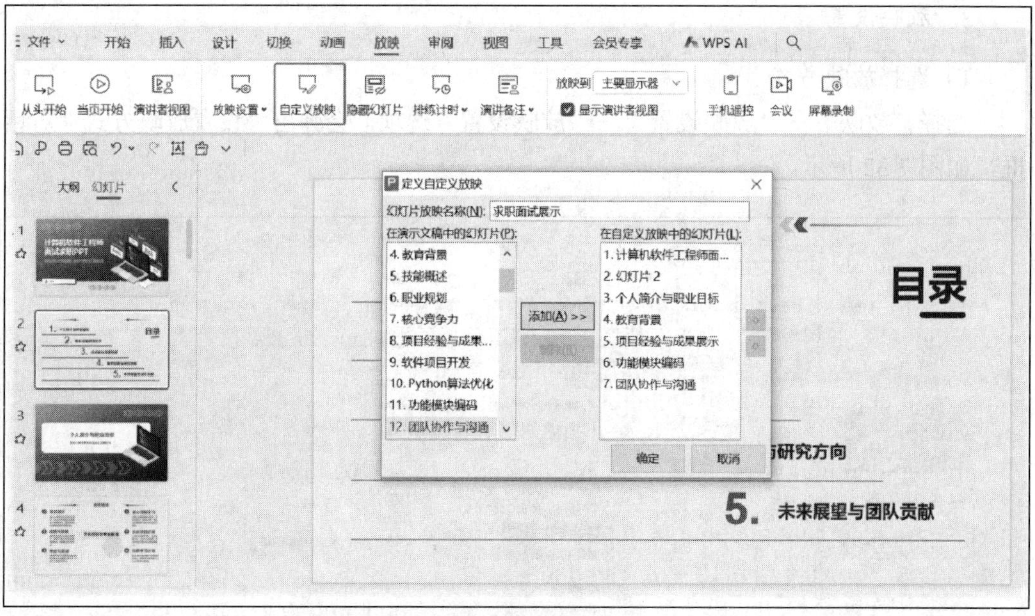

图 7-33　设置自定义放映

3）排练计时

排练计时功能可以帮助用户精确掌握演示文稿的播放时间。单击“放映”→“排练计时”按钮，此时演示文稿会进入播放状态，同时屏幕上会出现一个“预演”工具栏，显示当前幻灯片的播放时间及整个演示文稿的总计时如图 7-34 所示。

在排练过程中，按照正常的讲解速度进行操作，每切换一张幻灯片，“预演”工具栏中的时间会自动更新。如果在某张幻灯片上停留时间过长或者过短，可以单击“重复”按钮重新计时。排练结束后，会弹出一个对话框询问是否保留排练时间。如果单击“是”按钮，下次播放演示文稿时，幻灯片会按照排练计时的时间自动切换，如图 7-35 和图 7-36 所示。排练计时功能在有严格时间限制的演讲或汇报中非常实用。

图 7-34　使用“排练计时”记录演示文稿的播放时间

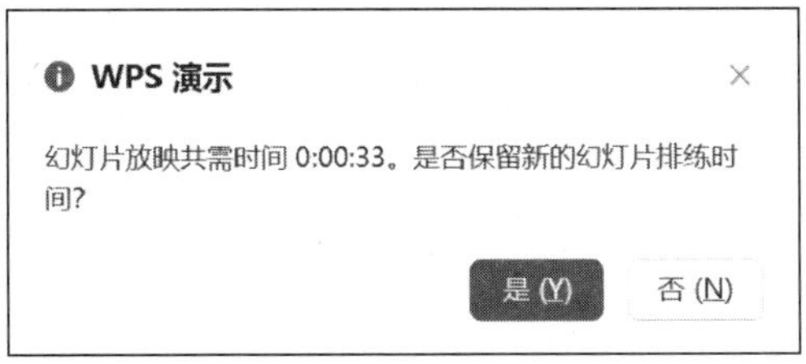

图 7-35　保留排练时间进行幻灯片自动切换

图 7-36　根据排练计时的时间自动切换幻灯片

7.3　AI 助手赋能演示文稿创作

在大学的学习与生活中，经常需要制作各类演示文稿，如学业规划、社团活动展示、求职应聘材料及毕业答辩演示文稿等。WPS AI 作为一款功能强大的智能工具，能在这些场景中发挥重要作用，制作出更优质、更具吸引力的演示文稿。

7.3.1　借助 WPS AI 搭建演示文稿框架

1. 根据主题生成演示文稿

例如，大一新生对所学专业的学业规划感到迷茫，不知从何下手。在制作学业规划演示文稿时，可以在“新建演示文稿”页面，选择“AI 生成 PPT”选项，然后在弹出的对话框中输入“计算机专业大学生学业规划演示文稿大纲”，如图 7-37 和图 7-38 所示。WPS AI 会迅速生成详细大纲，包含专业认知、课程学习计划、实践活动安排、技能提升目标、职业发展方向等板块，如图 7-39 所示。每个板块下还有细分内容，如在课程学习计划中，列出了每学年应重点学习的专业课程，如大一学习编程语言基础（如 Python 语言），大二深入学习数据结构和算法等，这为小李梳理了学业规划的思路，搭建起演示文稿的基本框架。

图 7-37　使用 WPS AI 生成演示文稿

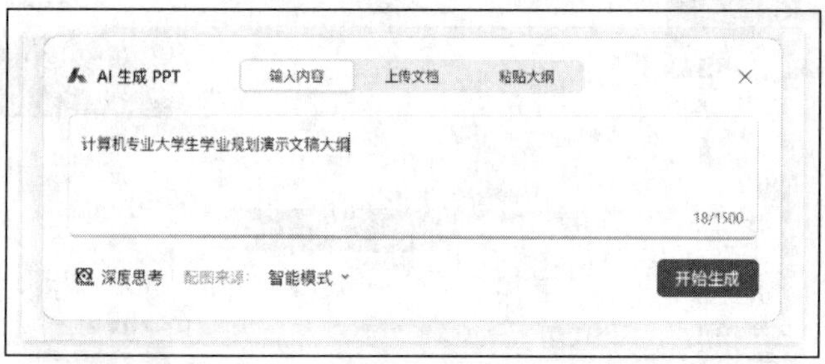

图 7-38　输入生成演示文稿大纲的需求

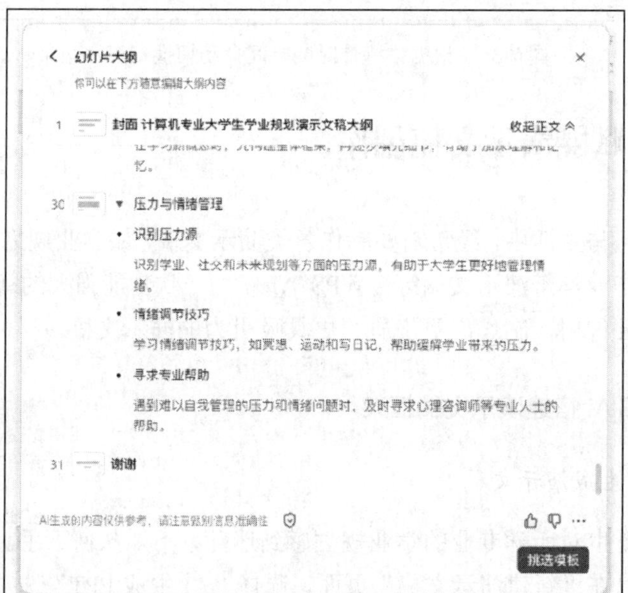

图 7-39　WPS AI 根据输入的需求生成演示文稿大纲

如果大纲中的内容不符合要求，可以在线进行编辑修改。大纲编辑完成后，可以选择一个与主题风格匹配的模板，单击“创建幻灯片”按钮即可得到一份完整的演示文稿，如图 7-40 和图 7-41 所示。

图 7-40　选择合适的主题创建幻灯片

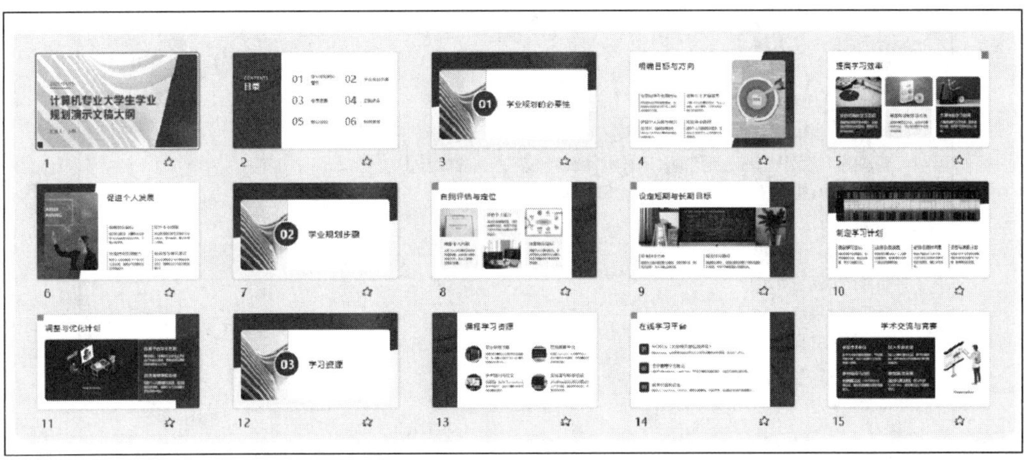

图 7-41　WPS AI 生成的演示文稿

2. 根据文档/大纲生成演示文稿

如果针对本次的演示文档制作已经提前准备好了文档文件或幻灯片大纲，WPS AI 也可以根据准备好的文档或大纲进行演示文稿的创建。

首先，在“WPS AI”选项卡中单击“文档生成 PPT”或“大纲生成 PPT”按钮，如图 7-42 所示。然后可以将本地的文档文件上传，或者将已有的大纲粘贴至对应的文本框中，如图 7-43 和图 7-44 所示。单击“开始生成”按钮进行演示文稿的制作。

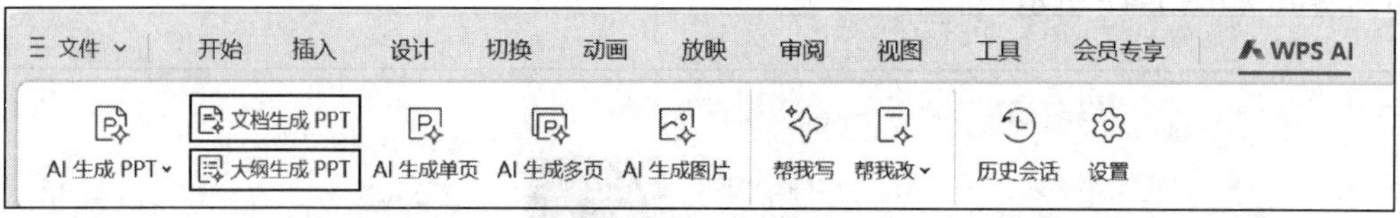

图 7-42 “文档生成 PPT”“大纲生成 PPT”按钮

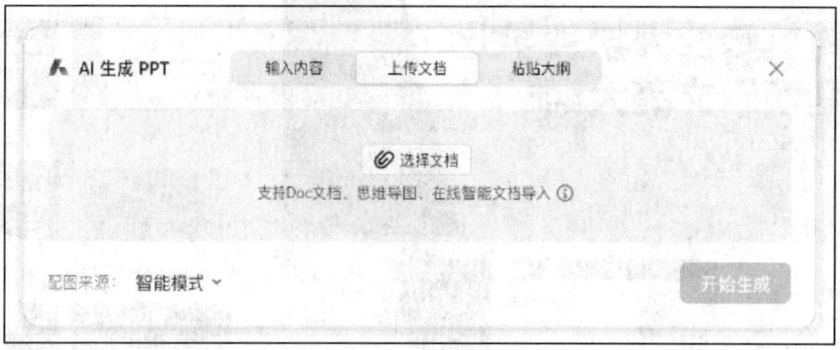

图 7-43 根据上传的文档生成演示文稿

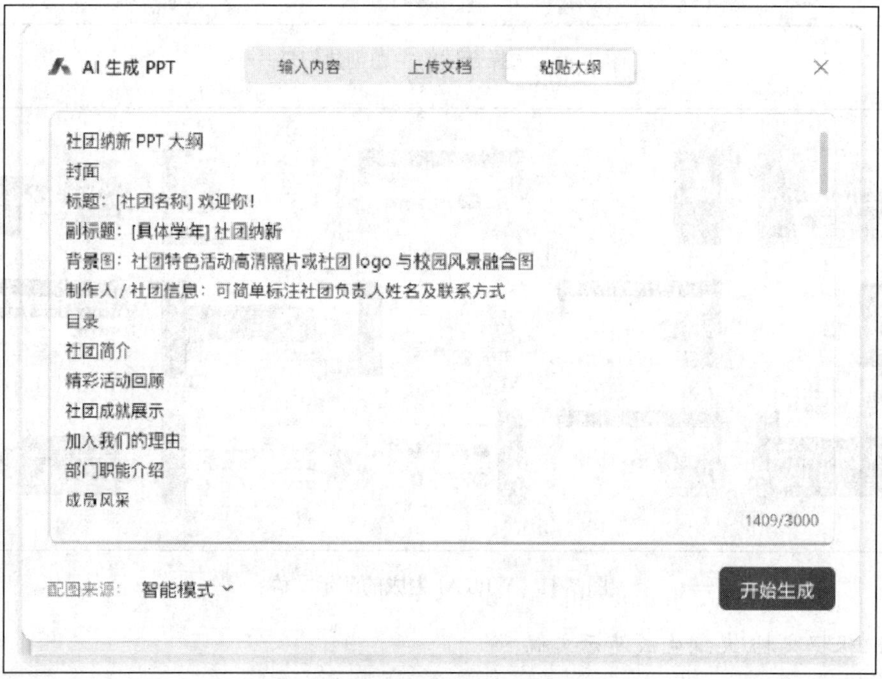

图 7-44 根据准备的大纲生成演示文稿

7.3.2　利用 WPS AI 增添演示文稿亮点

在演示文稿制作过程中，常常会遇到需要对特定话题进行更全面、更细致阐述的情况。此时，WPS AI 的“AI 生成单页 PPT”功能便成了有力的辅助工具。

1. 借助“AI 生成单页 PPT”功能深挖内容深度

以 7.3.1 节生成的“计算机专业大学生学业规划”演示文稿为例，假设希望丰富其中“计算机专业课程学习资源”部分的介绍内容，以便让观众能更深入地了解获取学习资源的途径和方法。操作时，只需单击“WPS AI”→“AI 生成单页”按钮，如图 7-45 所示。在弹出的“AI 生成单页”对话框中，清晰准确地输入正文主题，如“计算机专业课程学习资源推荐”。随后，单击“智能生成”按钮，WPS AI 将迅速基于其强大的算法和丰富的数据资源，生成针对该主题的单页 PPT，如图 7-46 和图 7-47 所示。

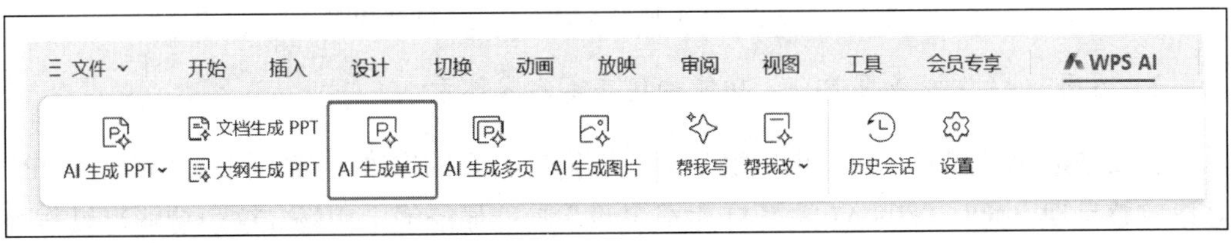

图 7-45　“AI 生成单页”按钮

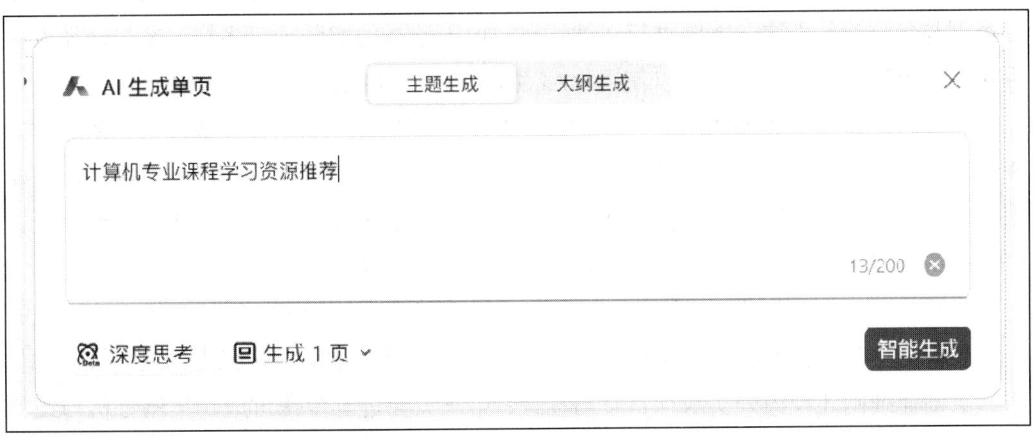

图 7-46　输入所需生成单页 PPT 的主题

图 7-47　WPS AI 根据输入的主题生成单页 PPT

2. 运用“AI 生成多页 PPT”功能构建丰富内容体系

在处理演示文稿时，若发现围绕当前主题需要补充的内容丰富多样，仅靠单页 PPT 难以完整呈现，此时 WPS AI 的“AI 生成多页”功能便能派上用场。这一功能可以帮助用户更系统、全面地拓展演示文稿的深度与广度。

例如，在“计算机专业大学生学业规划”演示文稿中，若要对“计算机专业实践项目类型与参与途径”这一主题进行详细阐述，由于涉及的实践项目多样，参与途径也各不相同，内容量较大。此时可以使用“AI 生成多页”功能来完善这部分内容。

操作时，单击“WPS AI”→“AI 生成多页”按钮，打开“AI 生成多页”对话框。在对话框中，不仅要明确输入主题，如“计算机专业实践项目类型与参与途径”，还要根据内容的复杂程度和实际需求，合理指定生成 PPT 的页数。假设这部分内容需要 3 页 PPT 来清晰展示，就在页数设置处选择“3 页”，如图 7-48 所示。

随后单击“智能生成”按钮，WPS AI 会依据其庞大的知识体系和智能算法，生成一系列内容连贯、逻辑清晰的 PPT 页面。第一页聚焦于常见的计算机专业实践项目类型；第二页则详细阐述校内外实践项目参与途径；第三页会进一步探讨成功案例分析与经验分享。每一页 PPT 都配有相关的图片，使内容更加生动形象、易于理解，让观众能够全面深入地了解这一主题，如图 7-49 所示。

图 7-48　输入所需多页 PPT 的主题

图 7-49　WPS AI 根据所输入的主题生成多页 PPT

3. 巧用“帮我写”功能高效生成 PPT 内容

在 WPS AI 中，“帮我写”功能作为智能化辅助创作工具，为用户在文档制作过程中带来了创新性的体验。特别是在 PPT 文档制作领域，该功能发挥着重要作用，有助于提升创作效率、丰富演示内容。下面将对“帮我写”功能在 PPT 制作过程中的具体应用展开深入探讨。“帮我写”功能入口如图 7-50 所示。

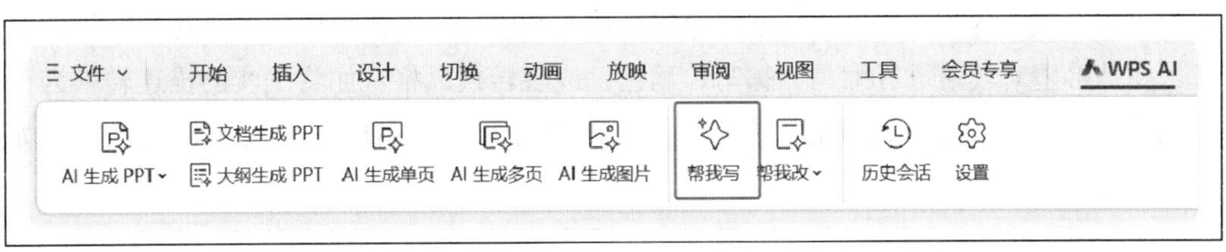

图 7-50　“帮我写”功能入口

在演示文稿的制作过程中，当用户对特定主题的具体内容缺乏深入了解时，WPS 软件的“帮我写”功能可成为有力的辅助工具。用户只需明确输入“主题”“字数”“风格”等指令要求，该功能内置的 AI 系统便会依据相关算法和数据模型，快速生成与之匹配的内容，如图 7-51 所示。

图 7-51　根据需要输入“主题”“字数”“风格”等指令

若用户对生成的内容存在不同意见或认为其未达预期，可灵活运用“续写”“调整”“重写”等功能进行优化修改。“续写”功能能够在已有内容基础上进行拓展延伸；“调整”功能可对现有内容的结构、表述方式等进行优化；“重写”功能则能依据用户的原始要求，重新生成全新的内容，如图 7-52 所示。

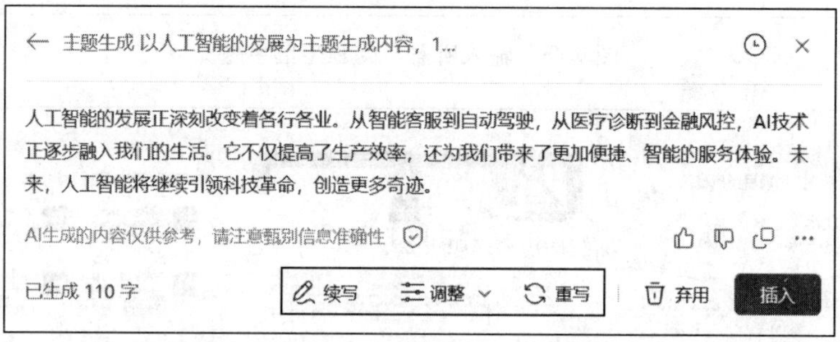

图 7-52　“续写”“调整”“重写”功能入口

当用户对生成内容的准确性、完整性及表达效果进行综合考量并确认无误后，单击“插入”按钮，系统便会自动将生成内容无缝整合至正在制作的演示文稿中，有效提升演示文稿制作的效率与质量，助力用户打造出更具专业性和吸引力的演示文稿作品。

4. 依靠“帮我改”功能精准优化 PPT 内容

WPS AI 生成的内容虽丰富，但可能不完全契合用户的预期，这就需要进行调整。对于生成的文本内容，如果觉得某些语句表述不够精准，直接选中这些语句进行修改即可。要是希望对段落进行缩写、扩写、润色，或者转换风格，如将平实的描述转换为更生动活泼的语言风格，以适配校园主题，则可单击“WPS AI”→“帮我改”按钮，如图 7-53 所示。

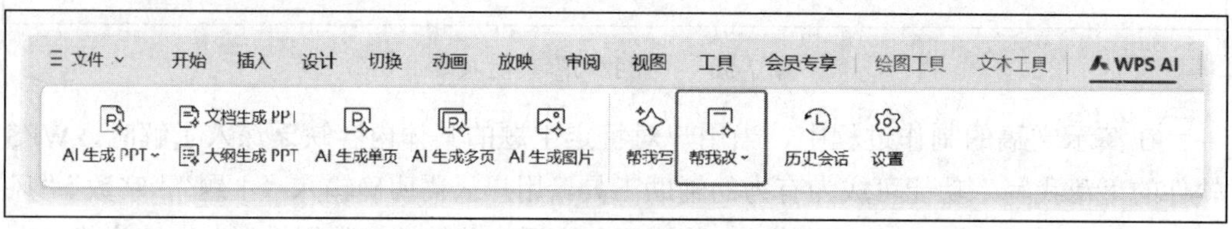

图 7-53　“帮我改”功能入口

例如，选择“润色”功能，将原本的“确定自己感兴趣的职业领域，如软件开发、网络安全等，为未来就业做准备”，用更活泼的风格进行描述，则会被润色为“锁定心仪职场赛道，像软件开发、网络安全，为职场路添砖加瓦！”，如图 7-54 和图 7-55 所示。

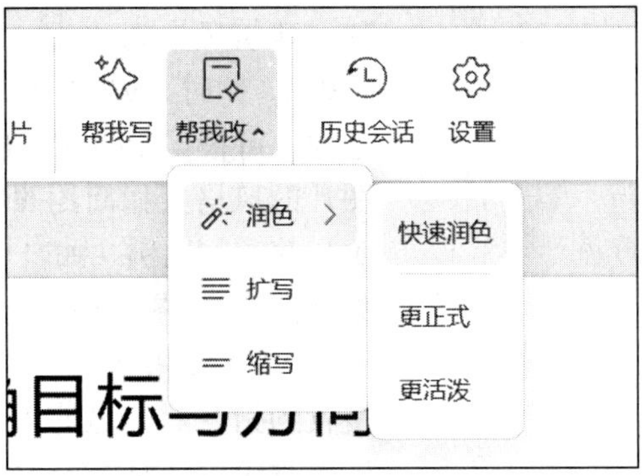

图 7-54　“润色”功能入口

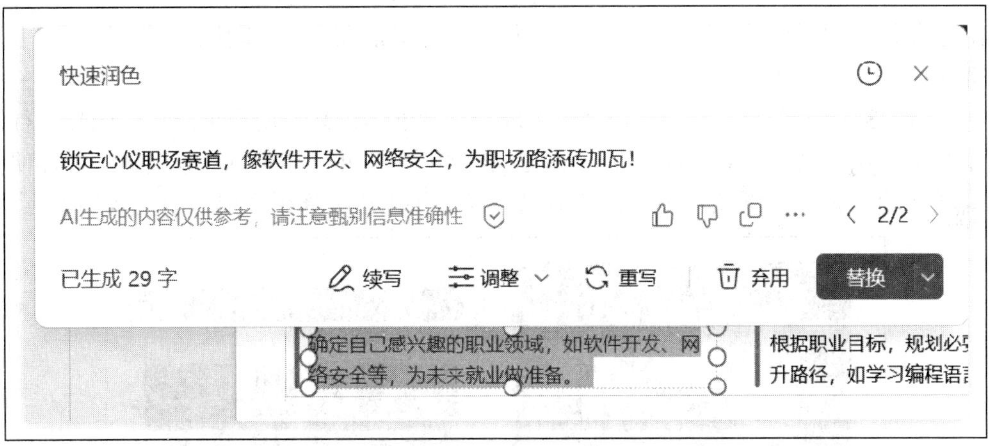

图 7-55　使用“润色”功能替换文本内容

5. 借助 WPS AI 妙笔生成适配 PPT 图片

在制作 PPT 的过程中，适配的图片能够极大地提升演示文稿的视觉吸引力和信息传达效果。WPS AI 为用户提供了便捷高效的“AI 生成图片”功能，使寻找和设计合适图片不再成为困扰，如图 7-56 所示。

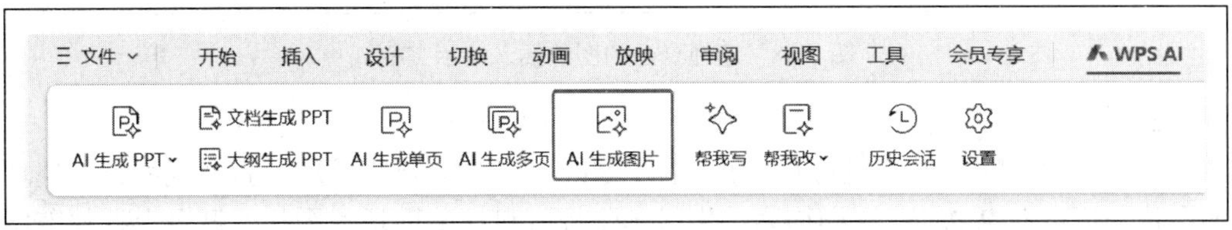

图 7-56　“AI 生成图片”功能入口

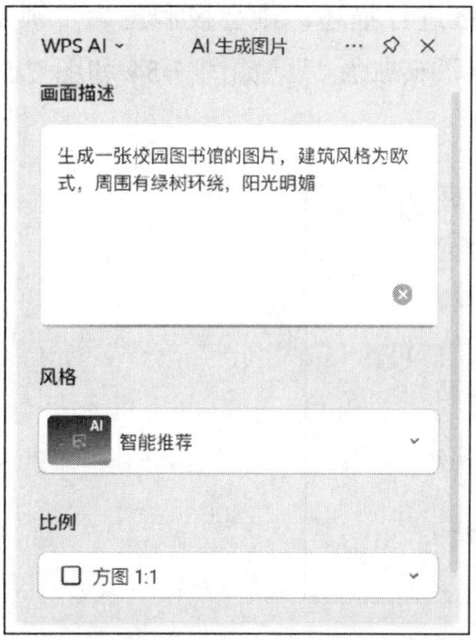

图 7-57　根据需求输入指令

1）简单主题描述

单击“WPS AI”→“AI 生成图片”按钮，打开“AI 生成图片”窗格，在文本框内清晰、准确地输入指令：“生成一张校园图书馆的图片，建筑风格为欧式，周围有绿树环绕，阳光明媚”。同时，WPS AI 还提供了丰富的自定义选项，可根据 PPT 的整体设计需求，灵活选择图片的风格（如简约照片、电影感照片、标准照片等）与比例（如 1∶1、16∶9、4∶3 等常见比例），如图 7-57 所示。

WPS AI 依托其内置的庞大图像数据模型，接收到指令后会迅速进行智能分析与创作。在极短时间内，系统会生成一系列符合描述要求的图片。这些图片中，可能展现出一座拥有欧式典雅风格的图书馆，其红色尖顶搭配白色外墙，建筑周边绿树成荫，明亮的阳光透过树叶缝隙倾洒而下，生动地还原出校园图书馆在明媚环境中的景象。

待 WPS AI 完成图片生成后，会将生成的图片展示出来。用户可对这些图片进行浏览、比对，从中挑选出最契合 PPT 内容与风格的图片，单击“插入”按钮，该图片便会自动添加至当前 PPT 页面，进而助力打造视觉效果出色的演示文稿，如图 7-58 所示。

图 7-58　选择合适的图片插入演示文稿

2）复杂场景构建

在制作以“校园科技节成果展示”为主题的 PPT 时，若需呈现一张展现科技节现场的图片，可以向 WPS AI 这样描述：生成一张校园科技节现场的图片，舞台上摆放着同学们制作的各种科技作品，有机器人、3D 打印模型等，舞台背景是科技节的主题海报，上面有创新、探索等字样和科技元素图案。台下围满了学生和教师，他们正认真地观看展示，有的在拍照，现场悬挂着彩色气球和标语，灯光闪烁。

WPS AI 在接收到上述指令后，会对其中的各类元素进行深度解析与整合，通过其强大的图像生成算法，从庞大的图像数据资源中筛选、组合、渲染相关元素，生成一幅生动逼真的校园科技节现场图片。该图片将精准还原指令中的每一处细节，栩栩如生地展现出热闹、积极的校园科技节场景，为 PPT 增添极具感染力的视觉元素，助力更生动、有效地展示校园科技节成果，如图 7-59 所示。

图 7-59　根据指令生成的复杂场景图片

习题

一、单项选择题

1．利用通义软件制作演示文稿时，若想生成“计算机专业的大学生学业规划”演示文稿，第一步操作是（　　）。

A．单击“生成”按钮　　B．单击“PPT 创作”按钮

C．输入提示词　　D．选择模板

2．在 WPS 演示文稿中，要调整幻灯片的整体风格与布局，应选择（　　）选项卡。

A．开始　　B．插入　　C．设计　　D．动画

3．使用 WPS AI 生成演示文稿大纲后，若要得到完整的演示文稿，接下来的操作是（　　）。

A．直接保存

B．在线编辑大纲

C．选择合适模板并单击“创建幻灯片”按钮

D．使用“帮我写”功能

4．在 WPS 演示文稿中，为使“编程语言熟练度”文字列表依次出现，应在“动画窗格”中（　　）。

A．设置开始方式为“单击时”

B．设置开始方式为“与上一动画之后”，并设置延迟时间

C．直接选择“出现”效果即可

D．调整动画顺序

二、问答题

1．简述使用通义软件制作演示文稿的主要步骤。

2．说明在 WPS 中如何对演示文稿的文本内容进行优化，包括字体、字号、颜色及段落格式的调整方法。

3．阐述 WPS AI 的“AI 生成单页 PPT”和“AI 生成多页 PPT”功能在演示文稿制作中的作用及使用方法。

4．解释在 WPS 演示文稿中设置动画顺序与触发条件的具体操作过程。

三、操作题

1．请利用通义软件制作一份“大学生社团活动策划”的演示文稿大纲，然后使用 WPS 对其进行整体风格调整（选择合适的模板、调整配色方案），并优化文本内容（设置标题和正文的字体、字号、颜色，调整段落格式）。

2．以“个人职业规划”为主题，使用 WPS AI 生成演示文稿大纲，再根据大纲创建幻灯片。之后，为幻灯片添加合适的动画效果（至少为 3 个不同元素设置不同动画，且包含进入动画、强调动画），并设置幻灯片切换效果（选择一种切换效果，设置切换持续时间和声音）。

3．假设你要应聘“新媒体运营专员”岗位，运用 iSlide AI 制作一份面试演示文稿。要求包含个人背景、技能概述、项目经验、职业规划等板块，生成后选择一个合适的模板，并对内容进行简要编辑。

第 8 章 使用 AI 工具生成图像及音视频

学习目标 ☞

- 掌握使用 AI 工具生成图像的方法。
- 掌握使用 AI 工具生成音频的方法。
- 掌握使用 AI 工具生成视频的方法。
- 掌握使用 AI 工具制作数字人的方法。

课程思政案例

“虚拟筑梦者”纪智辉：用数字人技术塑造文化表达的中国方案

纪智辉，世优科技创始人兼 CEO，是国内数字虚拟人技术的开拓者之一。他是一位连续创业者，长期投身于技术研发与产业创新，从 2001 年首次创业起，始终坚持以技术驱动社会变革。2015 年，他再次出发，创立世优科技，聚焦数字虚拟人领域，立志用中国人自己的技术为数字内容产业赋能，推动虚拟人从“幕后工具”走向“文化载体”。纪智辉深知：在数字化浪潮中，虚拟人不仅是技术的延伸，更是文化传播的新形态。他带领团队自主研发“数字人工厂”体系，从语音合成、面部建模到动作驱动与多模态交互，形成了覆盖全链路的虚拟人生产技术。截至目前，世优科技已为中国移动、华为、海尔集团等近千家单位打造超 1200 个定制化数字人，服务于新闻播报、在线教育、金融客服、智慧文旅等多个场景，成为“AI 讲解员”“数字主播”“企业代言人”的中坚力量。

随着 AIGC 技术的发展，纪智辉敏锐地提出：“AI 将推动数字人加速从 B 端走向 C 端，人人都将拥有自己的数字分身。”他率先布局海外市场和混合现实（mixed reality，MR）应用，推动中国数字人技术“走出去”。同时，他坚持在关键算法模块上实现自主可控，拒绝对海外引擎的依赖，致力于打造具有中国特色的数字人技术体系。在推动产业发展的同时，纪智辉高度关注技术的社会价值。他强调，数字人不仅是产业工具，更应成为文化传承与科技普惠的桥梁。他的实践不仅诠释了新时代企业家的技术信仰与社会担当，也为青年学生树立了将个人发展融入国家数字战略的生动榜样。在人工智能持续演进的时代浪潮中，纪智辉的故事激励着新一代青年：扎根本土、突破技术壁垒、传承文化自信，用创新书写属于中国的“数字表达权”。

（根据网络资料改写）

AIGC 的快速发展及其在音视频创作领域的广泛应用，得益于多模态生成技术的持续突破。这些技术不仅为智能内容生产提供了创新方法论，更推动了数字人、智能音视频生成等场景的实践落地。其中，语音合成技术的迭代优化，使 AI 工具能够根据文本指令生成高度拟人化的音频内容，为虚拟主播、智能配音等场景提供技术支持；深度学习驱动的视频生成算法［如 GAN、神经辐射场（neural radiance fields，NeRF）］突破性发展，使动态影像创作从专业制作走向大众化，支持多语言直播、智能剪辑等复杂需求；数字人建模技术的成熟，通过整合计算机视觉、自然语言处理和多模态数据，实现了从形象克隆到行为逻辑复刻的全流程智能化，催生出 24 小时在线的数字分身。这些技术的协同发展，正在重塑内容生产范式，使普通用户通过 AI 工具即可完成专业级音视频创作与数字人部署。本章将系统讲解利用 AI 工具生成图像、音频、视频及数字人的核心技术，结合闪剪 App 等平台实战演示，剖析从素材采集到智能分身落地的完整技术链路。

8.1 生成图像

8.1.1 生成图像 AI 简介

LibLibAI（哩布哩布 AI）是一款 AI 绘画原创模型网站和工具平台。该平台拥有丰富的模型资源，用户无须登录即可方便地下载所需模型。此外，用户还能通过查看图片信息快速找到生成参数，使用过程非常便捷。

进入 LibLibAI 首页，注册并登录账号。

注意：在左侧菜单栏的“探索”功能栏中可以免费下载模型、加入模型库、立即生图，每日可免费生图 100 张，非常方便。

单击左侧菜单栏“创作”组中的“在线生成”按钮，开始创作。

生成操作步骤主要分为“文生图”“图生图”“后期处理”三部分，可参照图 8-1 了解创作界面。

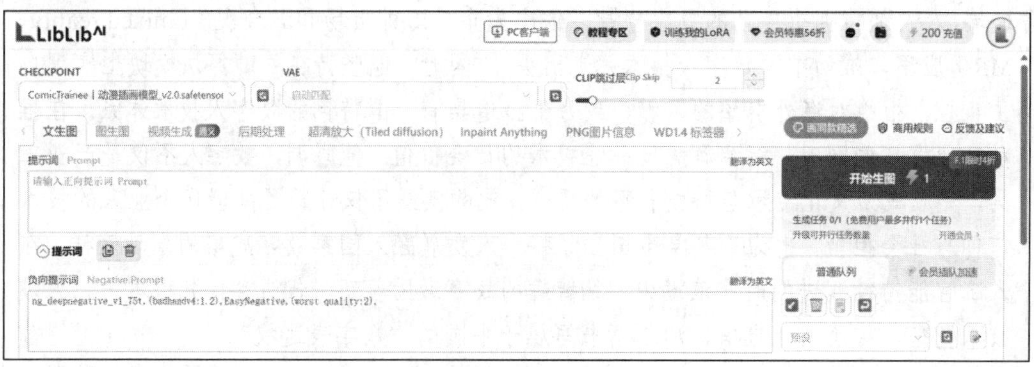

图 8-1　创作界面

下面将详细介绍“文生图”和“图生图”的具体操作步骤。

8.1.2　文生图

进入“文生图”操作界面，选择合适的 CHECKPOINT 模型（底模），输入正向提示词和负向提示词，此处想要生成一幅粉色头发、大眼睛的动漫小女孩图像，所以选择了动漫插画模型，具体输入的提示词如图 8-2 所示。

图 8-2　文生图提示词

选择需要的模型（生成精确的人物或画风一般选择 LoRA 模型，生成的随机图片更可控），并调整具体的参数，此处选择一款 LoRA 模型，设置的参数如图 8-3 所示。

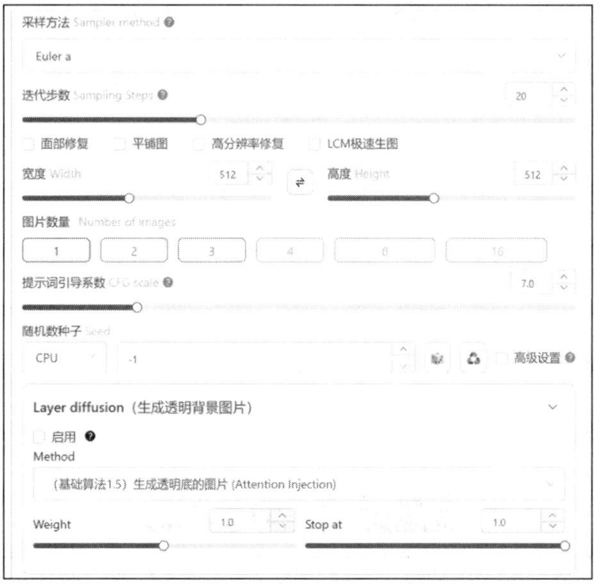

图 8-3　设置 LoRA 模型参数

单击右侧的“开始生图”按钮，即可生成图像，生成后的图像如图 8-4 所示。

图 8-4　文生图生成的图像

8.1.3　图生图

“图生图”功能既能够将 2D 卡通形象转化为逼真的 3D 卡通形象，也能将现实中的人物卡通化。与“文生图”功能相比，其具体操作多了一个“上传图片”的步骤，如图 8-5 所示。

图 8-5　图生图上传图像

注意：在提供提示词时，务必对上传的图片进行准确描述，否则 AI 可能会错误地将上传的图片识别为其他物品。此外，“图生图”功能还提供了更为强大的功能选项，包括“涂鸦”“局部重绘”“涂鸦重绘”“重绘模板”，具体的操作步骤如下。

（1）进入“图生图”操作界面，单击“上传图片”按钮开始创作，此处上传的图片如图 8-6 所示，要实现在此基础上更换模型，但是小女孩的大致形象不变的目标。

图 8-6　图生图创作图像

（2）选择合适的 CHECKPOINT，输入提示词并选择合适的 LoRA 模型，此处选择了一个“粗线条动漫卡通_1.0”的模型，如图 8-7 所示。

图 8-7　图生图选择模型

（3）调整参数，并单击右侧的“开始生图”按钮，生成的效果图如图 8-8 所示。

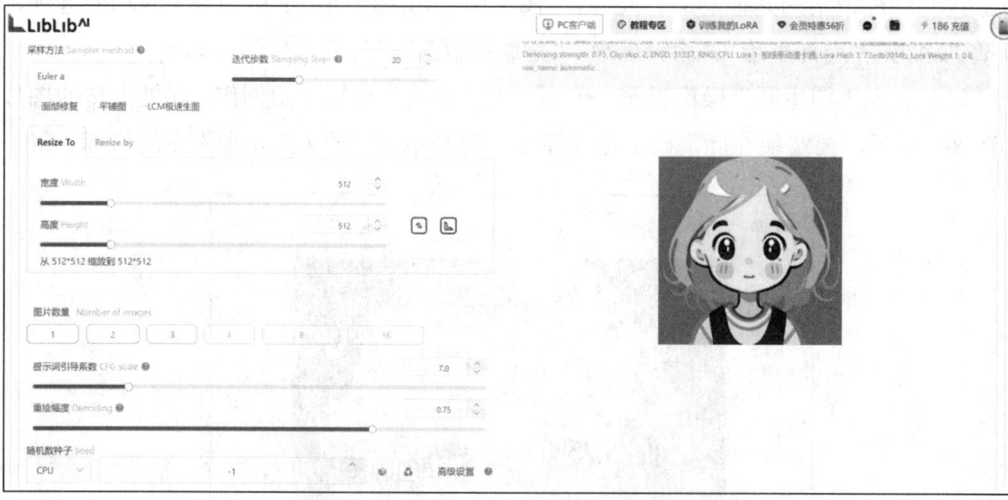

图 8-8　图生图生成的图像

8.1.4　制作节日庆典海报插画

借助 LibLibAI 的强大“文生图”和“图生图”功能，可以根据个人需求，灵活搭配并组合不同的模型，生成多样化的插画作品。这一特点极大地降低了插画绘制的难度，即使没有深厚美术功底的人，也能轻松利用 LibLibAI 生成各种风格和主题的插画。以下是使用 LibLibAI 生成插画的操作步骤。

（1）在 LibLibAl 首页中，单击“模型广场”→“插画设计”按钮，如图 8-9 所示。

图 8-9　插画设计页面

（2）因为要创作儿童节海报，这里选择“儿童绘本卡通插画”模型，如图 8-10 所示。

（3）将模型加入模型库，单击“立即生图”按钮，进入“文生图”界面。根据模型作者的参数推荐，CHECKPOINT 为“《Vivid Painter 绘匠》多画风时尚插画大模型”，如图 8-11 所示。

图 8-10　选择“儿童绘本卡通插画”模型

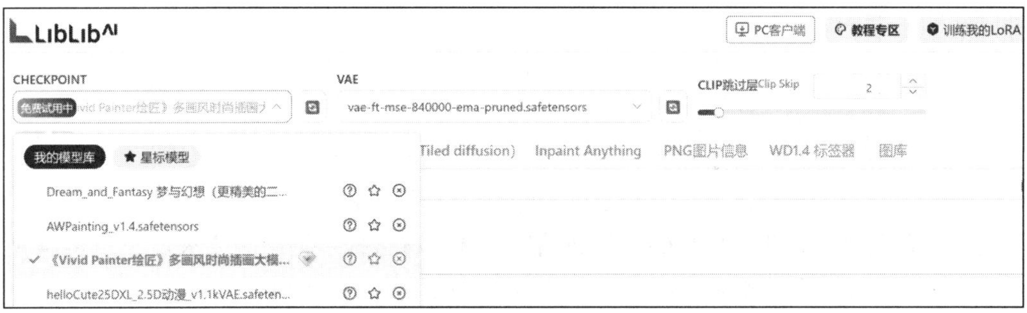

图 8-11　选择插画模型

（4）将想要在海报中出现的元素输入“提示词”文本框中并翻译为英文，再将一些消极的词语和不想在图片中出现的元素输入“负向提示词”文本框中并翻译为英文，如图 8-12 所示。

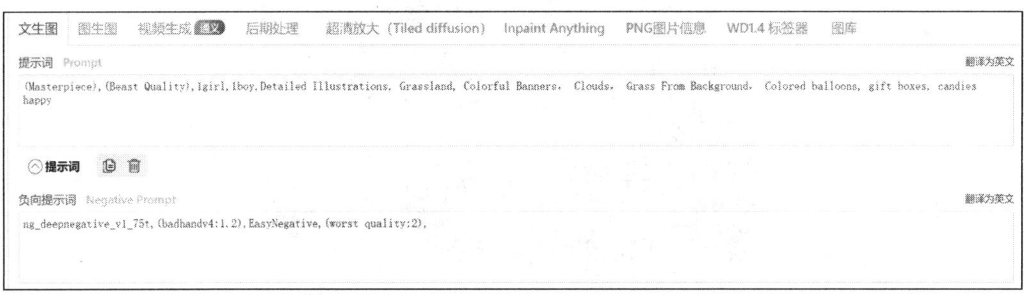

图 8-12　输入提示词

（5）选择之前加入模型库的模型，选择“LoRA”→“我的模型库”→“儿童书籍插画”选项，根据模型作者的参数推荐，将模型权重值设置为 0.8，“采样方法”设置为

“Euler a”，“迭代步数”设置为 20，选中“高分辨率修复”复选框，“重绘采样步数”设置为 20，“重绘幅度”设置为 0.5，其他参数保持默认，如图 8-13 所示。

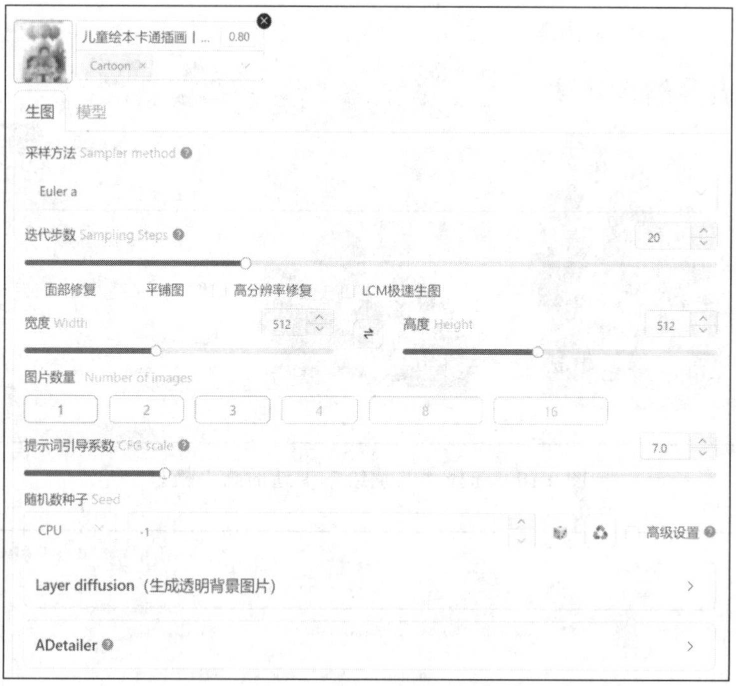

图 8-13　设置插画模型参数

（6）单击“开始生图”按钮，生成的图片基本符合提示词中的要求，如图 8-14 所示。如果对生成的图片不满意，可以适当调整参数，并再次生成。

图 8-14　插画模型生成的图片

（7）将此图片导出并添加文字及其他元素，一幅儿童节海报就完成了，如图 8-15 所示。

图 8-15　儿童节海报插画

8.2　生成音频

8.2.1　生成音频 AI 简介

“魔音工坊”是由北京小问智能科技有限公司倾力打造的一站式 AI 音频内容生产软件。它不仅提供定制发音人、多音字纠正、背景音与音效添加、多发音人配音等核心功能，还配备了数字纠错、变速调整、韵律纠错等实用工具。此外，用户还能通过“魔音工坊”便捷地创建个性化的“随身听”微信小程序，尽享高效、便捷的音频制作体验。

8.2.2　基本用法与注意事项

（1）进入“魔音工坊”首页，注册并登录账号。在“魔音工坊”功能区，可以实现“多音字改音”“局部变速”“多人配音”等多项功能。在文本内容方面有“AI 小魔快速创作”功能，同时还提供 AI 文本生成及文本润色功能，如图 8-16 所示。

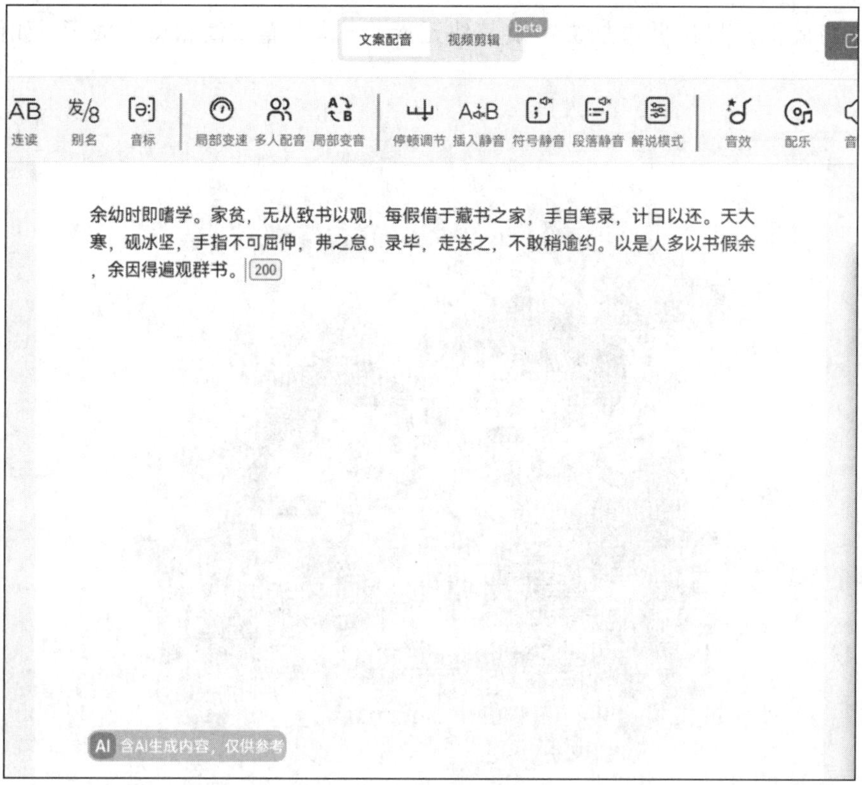

图 8-16　AI 文本生成及润色功能

（2）在配音角色上，“魔音工坊”提供了多种选择，如图 8-17 所示。

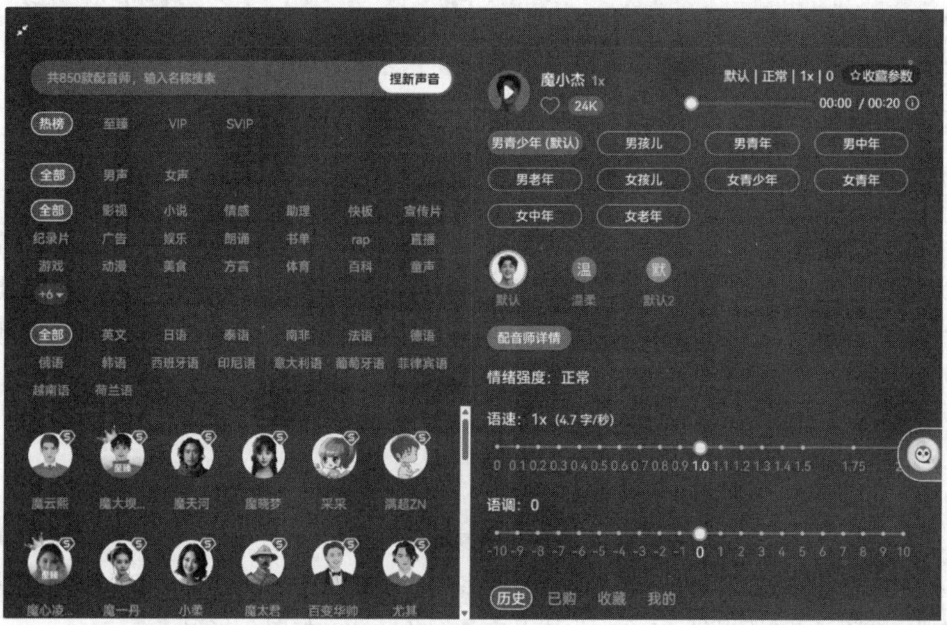

图 8-17　配音角色

（3）单击“捏新声音”按钮，在弹出的“捏声音-声音生成”对话框中，选择“文字生成”选项卡，在“声音描述”和“试听文案”文本框中输入相关内容，单击“生成声音”按钮，即可选择保存或者使用配音进行创作，如图 8-18 所示。

图 8-18　AI 文字生成音频

（4）选择“参数生成”选项卡，根据提示选择年龄及风格，并输入试听文案，生成的声音同样可以进行保存和使用配音等操作，如图 8-19 所示。

图 8-19　AI 参数生成音频

（5）“捏声音”工具所生成的音频差异性较大，稳定性较为欠缺。因此，推荐优用声音库中的成熟语音。这里通过搜索“熊二”找到分类中的“魔熊二”选项进行配音，如图 8-20 所示。

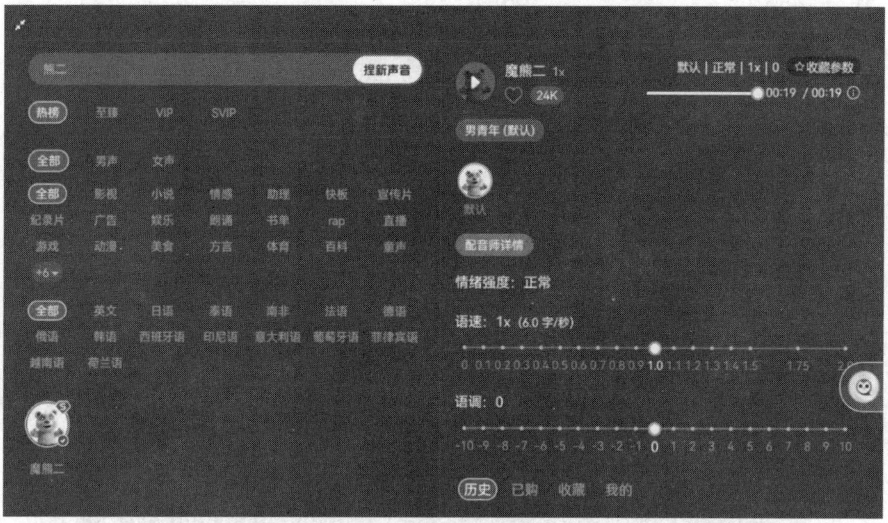

图 8-20　AI 声音库搜索

（6）配音完成后，单击上方工具栏中的“配乐”按钮，可以通过关键词或配乐名称进行搜索，并添加合适的配乐，如图 8-21 所示。

图 8-21　AI 音频配乐

（7）语音合成完成后，单击工具栏中的“配音下载”→“下载音频”按钮，即可导出 MP3 或者 WAV 格式音频文件，也可以单击“视频剪辑”按钮，选择上传媒体，上传本地视频或者网络视频，如图 8-22 所示。

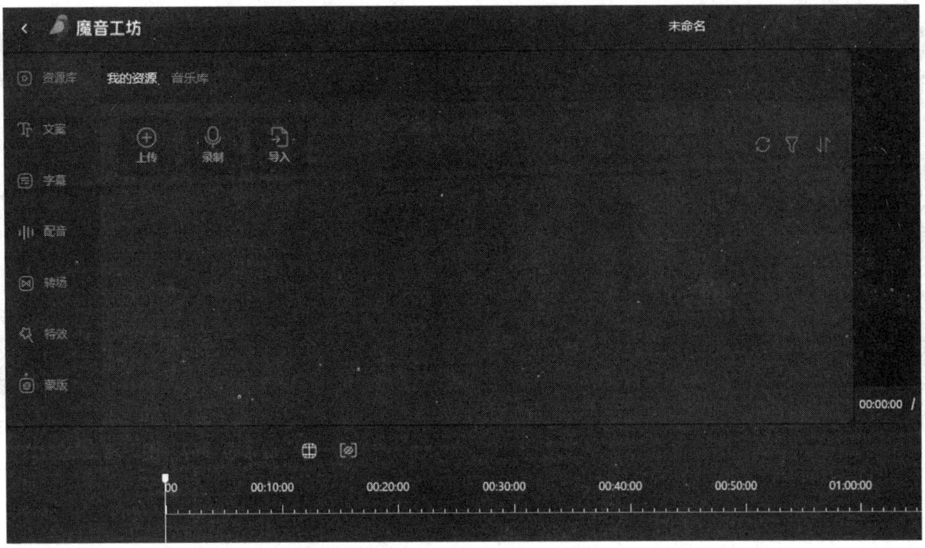

图 8-22　AI 音频上传

此外，“魔音工坊”在音频处理领域独具匠心，提供了“人声分离”和“背景音处理”两大功能，这些功能在处理复杂音频时尤为实用；在短视频制作方面，“魔音工坊”也表现出色，提供了“一键解析视频”和“文案提取”功能，如图 8-23 所示，这些功能无疑为视频制作带来了极大的便利。

图 8-23　AI 音频其他功能

8.3　生成视频

8.3.1　即梦 AI 简介

即梦 AI 是抖音旗下的一站式 AI 创意与内容平台，深度融合图片生成、视频生成、音乐音效生成等前沿技术，覆盖从灵感捕捉到内容生成的核心流程，适配多种创意场景，助力创意高效落地。

下面将重点介绍即梦 AI 在视频生成的应用，深入探讨其如何借助 AIGC 技术，赋能用户实现专业级视频创作。

8.3.2　基本用法与注意事项

（1）进入即梦 AI 首页，注册并登录账号，如图 8-24 所示。

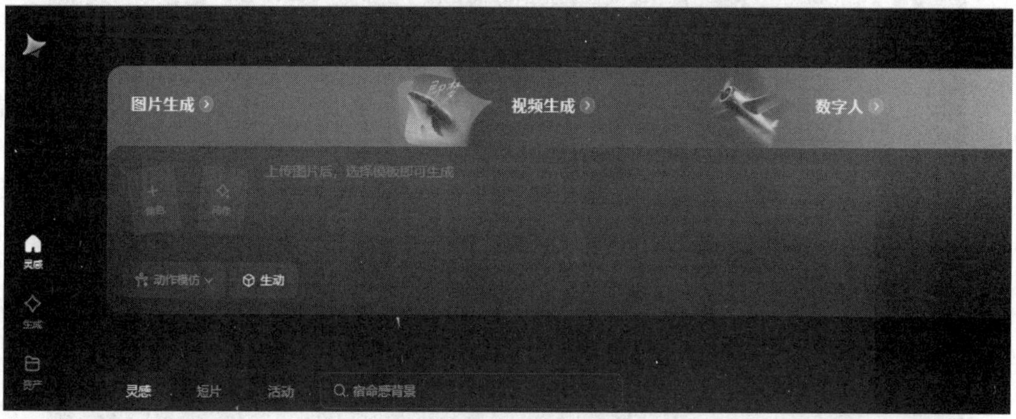

图 8-24　即梦 AI 首页

（2）选择“视频生产”选项卡，切换至“视频生成”模块，如图 8-25 所示。

图 8-25　“视频生成”界面

（3）手动输入自定义文案“李白在窗前读《静夜思》：床前明月光，疑是地上霜。举头望明月，低头思故乡。”本例中选择上传一张李白的图片辅助内容来生成视频。

（4）设置模型为视频 3.0，分辨率为 720P，视频时长为 10s，运镜为无，单击对话框右下角的“生成”按钮，系统将根据文案生成视频，如图 8-26 所示。

图 8-26　AI 完成视频生成

（5）选中视频，单击右下角的“编辑”组中的“对口型”按钮，单击“音频”按钮，选择“生成音频”选项，在弹出的“文本朗读”对话框中输入“床前明月光，疑是地上霜。举头望明月，低头思故乡。”音色选择“沉稳老者”选项，单击“确认”按钮，即可对视频进行文字配音，如图 8-27 所示。

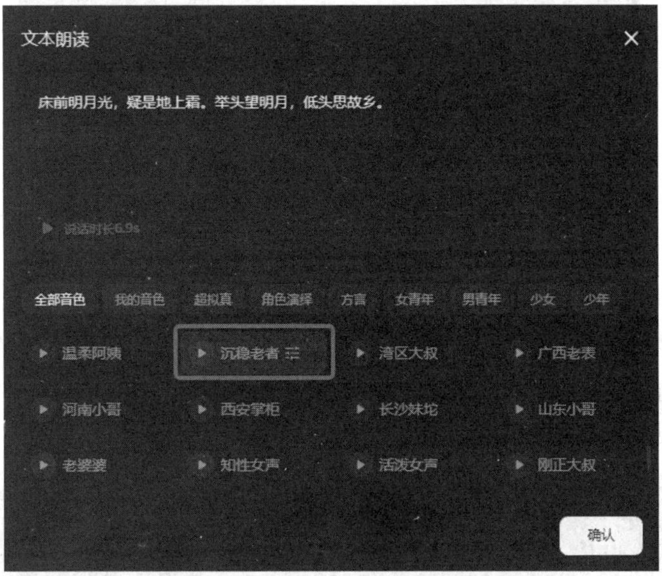

图 8-27　“文本朗读”对话框

（6）单击“生成”按钮，如果生成视频的时间过长，可单击“后台生成”按钮，生成的视频可在“我的资产”中查看。单击生成好的视频，自动跳转到“视频剪辑”功能板块中，可以用剪辑器进行二次编辑，如图 8-28 所示。

图 8-28　使用剪辑器二次编辑视频

（7）设置好参数后，再次单击“生成”按钮，开始生成新视频，进入如图 8-29 所示的界面。

图 8-29　再次生成新视频

（8）生成好的视频可在“资产”中查看，也可直接下载、收藏和发布。单击“发布”按钮，在弹出的“发布作品”对话框中，设置标题，再次单击“发布”按钮，如图 8-30 所示，即可将视频发布到“短片”模块供他人观看。

图 8-30　“发布作品”对话框

8.4　制作数字人

8.4.1　数字人——24 小时智能替身

想象一下，当你在深夜埋头赶论文时，你的数字人正在为社团活动做宣传；或者当你在图书馆复习考试时，你的数字人在社交媒体上与同学们互动。这不是科幻电影的情节，而是现代人工智能技术为我们带来的可能性。现在，借助“DeepSeek+数字人”这个超级组合，每个人都等于配置了一名“数字员工训练师”，连奶茶店主都能训练出一个高效的 AI 分身。这个分身会卖货、会和顾客聊天，还能处理投诉，能说多国语言，甚至能记住每个老顾客的偏好。本节将对相关技术进行介绍。

1. 数字人的概念

数字人就是用 AI 技术生成的虚拟形象，它能模仿你的语言风格、知识储备，甚至行为逻辑。简单来说，它就像“另一个你”，可以帮助你处理各种事务、回答问题。例如，如果你是一个校园博主，你的数字人可以帮助你定期发布短视频，与粉丝互动，分享学习心得等；在个人生活场景里，数字人还能提醒你上课，帮你整理笔记，陪你聊天解闷。

2. 数字人的功能

（1）时间管理助手。大学生活丰富多彩，但时间总是有限。数字人可以帮助你处理一些重复性的工作，如回复邮件、更新社交媒体状态等，让你有更多时间专注于学业和兴趣发展。

（2）个人品牌建设。无论是参与社团活动还是进行创新创业项目，数字人都可以成为你的得力助手，帮助你在更大的平台上展示自己，提升个人影响力。

（3）学习伙伴。数字人还可以作为一个学习资源，为你提供学习建议，整理课程笔记，甚至陪你讨论复杂的学术问题。

8.4.2　三步打造数字人

从零开始制作一个属于自己的数字人可能听起来很复杂，但实际上，只需要 3 个简单的步骤就可以拥有一个个性化的数字人。

1. 采集“灵魂数据”——让 AI 了解你

常见的数字人生成的平台与工具有闪剪、剪映、华为云 MetaStudio、小冰数字员工视频制作工具等。首先，你需要选择一个合适的数字人生成平台，下载并安装应用后，上传一段自我介绍视频或几张照片作为原始素材。这段视频不需要太长，30～60s 即可，目的是让 AI 更好地理解你的外貌特征和语言风格。如果想要特定风格的数字人，如复古风或未来感，可以选择相应的模板进行定制。下面以闪剪为例详细介绍生成数字人的操作方法。

（1）准备工作。下载并安装最新版本的闪剪 App，确保设备具备网络连接，并授予闪剪必要的权限。

（2）上传素材。上传一段视频或照片作为原始素材，建议视频时长为 30～60s，以确保生成的数字人形象更逼真。如果需要生成特定风格的数字人（如民俗风），可选择相应的模板。

（3）选择模板与调整外观。在闪剪中选择“分身数字人”选项，浏览并选择合适的数字人模板。然后可根据需求调整数字人的外观特征（如发型、肤色、眼睛颜色等），并设置动作和表情。

（4）生成与编辑。输入符合需求的文案内容，闪剪会根据输入的文字自动生成口播视频。另外，用户可对生成的视频进行进一步编辑，如添加滤镜、水印、背景音乐等。

（5）导出与应用。完成编辑后，单击“导出”按钮生成最终视频。

需要注意的是，使用闪剪内提供的数字人形象时，要尊重版权，部分数字人形象可能涉及版权保护。另外，闪剪的帮助中心提供了一系列操作教程，帮助用户使用，如图 8-31 所示。

图 8-31　闪剪帮助中心

数字人分身定制技术为用户提供了一种高效、便捷的数字人形象制作方式，适用于个人品牌打造、企业营销、教育培训等多种场景。通过简单的操作流程和丰富的功能模块，用户可以轻松生成个性化的数字人形象，并将其应用于各类创作和营销活动中。

2. 设定“人设剧本”——定义数字人角色

根据生成数字人分身的基本方法，在与“生成与编辑”相关的步骤中，首先需要输入符合需求的文案内容。

然后，需要明确数字人将扮演什么角色。对于大学生来说，这可能是一个学术助手、社交达人或者是创意内容创作者。利用 DeepSeek 等工具，可以轻松生成符合需求的文案内容。例如，如果希望数字人能够在社交媒体上推广校园活动，可以输入以下提示词：“你是一个热情洋溢的校园活动推广者，擅长用幽默风趣的语言吸引同学参加活动，说话时要充满活力。”

DeepSeek 会根据这个提示生成多条文案，供用户选择和修改。DeepSeek 生成结果如图 8-32 所示。

校园趣味活动等你来参加

🎉【校园活动警报！】🎉

嘿，亲爱的校园小太阳们😂！听说你们最近在图书馆“修仙”修到快飞升了？别急着渡劫！快来参加本周五的【疯狂解压大作战】——枕头大战+泡泡足球⚽，保证让你笑出八块腹肌！（假的，但快乐是真的！）

✨活动亮点：

1️⃣ 枕头大战——看谁先被揍成“棉花糖超人”！

2️⃣ 泡泡足球——滚来滚去的样子像极了期末复习的你😵

3️⃣ 神秘奖品：获胜者将获得【校园锦鲤】称号+食堂免费鸡腿券🍗！（鸡腿：终于轮到我当C位了！）

📅 时间：本周五下午4点

📍 地点：操场（如果迷路，请跟随笑声导航🎶）

👉 报名方式：评论区吼一声“我要当锦鲤！”或者狂奔到学生会办公室（记得刹住车，门挺贵的😝）

PS：单身同学注意，本次活动甜度超标，请自备胰岛素（开玩笑的，但缘分说不定就砸中你了呢！）

🔥速来！错过这次，下次只能围观别人朋友圈的快乐了！#校园活（秃）力（头）计划#

图 8-32　DeepSeek 生成结果

3. 生成与应用——让数字人动起来

最后一步就是生成并编辑数字人视频。输入准备好的文案，平台会自动生成口播视频。用户可以进一步添加滤镜、背景音乐等元素，使视频更加生动有趣。完成后，导出视频并应用于各种场景，如校园宣传、个人博客或社交媒体平台。

通过这 3 个步骤，用户不仅可以制作出一个独一无二的数字人助手，还能在这个过程中学到许多关于 AI 技术和内容创作的知识。随着技术的不断进步，数字人将成为我们生活中不可或缺的一部分，帮助我们更高效地实现目标，拓宽视野。

习题

一、单项选择题

1.“文生图”功能的主要作用是（　　）。

A．将图像转换为文字信息　　B．通过输入文本提示生成图像

C．对上传图片进行局部重绘　　D．根据音频内容生成视频

2．与“文生图”相比，“图生图”功能多出的操作步骤是（　　）。

A．调整生成参数　　B．上传原始图片

C．选择合适的 CHECKPOINT　　D．应用 LoRA 模型

3．下列工具中，主要用于 AI 音频内容生成的是（　　）。

A．LibLibAI　　B．剪映　　C．魔音工坊　　D．闪剪

二、填空题

1.“文生图”功能主要通过输入_________提示词和_________提示词生成图像。

2．在“图生图”功能中，用户必须先_________图片，再输入相应提示词对图片进行改造。

3．在数字人制作过程中，利用 DeepSeek 生成文案内容主要是为了确定数字人的_________，即定义其角色定位和风格。

三、问答题

1．简述“文生图”和“图生图”功能的主要区别。

2．说明数字人在实际应用中的价值，并举例说明其在教学或营销中的作用。

3．描述即梦 AI 在视频生成过程中的主要功能和操作步骤。

第 9 章　使用 AI 工具生成程序

学习目标 ☞

- 了解常见 AI 编程工具，如 ChatGPT、GitHub Copilot、Google Bard 等的功能特点。
- 掌握使用 AI 工具生成简单程序的基本步骤。
- 掌握使用准确的语言向 AI 工具描述程序需求的方法，并获取生成的代码。

课程思政案例

“自动驾驶探路者”：楼天城深耕 AI 无人车，推动中国自动驾驶技术突破

在人工智能浪潮席卷全球的当下，自动驾驶作为重塑未来交通格局的关键力量，成为科技竞争的新焦点。楼天城，这位从中国顶尖学府走出的技术天才，投身自动驾驶领域，以创新与坚持，为中国自动驾驶技术追赶世界前沿注入动能。

2004 年，楼天城被保送进入清华大学计算机系，在姚期智先生指导下，筑牢计算机科学根基。毕业后，他先后在谷歌参与无人车研发、百度深耕自动驾驶技术，积累深厚经验。2016 年，怀揣让中国自动驾驶领跑全球的愿景，楼天城与伙伴创立小马智行，聚焦 L4 级全无人驾驶系统攻坚。

创业初期，自动驾驶研发之路布满荆棘。楼天城团队面临技术、资金、人才等多重挑战。在技术上，L4 级自动驾驶对算法精度、传感器融合要求极高，传统依赖海量路测数据的模式，难以覆盖复杂多变的长尾场景。楼天城另辟蹊径，提出以“世界模型（World Model）”为核心的技术路线，通过 AI 生成虚拟环境，让系统在仿真训练中自主进化，突破数据依赖瓶颈。硬件研发也困难重重，从传感器选型到计算平台搭建，每一步都需反复打磨，团队昼夜调试，才让第五代硬件系统 PonyAlpha X 实现稳定可靠的传感器融合与算法优化。

当技术初现曙光，商业化落地又遇新挑战。自动驾驶关乎公共安全，需要在法规、伦理与技术间找到平衡。楼天城带领团队积极与监管部门沟通，推动自动驾驶测试与运营规范建立，同时在城市道路试点 Robotaxi 服务，收集真实场景数据反哺技术迭代。面对国际竞争，国外自动驾驶巨头凭借先发优势抢占市场，楼天城团队以技术创新突围，让小马智行的无人车在复杂路况决策、极端场景应对上展现出独特优势。

经过多年深耕，楼天城的努力结出硕果。小马智行的 Robotaxi 服务在北京、上海等城市逐步开放，成为公众出行新选择；在技术上，以世界模型为核心的系统，大幅提升自动驾驶安全性与效率，使中国在 L4 级自动驾驶赛道实现弯道超车。2024 年 11 月 27 日，小马智行成功登陆纳斯达克，标志着中国自动驾驶企业在商业化与资本认可上的重大突破。

楼天城在自动驾驶领域的探索，是中国科技工作者向智能交通前沿冲锋的缩影。他以创新思维突破技术壁垒，用坚持与担当推动产业落地，让中国自动驾驶从追赶者变为并行者。其身上的创新精神、家国情怀，激励着更多年轻人投身 AI 浪潮，为中国科技自立自强、塑造未来交通贡献力量，也为自动驾驶技术服务社会、改善民生，写下生动注脚。

（根据网络资料改写）

AI 工具以其强大的逻辑处理能力和灵活的编程支持，能够快速生成简洁、高效的代码，帮助用户以全新的交互方式展示教材的精髓。这种方式能够将复杂的知识转化为直观易懂的程序逻辑，让用户在互动中加深理解。本章将介绍如何利用 AI 工具生成简单的程序并对程序进行查错改错。

9.1 使用 AI 工具生成简单程序

在以前，编写程序可是个技术活，需要程序员们逐行地输入代码。但现在有了 AI 工具，生成程序变得轻松多啦！就好像以前写信，要自己一笔一画写，现在有了打印机，能快速把写好的内容打印出来。

9.1.1 常见的 AI 编程工具简介

1. ChatGPT

ChatGPT 是一个 AI 语言模型。它就像一个知识渊博的朋友，用户可以用平常说话的方式告诉它你想要一个什么样的程序。例如，如果想做一个简单的计算两个数字相加的程序，则可以问它：“怎么用 Python 写一个计算两个数相加的程序？”它马上就能给出一段代码示例，还会对代码进行解释。

2. GitHub Copilot

GitHub Copilot 和编程界常用的代码托管平台 GitHub 紧密合作。用户在编写代码时，它能根据用户已经写出的部分，自动预测并补全接下来的代码。例如，给它一个函数的开头，它能猜出可能要实现的功能，然后写出函数的主体部分代码。

3. 豆包

豆包是基于云雀模型开发的 AI 工具，提供聊天机器人、写作助手、编程助手等功能。用户在编程方面遇到难题时，它能像贴心的伙伴一样为你排忧解难。例如，当编写一个 Java 程序来实现文件的读写操作遇到问题时，可以向它询问“如何用 Java 实现文件的读写操作”，豆包会迅速提供完整的代码示例，并且详细地解释代码中每一部分的作用和原理。同时，如果需要对已有的代码进行优化、调试或者修改，豆包也能根据需求给出精准的建议和改进方案。

4. 通义灵码

通义灵码基于通义大模型的 AI 研发辅助工具，提供代码智能生成、研发智能问答、任务自主执行等功能。它包含智能编码助手和 AI 程序员，能实现行级/函数级实时续写、自然语言生成代码、单元测试生成、代码注释生成、代码解释、研发智能问答、异常报错排查等功能，并针对阿里云 SDK/API 的使用场景调优。它兼容 Visual Studio Code、Visual Studio、JetBrains IDEs 等主流集成开发环境（integrated development environment，IDE），支持 Java、Python、Go 等多种主流编程语言。

除上述的软件以外，目前可以实现 AI 编程的工具众多，这些工具极大地降低了编程门槛，无论是经验丰富的开发者，还是刚涉足编程领域的新手，都能从中受益，开启高效、便捷的编程之旅，让编程变得更加轻松有趣、触手可及。下面将针对不同的应用场景进行详细的介绍。

9.1.2 使用 AI 工具生成简单程序的步骤

1. 明确需求阶段

在借助 AI 工具生成程序前，清晰且准确地明确程序需求是极为关键的起始步骤。这一过程可类比为建造房屋，在施工之前，必须对房屋的设计、布局、功能等进行全面且细致的规划。以开发一个记录每日跑步距离的小程序为例，需要详尽梳理出该程序应具备的核心功能，诸如实现数据记录功能，用于准确录入每日跑步的距离数值；具备计算总距离的能力，能够对一段时间内（如一周）的跑步距离进行求和运算；可能还需要拥有显示图表的功能，以便直观地呈现跑步数据的变化趋势等。只有对程序需求有了透彻的理解与明确的界定，后续借助 AI 工具开展的编程工作才具有清晰的方向与坚实的基础。

2. 选择合适的 AI 工具

依据自身的偏好及所确定的程序需求，审慎地挑选适配的 AI 编程工具。若用户倾向于通过自然语言与工具进行交互，期望以一种轻松、便捷的方式描述程序需求，那么

ChatGPT 这类具有强大自然语言处理能力的工具会是较为理想的选择。它能够理解用户以日常语言表述的程序功能诉求，并生成相应的代码示例。反之，若用户频繁在 GitHub 平台上开展代码编写工作，追求工具与 GitHub 编程流程的高度融合，提升编程效率，GitHub Copilot 则可成为首选。该工具与 GitHub 紧密集成，能够在用户编写代码过程中，依据代码上下文自动完成代码补全等操作，无缝融入 GitHub 的开发环境。

3. 输入需求描述

在选定合适的 AI 工具后，接下来需在该工具的交互界面中，以清晰、简洁且准确的语言输入程序需求描述。例如，在使用 ChatGPT 时，可按照如下方式输入需求："期望开发一个基于 Python 语言的跑步记录小程序，该程序应允许用户输入每日的跑步距离数据，同时具备计算一周内总跑步距离的功能，并能够在程序运行结束时将总距离结果清晰地显示出来。"通过这种详细且有条理的需求描述，有助于 AI 工具精准理解用户意图，从而生成更为贴合需求的代码。

4. 代码获取与理解过程

AI 工具在接收到用户输入的需求描述后，会生成相应的代码片段。此时，用户不应盲目地直接复制粘贴代码，而应秉持认真钻研的态度，仔细研读生成的代码内容。通常情况下，AI 工具会对代码的各个组成部分进行详细解释，说明其功能与作用。以生成的 Python 代码为例，其中可能包含定义变量的部分，这些变量用于存储用户输入的每日跑步距离数据；还可能涉及循环语句，通过循环结构对一周内的每日跑步数据进行遍历，进而完成总距离的计算操作。用户需要深入理解每一行代码在实现程序整体功能过程中所扮演的角色，明晰代码的执行逻辑与数据处理流程，这对于掌握编程知识、提升编程能力具有至关重要的意义。

5. 测试和调整

将 AI 工具生成的代码复制到与之适配的编程环境（如 Python 的集成开发环境 PyCharm 等）中进行运行测试，以此验证代码是否能够准确无误地实现预先设定的程序功能。在测试过程中，可能会遇到各类问题。例如，用户输入数据的格式不符合程序预期，导致程序报错。一旦出现此类情况，用户应依据编程环境给出的错误提示信息，重新返回至 AI 工具界面，向其反馈问题并请求协助修改代码。通过不断地测试与调整，逐步优化代码，直至程序能够稳定、准确地运行，实现预期的全部功能。

9.1.3 生成猜数字游戏程序示例

下面利用豆包的"AI 编程"功能生成一个猜数字游戏程序，如图 9-1 所示。

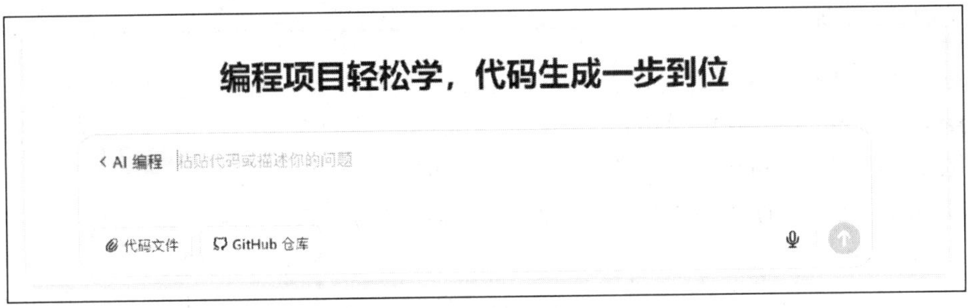

图 9-1　豆包的“AI 编程”功能

1. 需求描述

打开豆包后，单击“AI 编程”按钮并输入：“请用 Python 语言编写一个猜数字游戏程序，程序要随机生成一个 1～100 之间的整数，用户有 5 次机会猜这个数字，每次猜完程序要提示用户猜的数字是大了还是小了，如果猜对了就显示‘恭喜你猜对了’，5 次都没猜对则显示‘很遗憾，你没猜对’。”

2. 豆包给出的代码示例

```
import random
#随机生成 1～100 之间的整数
number = random.randint(1, 100)
chances = 5
while chances > 0:
    try:
        # 获取用户输入
        guess = int(input("请猜一个 1～100 之间的数字: "))
        if guess < 1 or guess > 100:
            print("输入的数字不在 1～100 之间，请重新输入。")
            continue
        if guess < number:
            print("你猜的数字小了，再试试。")
        elif guess > number:
            print("你猜的数字大了，再试试。")
        else:
            print("恭喜你猜对了")
            break
        chances -= 1
    except ValueError:
        print("输入无效，请输入一个整数。")

if chances == 0:
    print("很遗憾，你没猜对，正确答案是", number)
```

3. 代码分析

import random：这行代码是引入 Python 的随机数模块，因为要随机生成一个数字。

random.randint(1, 100)：这行代码在 1～100 这个区间内随机生成一个整数，把这个随机数赋值给变量 number，这就是用户要猜测的目标数字。

chances = 5：这行代码将用户的猜测次数初始化为 5 次。

while chances > 0：这是一个循环，循环 5 次，让用户有 5 次猜数字的机会。

guess = int(input("请猜一个 1～100 之间的数字: "))：这行代码让用户输入一个数字，并把输入的内容转换为整数类型，赋值给 guess 变量。

后面的 if - elif - else 语句就是根据用户猜的数字和随机生成的数字进行比较，给出相应的提示。如果 5 次都没猜对，最后会显示 “很遗憾，你没猜对”。

9.2 AI 工具帮助程序查错和改错

即使有了 AI 工具帮忙生成程序，程序也可能会出错，就像写字会写错一样。不过 AI 工具也能帮助查找和改正错误。

9.2.1 程序常见错误类型

1. 语法错误

这就像是写句子的时候语法不正确。在编程里，如在 Python 语言中，少写了一个冒号 (:)，或者括号不匹配，程序就会“读不懂”。例如，if x>5 print("x 大于 5")，这里 if 语句后面少写了一个冒号，这就是语法错误。

2. 逻辑错误

这种错误在程序语法上是对的，但是运行结果不正确。例如，在计算平均数的程序中，如果将总和除以的数写成了数据个数减 1，则将导致计算结果错误，这就是逻辑错误。

运行时错误是指程序运行过程中出现的错误。例如，让程序读取一个不存在的文件，程序就会报错，因为找不到要读取的文件，这就是运行时错误。

9.2.2 利用 AI 工具查找错误

当编写的程序出错时，可以把错误信息和代码一起复制给 AI 工具。例如，如果 Python 程序运行后提示“NameError: name 'x' is not defined”，则可以把错误信息和相关代码发给 ChatGPT，然后提问：“这段代码出现这个错误是怎么回事，怎么修改？”它会告诉你可能是因为你在使用变量 x 之前没有定义它，并给出修改建议。

有些代码检查工具也引入了 AI 技术。例如，Pylint 是一个 Python 代码检查工具，它能检查出代码中的语法错误、潜在的逻辑错误等。现在一些新版本的 Pylint 利用 AI 技术，能给出更智能的错误提示和改进建议。它不仅能指出错误，还能根据代码的上下文，更准确地判断错误原因。

9.2.3　改正猜数字游戏程序中的错误示例

假设在运行前面生成猜数字游戏程序时，出现了一个错误，即当我们输入不是数字的内容时，程序会报错。例如，输入"abc"，程序会提示“ValueError: invalid literal for int() with base 10: 'abc'”。

1. 分析错误

当用户输入"abc"时，程序尝试使用 int( )函数将其转换为整数。但"abc"并非有效的整数字符串，int( )函数无法进行转换，所以会抛出 ValueError 异常，错误信息“invalid literal for int() with base 10: 'abc'”表明了输入的字符串不能被转换为十进制整数。

2. 利用 AI 工具改正错误

如果将错误信息和代码发送给豆包，它会给出这样的修改建议：“源代码中已经有对 ValueError 异常的捕获和处理，不过错误信息可能不够友好，可对其进行优化。”用户可以更清晰地了解问题所在。以下是修改后的代码。

```
import random
# 随机生成 1～100 之间的整数
number = random.randint(1, 100)
chances = 5
while chances > 0:
    try:
        # 获取用户输入
        guess = int(input("请猜一个 1～100 之间的数字: "))
        if guess < 1 or guess > 100:
            print("输入的数字不在 1～100 之间，请重新输入。")
            continue
        if guess < number:
            print("你猜的数字小了，再试试。")
        elif guess > number:
            print("你猜的数字大了，再试试。")
        else:
            print("恭喜你猜对了")
            break
        chances -= 1
```

```
        except ValueError:
            print("你输入的不是一个有效的整数，请输入 1～100 之间的整数。")
    if chances == 0:
        print("很遗憾，你没猜对，正确答案是", number)
```

修改后的代码解释：当捕获到 ValueError 异常时，会输出更详细的提示信息，告知用户输入的不是有效的整数，并提醒其输入 1～100 之间的整数。这样程序就更健壮，不容易出错了。

通过使用 AI 工具生成程序及查找和改正程序中的错误，即使是没有编程基础的用户，也能逐步开始自己的编程之旅，体验编程的乐趣和实用性。在未来的学习和生活中，可以多利用这些 AI 工具，实现自己各种各样的创意和想法。

9.3 在本地 IDE 中使用编程助手

豆包 MarsCode 是一款 AI 编程助手（图 9-2），支持在 Visual Studio Code 和 JetBrains IDEs 等本地 IDE 中使用。本节将以 Visual Studio Code 软件为例，介绍其在本地 IDE 中的安装和使用方法。

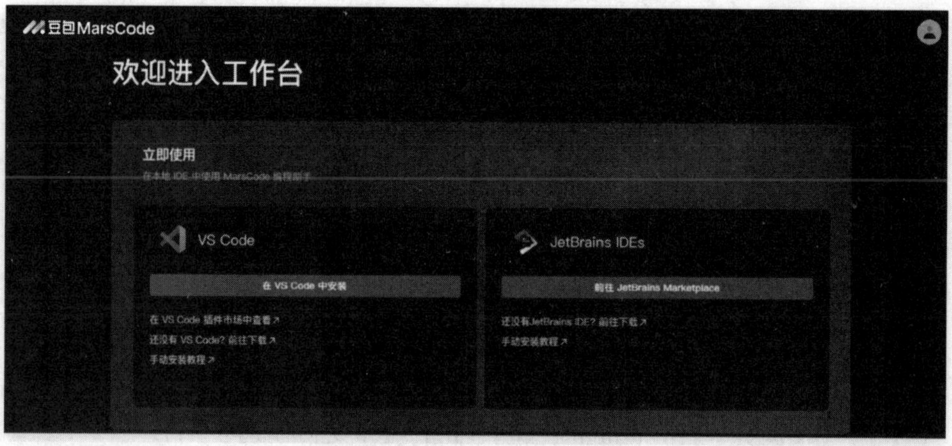

图 9-2 进入豆包 MarsCode 工作台

1. 安装插件

如图 9-3 所示，打开 Visual Studio Code，单击左侧导航栏中的“扩展”按钮，进入插件市场。搜索关键词“MarsCode AI”，找到插件后，单击“安装”按钮。安装后，需要重启 IDE。

2. 登录账号

重启 Visual Studio Code 后，使用快捷键（Windows：Ctrl+U；macOS：Command+U）打开豆包 MarsCode 编程助手对话框，单击“登录”按钮，登录账号。

图 9-3　安装 MarsCode AI 插件

3. 体验 AI 能力

根据需要选择具体的功能选项，如图 9-4 所示。

图 9-4　豆包 MarsCode 编程助手对话框

1）生成代码

用户可以用自然语言描述需求，如“生成一个冒泡排序算法”，MarsCode 会理解并生成常见编程语言实现的冒泡排序算法，如图 9-5 所示。

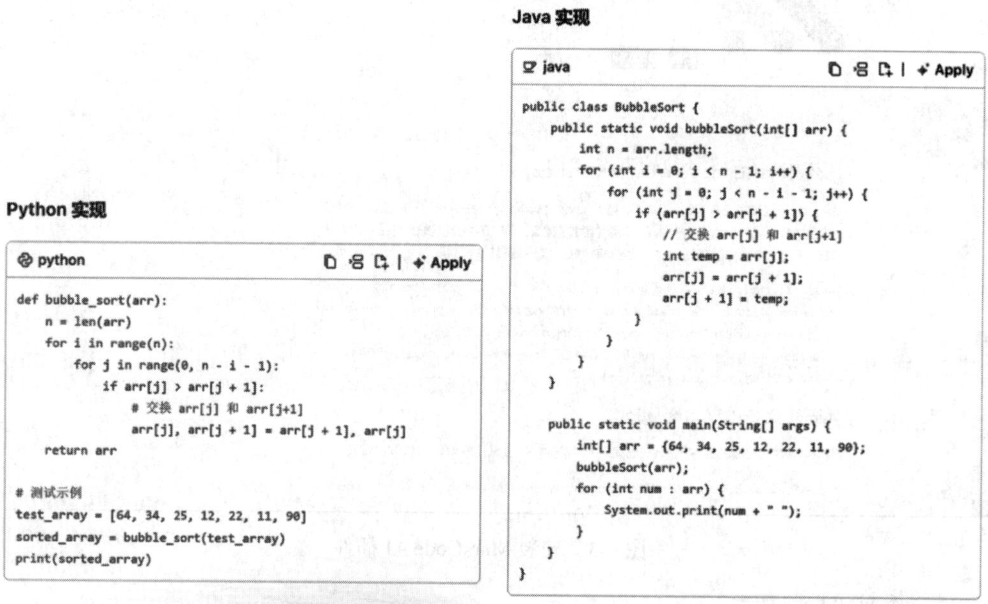

图 9-5　MarsCode 根据需求生成代码

2）解释代码

在对话框中输入指令“/explain”或自然语言“解释这段代码的功能”，MarsCode 会自动解释代码，如图 9-6 所示。

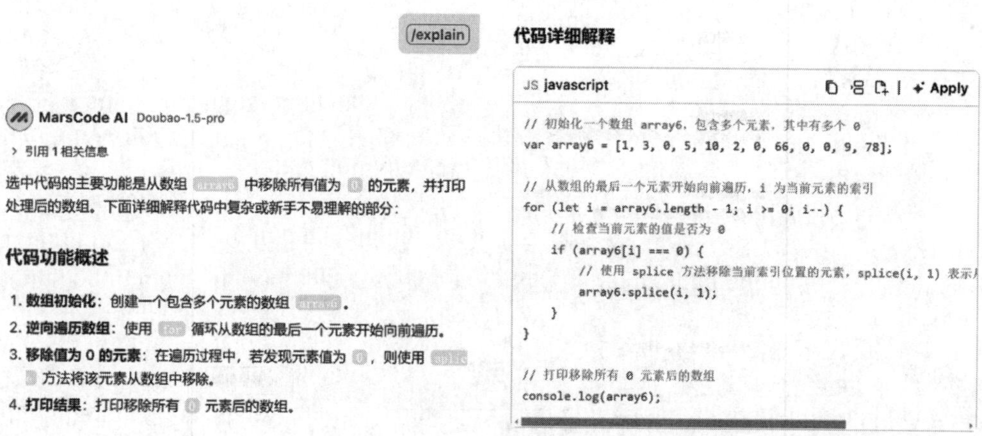

图 9-6　MarsCode 根据指令解释代码

3）注释代码

在对话框中输入指令“/doc”或自然语言“添加注释”，MarsCode 会对选中代码进行分析，然后在代码块中添加合适的注释，如图 9-7 所示。

```
/**
 * 从数组中移除所有值为 0 的元素，并打印移除后的数组。
 * 采用逆向遍历数组的方式，避免在移除元素时因数组长度变化导致索引错乱。
 */
// 初始化一个包含多个元素的数组，其中部分元素的值为 0
var array6 = [1, 3, 0, 5, 10, 2, 0, 66, 0, 0, 9, 78];
// 逆向遍历数组，从数组的最后一个元素开始，逐步向前处理每个元素
for (let i = array6.length - 1; i >= 0; i--) {
    // 检查当前索引对应的元素值是否为 0
    if (array6[i] === 0) {
        // 如果当前元素值为 0，则使用 splice 方法将该元素从数组中移除
        // splice(i, 1) 表示从索引 i 开始，移除 1 个元素
        array6.splice(i, 1);
    }
}
// 打印移除所有值为 0 的元素后的数组
console.log(array6);
```

图 9-7　MarsCode 根据指令注释代码

4）生成单元测试

选中代码片段后，在对话框中输入指令“/test”或自然语言“为这个函数生成单元测试”，MarsCode 即刻产出高覆盖率的单元测试用例如图 9-8 所示。

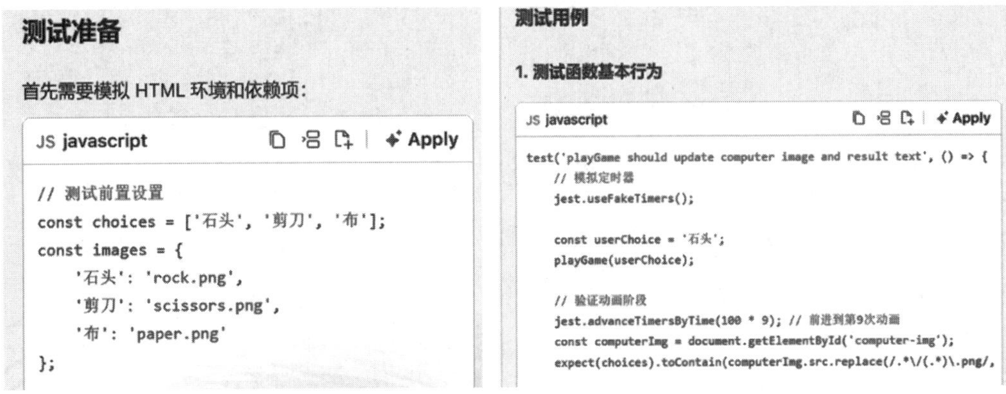

图 9-8　MarsCode 根据指令生成单元测试

借助豆包 MarsCode 这一强大的 AI 编程助手来生成代码、精准查找并修正程序错误，初学者可以顺利开启自己的编程探索之路，充分领略编程所带来的无穷乐趣与显著实用性。在后续的学习和日常生活中，大家不妨多多借助豆包 MarsCode，将自己的创意和想法转化为实际可运行的程序，释放无限的创造潜能。

习题

一、问答题

1．简要描述用 AI 工具生成简单程序的基本步骤。

2．列举 3 种常见的程序错误类型，并各举一个简单例子说明。

二、操作题

1．利用 ChatGPT 或其他 AI 工具，生成一个用 Python 语言编写的计算圆面积的程序（提示：圆面积公式为$S=\pi r^2$，π 可以使用 math 模块中的 pi 值）。要求写出需求描述、生成的代码，并解释代码的关键部分。

2．假设在运行猜数字游戏程序时，出现“TypeError: '>' not supported between instances of 'str' and 'int'”的错误，请分析错误原因，并利用 AI 工具（如豆包）查找并改正错误，写出修改后的代码及解释。

第10章　人工智能素养与风险

学习目标

- 掌握人工智能的基础知识、技术原理、应用领域及伦理规范。
- 了解人工智能技术的社会影响与局限性。
- 了解人工智能对传统行业、知识产权、数据隐私的冲击机制，掌握风险防范策略。
- 了解人工智能开发与应用的伦理、法律原则，且具备在实践中落实技术合规要求的能力。

课程思政案例

AI招聘算法中的性别歧视：亚马逊案例引发的伦理反思

随着人工智能技术在招聘领域的广泛应用，算法筛选简历的“高效性”备受企业青睐。然而，技术背后的数据偏差和设计缺陷可能导致系统性歧视，对社会公平造成威胁。

亚马逊公司被曝其自主研发的AI招聘工具存在性别偏见，这一事件揭示了人工智能素养缺失可能引发的伦理危机，也为科技伦理教育提供了深刻启示。2014年，亚马逊公司开发了一套AI招聘系统，旨在自动化筛选海量简历。该系统通过分析过去10年公司收到的简历数据（以男性工程师为主），学习“优秀候选人”的特征。然而，算法在训练过程中发现，男性候选人占比显著高于女性，进而将“女性”相关词汇（如“女子学院”“女性社团”）与“能力不足”关联，自动降低女性求职者的评分，甚至直接过滤掉女性求职者的简历。事件曝光后，舆论批评亚马逊公司“用技术固化社会歧视”，引发公众对人工智能伦理的广泛讨论。美国多个州随后出台政策，要求企业对自动化决策工具进行反歧视评估。

亚马逊公司的案例暴露了人工智能素养的多维缺失。开发者需理解数据偏见对算法公正性的影响，而非盲目依赖“数据驱动”；科技从业者应具备社会责任意识，主动将公平、透明原则嵌入技术设计；企业需要建立伦理审查机制；个人在使用人工智能技术时应规范人工智能技术应用场景，了解科技与社会的互动关系，培养“科技向善”的使命感，践行社会主义核心价值观中的公正与平等。唯有如此，人工智能才能真正成为推动社会进步的力量。

（根据网络资料改写）

人工智能的迅猛发展正在重塑社会生产、生活与治理的底层逻辑。从医疗诊断到金融风控，从教育革新到全球协作，人工智能技术既释放了前所未有的创新潜力，也带来了就业替代、隐私侵蚀、算法偏见等系统性风险。本章以“人工智能素养与风险”为核心，系统剖析技术驱动的社会变革：一方面，从知识、技能、态度与价值观维度构建个体适应人工智能时代的核心素养；另一方面，深入探讨知识产权、数据安全、伦理失序等关键风险，提出技术、法律与伦理协同的治理框架。在虚实交织的数字化社会中，唯有提升全民人工智能素养、强化风险防控能力，方能驾驭技术浪潮，实现“科技向善”的终极愿景。

10.1 人工智能素养与使用规范

10.1.1 人工智能素养核心框架

人工智能正在改变社会的医疗领域、交通领域、教育领域等诸多领域。同时，人工智能也带来了就业冲击、隐私泄露和伦理问题等挑战。人工智能素养已成为个人与社会不可或缺的能力之一。它不仅关乎理解人工智能的基本原理与技术，更在于能够批判性地思考人工智能的应用、影响及伦理边界，从而促进人工智能技术的健康发展与社会融合。

人工智能素养是指个体在人工智能时代所应具备的知识、技能、态度和价值观。它涵盖了人工智能的基本概念、技术原理、应用领域、社会影响、伦理规范等方面。具备人工智能素养的个体能够理解人工智能技术，批判性地思考人工智能应用，并负责任地使用人工智能工具。本节将从以下几个方面对人工智能素养进行详细介绍。

1. 人工智能素养的核心要素

人工智能素养的核心要素涵盖了从基础知识到创新思维、从伦理法律到沟通协作、从持续学习到批判性思维，以及社会影响力与责任感等多个方面。人工智能素养核心要素如图 10-1 所示，这些要素共同构成了个体在人工智能领域全面发展的基础。

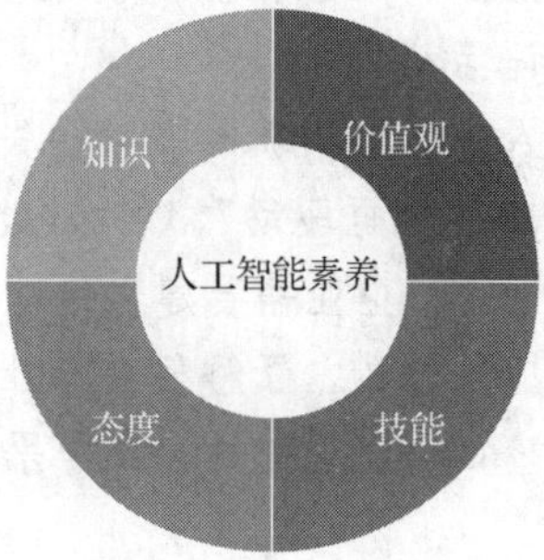

图 10-1 人工智能素养核心要素

1）知识层面

知识层面的要求包括理解人工智能的定义，区分如语音识别、图像识别等弱人工智能与如具备与人类相当或超越的智力水平等强人工智能的区别；人工智能从萌芽到现代的发展历程，包括图灵测试、达特茅斯会议等重要里程碑事件；人工智能的三大支柱——机器学习、深度学习和自然语言处理的基本原理及应用场景。机器学习、深度学习、自然语言处理、计算机视觉等核心技术的基本原理；常见算法，如决策树、支持向量机、神经网络等；数据收集、清洗、预处理的重要性，以及数据质量对人工智能模型性能的影响；大数据在训练中的作用，以及云计算如何为人工智能提供强大的计算资源和存储能力。人工智能在医疗、交通、教育、金融、零售等领域的应用。

2）技能层面

技能层面的要求包括熟练操作常见的人工智能工具和平台，如语音助手、智能推荐系统等；利用人工智能技术解决实际问题，如数据分析、图像识别、自然语言处理等；识别和评估人工智能系统中的偏见、错误和局限性。

3）态度层面

人工智能素养在态度层面的要求同样重要，它决定了个人如何理解、应用和应对人工智能技术带来的影响。

态度层面的要求包括积极接受和适应人工智能技术带来的变化，保持对新技术的好奇心，愿意不断学习和探索人工智能领域的最新进展，对新兴技术和应用持开放态度，愿意尝试和接受新工具、新方法；对人工智能应用保持批判性思考，不盲目依赖技术，能够批判性地分析和评估其局限性和潜在风险，在面对复杂问题时，能够独立思考并提出合理的解决方案；在开发和应用中采取负责任的态度，考虑人工智能技术对社会的影响，努力确保其应用能够带来积极的社会效益，确保技术的正当使用；在开发和应用人工智能技术时，努力避免和减少算法偏见，确保公平和公正，考虑不同群体的需求，确保人工智能技术的应用具有包容性，不歧视任何群体。

4）价值观层面

人工智能素养在价值观层面的要求涉及个人对人工智能技术的根本看法和原则，这些价值观将指导其开发、应用和应对人工智能技术的方式。

价值观层面的要求包括理解人工智能技术可能带来的伦理问题，在使用人工智能技术时，遵守法律法规和伦理规范，意识到人工智能技术可能带来的伦理问题，如隐私保护、算法公平性，尊重和保护用户的隐私，确保数据收集和使用符合隐私保护法规，采取有效措施，确保数据的安全性和完整性，防止数据泄露和滥用；在设计和开发人工智能系统时，充分考虑用户的需求和体验，确保技术服务于人，始终将人类的福祉放在首位，确保人工智能技术的应用能够提升生活质量，而不是带来伤害；积极参与相关社会议题的讨论，意识到人工智能技术可能带来的社会影响，并在开发和应用中采取负责任的态度；支持人工智能技术的可持续发展，关注其对环境和社会的影响，努力减少其碳足迹，促进可持续发展，在开发和应用人工智能技术时，考虑其长期效益。

2. 人工智能素养的重要性

（1）适应人工智能时代。人工智能技术正在深刻改变社会的各个方面，具备人工智能素养的个体能够更好地适应这一变化，充分利用技术带来的机遇。

（2）提升竞争力。在人工智能时代，具备人工智能素养的个体在就业市场上更具竞争力，能够胜任更多高技术含量的工作。

（3）促进社会公平。通过普及人工智能素养，可以减少技术鸿沟，促进社会公平，确保更多人能够受益于人工智能技术的发展。

（4）保障技术伦理。具备人工智能素养的个体能够更好地理解和应对人工智能技术带来的伦理挑战，确保技术的正当使用。

3. 人工智能素养的未来发展方向

人工智能素养作为应对智能化时代的核心能力，其未来发展将深刻影响个人、社会和全球的竞争力与伦理框架。随着人工智能技术的不断进步，人工智能素养的内涵也将不断扩展，涵盖更多新兴技术和应用领域。在AIGC方面，如ChatGPT、DeepSeek和自动化平台将降低技术使用门槛，普通人可通过自然语言交互完成复杂任务，但需要警惕“工具依赖症”。未来社会对人工智能素养的需求将日益增加，具备高人工智能素养的个体将在各个领域发挥重要作用。在教育体系方面，人工智能素养与医学、法律、艺术等学科融合，培养“AI+领域”的复合型人才，如生物信息学、人工智能伦理顾问等新职业。人工智能技术的发展需要全球合作，人工智能素养的培养也应加强国际交流与合作，共同应对技术带来的挑战。

10.1.2 人工智能使用规范

人工智能使用规范是确保技术安全、可靠、公平应用的核心准则，涉及技术开发、部署、应用全流程的伦理、法律和社会责任。本节将围绕人工智能使用的基本原则、技术开发规范、应用场景规范等几个关键方面介绍人工智能使用规范。

1. 人工智能使用的基本原则

人工智能使用的基本原则是确保技术发展与社会价值相协调的核心准则，旨在引导人工智能技术的设计、开发和应用符合伦理、法律和公共利益。以下是其核心原则及具体内涵。

1）以人为本

人工智能应服务于人类福祉，增强而非削弱人的能力与尊严。禁止开发危害人类生命、自由或精神健康的技术。高风险场景（如医疗、教育）中保留人类最终决策权，避免完全依赖人工智能。通过人工智能辅助工具提升弱势群体生活质量（如视障人士的导航系统）。

2）公平与不歧视

防止算法偏见，确保人工智能决策对不同群体的公正性。训练数据需覆盖多元群体，如性别、种族、年龄，避免代表性偏差。定期审计算法输出，如招聘 AI 的简历筛选结果，修正隐性歧视。建立用户申诉机制，如信贷评分被拒时可申请人工复核。

3）透明与可解释性

用户应理解人工智能决策逻辑，避免“黑箱”操作。高风险人工智能系统，如司法量刑工具，需提供可读的决策依据，如关键特征权重。开发者需公开技术局限性，如自动驾驶的极端天气应对能力。

4）隐私与数据安全

保护个人数据免受滥用，尊重用户数据主权。遵循数据最小化原则，仅收集必要信息，如医疗 AI 不获取患者无关病史。采用差分隐私、联邦学习等技术实现数据“可用不可见”。明确告知用户数据用途，如面部识别数据的存储期限与删除机制。

5）安全与可控性

确保人工智能系统稳定可靠，防范技术失控风险。通过对抗性测试验证系统鲁棒性，如自动驾驶应对突发障碍的能力。设计紧急干预机制，如聊天机器人的暴力言论自动屏蔽功能。

6）责任与问责

明确人工智能开发、部署和使用各方的责任边界。建立“责任链”机制，如自动驾驶事故中汽车企业、算法商、用户的权责划分。提供用户赔偿途径，如因算法错误导致经济损失时可索赔。企业需设立人工智能伦理委员会，监督技术全生命周期合规性。

7）可持续发展

人工智能发展需兼顾环境效益与社会长期利益。减少人工智能训练与运行的碳足迹，如优化模型能效、使用清洁能源数据中心。避免技术垄断，促进资源公平分配，如开放医疗 AI 模型给发展中国家。防范人工智能加剧社会不平等，如教育资源分配算法的普惠性设计。

人工智能的基本原则是技术向善的“指南针”，其落地需依赖技术设计、制度保障与公众参与的三重协同。未来，随着人工智能将向通用人工智能（artificial general intelligence，AGI）演进，这些原则也将面临更复杂场景的考验，但坚守“以人为本”的核心始终是技术文明的底线。

2. 人工智能技术开发规范

确保人工智能系统在设计、构建和部署过程中符合伦理、法律及技术标准的关键框架。以下从实践方面具体阐述人工智能技术开发的关键规范。

（1）数据管理与治理规范。首先，确保数据采集的合规性，仅收集用户明确授权的数据，禁止爬取未公开或敏感数据。确保数据集覆盖多元群体，避免因数据偏差导致算法歧视，如医疗 AI 在少数族裔中的误诊风险。仅收集与开发目标直接相关的数据，如人脸识别系统不收集用户职业信息。然后，数据标注与预处理。标注团队需接受反偏见培训，定期审核标签合理性，如避免将“医生”默认标注为男性。通过合成数据平衡样本分布，如自动驾驶中模拟极端天气场景，但需注明合成数据来源。采用差分隐私技术或联邦学习框架，确保原始数据不可逆暴露。

（2）算法设计与模型训练规范。在训练前使用公平性指标评估数据集潜在偏见。采用对抗训练或后处理校准减少模型输出歧视。优先使用可解释模型，如决策树、线性模型，若使用黑箱模型（如深度神经网络），须提供局部解释（如 LIME、SHAP）。例如，信用评分等高风险模型必须生成决策依据报告，如关键特征影响权重。通过模型剪枝、量化技术降低计算资源消耗，如移动端 AI 模型压缩至 1MB 以下。公开模型训练能耗，如 GPT-3 的碳排放量，推动绿色人工智能开发。

（3）测试验证与安全保障。模拟输入扰动（如图像添加噪声）验证模型稳定性，确保关键系统（如自动驾驶）在极端场景下可靠。测试模型在数据分布外的表现，如医疗 AI 对罕见病的诊断能力。设计紧急停止功能，如对话 AI 的敏感词触发人工接管。制定模型失效时的应急流程，如推荐系统崩溃时切换至备用规则引擎。

（4）开发流程与文档规范。记录数据来源、处理步骤及版本变更，如数据清洗方法变更日志。公开模型用途、性能指标、已知局限，如某面部识别模型在暗光环境下准确率下降 30%。使用 Git 等工具管理代码与模型版本，确保任何决策可追溯至特定训练数据或参数设置。

（5）伦理审查与合规性。开发前进行算法影响评估，识别潜在社会风险，如失业、隐私泄露。如刑事司法、招聘录用等高风险领域需通过第三方伦理委员会审核。医疗 AI 须符合国家药品监督管理局的临床验证流程，金融 AI 须通过反洗钱审查。

（6）团队协作与责任分配。构建跨学科团队时，技术团队与伦理学家、法律顾问、社会学家协同开发，避免技术孤立性盲区。建立责任追溯机制，明确如数据采集负责人、模型训练主管等开发各环节责任人，建立事故追责链条。

（7）开源与知识产权管理。使用开源模型时应遵守许可证限制，开源协议须合规。标注训练数据来源，避免侵犯版权，如使用受版权保护的文本训练生成模型。

（8）特殊行业开发规范。医疗 AI 需通过临床Ⅲ期试验验证，医生参与算法设计，确保诊断结果可复核。自动驾驶行业的模拟测试里程需覆盖百万公里级极端场景。教育 AI 行业禁止收集未成年人生物特征数据，个性化推荐需避免固化学生能力标签。

（9）挑战与应对策略。开发阶段嵌入数字水印技术，追踪模型泄露路径。建立敏捷开发流程，预留接口以快速响应法规更新，如欧盟《人工智能法案》分级调整。参与国际标准制定，推动跨国技术互认。

人工智能技术开发规范是技术创新与社会责任的交汇点，需要贯穿“设计即合规”理念。未来，随着人工智能向通用人工智能演进，开发规范将更强调前瞻性风险评估与自适应治理框架，以实现技术向善的终极目标。

3. 人工智能应用场景规范

应用场景规范可在激发人工智能技术潜力的同时，最大限度规避滥用风险，推动负责任创新。接下来从通用场景与高风险领域两方面介绍应用场景规范。

1）通用场景规范

所有使用人工智能生成的内容，如文本、图像、视频、音频等需在显著位置标注“AI生成”标识，防止混淆人类创作与机器输出。禁止利用 AIGC 伪造他人身份或声音、仿冒权威机构，或传播误导性信息。通过建立内容溯源机制，确保生成内容的可追溯性，便于监管核查与责任认定。人工智能生成内容应安全与合规，禁止生成涉黄、涉恐、赌博、毒品等违反法律的内容；禁止生成种族歧视、性别偏见、宗教侮辱等违反社会公序良俗的内容；禁止伪造科学结论、操纵金融市场等内容。同时，对技术防护，如部署多层级内容过滤器，结合关键词屏蔽、语义分析、图像识别等技术实时拦截违规内容；对用户输入提示词进行预审，限制恶意指令。

2）高风险领域规范。

在医疗健康领域，诊断类 AI 需通过多中心、双盲临床试验，证明其准确率不低于人类医生基准，如美国食品药品监督管理局（Food and Drug Administration，FDA）对 AI 医疗软件的“突破性设备”认证。需持续监控实际应用中的性能衰减。AI 结论仅作为参考，最终诊断与治疗方案必须由执业医生签字确认。同时，需明确告知患者 AI 参与诊疗过程，并获得书面同意。在数据安全与隐私保护方面，去除病历中的直接标识符，对敏感信息加密存储。禁止将患者数据用于非医疗目的，如保险定价、广告推送等。

在金融风控领域，由第三方机构对信贷评分、反欺诈等模型进行审查，验证其逻辑合规性与稳定性。当算法出现异常时，自动暂停服务并切换至人工干预模式。实时分析交易模式，识别可疑操作，如突然大额跨境汇款，能够触发二次认证。

在公共安全领域，禁止大规模无差别监控，确保技术使用与公共利益损害最小化，如在公共场所全天候扫描行人身份。人工智能的预测结果不得作为执法唯一依据，需结合实地调查确认。避免因历史数据偏差导致对特定社区过度监控。

人工智能使用规范是技术与社会治理的平衡艺术，需兼顾创新激励与风险防范。未来，随着人工智能向通用人工智能演进，规范体系将更需强化前瞻性设计与全球协作，以实现科技向善的终极目标。

10.2　人工智能风险

人工智能在推动社会进步的同时，也带来了前所未有的风险挑战。人工智能技术在经济结构、法律权益和社会伦理三大核心领域上存在潜在的负面影响。本节系统将介绍三大核心领域对应的冲击传统行业与就业风险、知识产权风险和数据隐私与安全风险，从生产力变革（经济）、生产关系调整（法律）、人权底线（伦理）三个本质层面切入，揭示了人工智能技术对社会基础结构的深层挑战；探讨全球化治理路径，通过技术原理与典型案例的结合，揭示人工智能风险的传导机制与应对策略。

10.2.1 冲击传统行业与就业风险

人工智能通过技术替代、流程重构和价值链重塑对传统行业形成系统性冲击，就业市场面临结构性失衡与技能断层危机。本节以制造业、金融业、教育业三大领域为例，剖析人工智能引发的行业变革与就业风险。

人工智能对制造业来说，是效率提升和就业塌陷的双刃剑，存在岗位消失、流程重构和价值链重构等风险。低技能岗位正在加速消亡。工业机器人替代流水线工人，AI视觉质检系统，如百度公司的智能云取代人工质检员可实现24小时无休作业；同时，传统工人难以适应AI设备运维需求，形成“机器越智能，工人越边缘”的恶性循环，从而造成岗位消失。

技术鸿沟加剧就业分化，中小制造商因缺乏资金升级AI设备，被迫依附于工业互联网平台，支付高昂数据订阅费，利润空间压缩导致裁员潮。AI工程师、数据分析师等新兴岗位需求激增，但传统工人普遍缺乏编程与算法技能，形成“高技能岗位空缺”与“低技能劳动力过剩”的悖论。人工智能实时需求预测倒逼企业开放数据接口，但传统制造商因信息技术（information technology，IT）系统分散，难以实现全链路协同。同时，过度依赖AI决策可能导致“算法暴政”。这就增加了数据驱动的隐性成本，造成流程重构风险。人工智能并没有实现对技术的完全替代，可替代环节包括重复性操作、标准化质检、基础设备监控等，不可替代核心技术，如航空发动机叶片铸造等复杂工艺创新、突发生产中断的应急决策、高端客户定制化需求响应。

人工智能正在重塑金融业的核心逻辑：从物理网点的服务模式转向算法驱动的“无形银行”。这一转型虽提升了效率，但也催生了技术垄断、系统性风险等。基层岗位大规模流失，据中国银行业协会统计，2020～2023年中国商业银行物理网点数量连续下滑。智能投顾系统，如招商银行“摩羯智投”通过算法组合投资策略，管理资产规模突破2万亿元，直接替代超过30%的理财经理岗位。传统“面对面”服务模式被“人机对话”模式取代。以微众银行“联邦学习模型”为代表的AI信贷审批系统，通过跨机构数据共享实现风控能力跃升。技能需求断层与职业壁垒，传统金融从业者，如信贷审核员需掌握Python语言、SQL等技能以操作AI风控系统，但40岁以上员工培训通过率较低。新兴岗位集中于一线城市，二、三线城市金融从业者面临“技能贬值”与“地域隔离”双重压力。

人工智能正以“效率革命”之名重塑教育生态：AI助教接管基础教学任务，算法系统监控学习行为，自适应平台重构知识传递链路。这场变革在提升规模效率的同时，也引发了教师角色异化、数据伦理危机与教育公平悖论。基础教学岗位缩减，科大讯飞

“智慧课堂”系统已覆盖至学校，承担作业批改与知识点讲解工作。新东方“AI 语文老师”通过自然语言处理技术，可完成古文解析、作文结构指导等任务，减少了单班教师配置。资源分配呈现城乡分化，城市学生的 AI 教育平台使用率远大于农村地区，且多集中于基础题库类应用。一线城市涌现“AI 教育督导员”“学习数据分析师”等新职业，但偏远地区教师转岗机会近乎为零。AI 个性化推荐系统固化学生标签，算法对学生的归类和预判存在不准确性。教师群体调查显示，大部分受访者担忧 AI 监控学习行为会导致教育“去人性化”，削弱师生互动与价值观塑造能力。人工智能在知识点重复训练、标准化考试阅卷和学习行为数据采集等环节可替代传统的教育模式，但是在价值观塑造、跨学科思维培训和个性化创新指导方面仍然不可替代。

人工智能可能会引发跨行业就业风险。人工智能平台（如外卖调度系统、网约车算法）催生零工岗位，但劳动者社保覆盖率不高。自由职业者面临人工智能替代危机，如某翻译平台引入 GPT-4 后，普通译者接单量下降 50%～70%，时薪压缩至原价的 30%～50%。

人工智能的就业风险已从单一岗位替代演变为系统性社会挑战，需通过技能重塑（如全民人工智能素养教育）、政策干预（如就业保障基金）与技术伦理约束（如限制高危领域自动化率）构建韧性就业生态。唯有实现“技术升级”与“人力资本投资”的协同，方能化解人工智能时代的就业危机。

10.2.2 知识产权风险

人工智能的快速发展不仅重塑了技术生态，也对传统知识产权体系构成了前所未有的挑战。从生成式人工智能创作的内容到算法驱动的发明，人工智能模糊了“人类创造”与“机器生成”的边界。本节将系统剖析人工智能在知识产权领域的核心风险，并探讨应对策略。

（1）版权归属混沌。其核心问题是：谁拥有人工智能生成内容？当人工智能生成文字、图像、音乐等内容时，版权应归属于开发者、用户还是人工智能本身？国内外已存在该问题引发的具体案例。美国版权局于 2023 年明确拒绝为人工智能绘画工具 Midjourney 生成的作品授予版权，认为其缺乏“人类作者的关键创造性投入”；中国首例人工智能生成内容著作权案中，法院认可了人工智能生成文章“具有独创性”，但仅将版权赋予对模型进行调试与指令输入的用户。传统版权法以“人类作者”为核心，人工智能生成内容可能落入法律真空；用户输入的提示词是否构成创造性劳动仍存争议。应对以上版权归属混沌的问题，企业需要在用户协议中明确人工智能生成内容的版权归属；立法需探索“分层确权”机制，按人类参与度分配权利（如数据提供者、模型开发者、用户的贡献权重）。

（2）专利制度的颠覆。其核心问题是，人工智能独立设计的技术方案是否可申请专利？若可以，发明人应如何定义？2021～2023 年的 DABUS（device for the autonomous bootstrapping of unified sentience）专利案中，对专利发明人的认定，国际上存在争议。南非批准全球首个人工智能系统（DABUS）为专利发明人，而美国、英国、欧盟均以“发明人必须是自然人”为由驳回申请。人工智能加速技术迭代，人工智能可能穷尽所有已知技术组合，专利审查机构难以判断“新颖性”；企业可能利用人工智能绕过专利披露规则，隐藏关键技术路径。对于以上人工智能给专利制度带来的风险，可建立人工智能辅助发明的“人类介入”认证标准，如要求专利申请人证明人类对技术方案的实质性贡献；推动专利审查人工智能化，利用算法检测人工智能生成发明的潜在抄袭风险。

（3）商业秘密的泄露危机。其核心问题是：AI 模型的训练数据与算法可能同时成为攻击目标与侵权工具。生成式人工智能可能无意间泄露用户输入的企业机密。典型案例如 2023 年三星公司员工因使用 ChatGPT 导致芯片设计泄露、员工滥用 AI 工具分析公司数据，导出敏感商业情报。为应对此类危机，建议企业建立“AI 数据防火墙”，对输入 AI 的敏感信息进行脱敏处理；采用隐私计算技术，避免原始数据暴露；在雇佣合同中增设 AI 使用合规条款，限制员工对核心数据的 AI 工具访问权限。

（4）商标与品牌的“深度伪造”陷阱。其核心问题如下。人工智能生成内容可能引发商标侵权与品牌声誉危机。现行商标法以文字、图形、颜色组合等静态元素为保护对象，但人工智能可生成动态内容，如视频、全息影像、交互式标识等。存在虚拟代言人侵权风险，人工智能生成名人形象为未授权产品宣传；商标混淆风险，人工智能自动生成的品牌标识与已有商标高度相似，传统商标检索系统难以识别；平台责任争议风险，电商平台使用人工智能推荐算法无意中推广侵权商品。应对以上风险，建议企业注册动态商标，如声音、全息影像，扩大商标保护范围；开发人工智能驱动的商标近似性实时监测系统；要求人工智能生成平台嵌入“版权过滤器”，自动拦截侵权内容。

面对人工智能的冲击，知识产权体系需从“保护人类创造”转向“规制人机协作”。短期内，可通过技术手段（如区块链存证、数字水印）与合同条款降低风险；长期则需立法明确人工智能生成物的法律地位，平衡创新激励与社会公益。唯有将伦理嵌入技术设计，让法律跟上算法迭代，才能避免知识产权的边界滑向无序的深渊。

10.2.3 数据隐私与安全风险

人工智能技术的快速发展依赖于海量数据的“喂养”，但这也导致个人隐私与数据安全面临前所未有的威胁。从数据收集、存储到模型训练与部署，人工智能全生命周期都可能成为隐私泄露的“重灾区”。在数据收集、数据使用和数据存储方面存在一定的风险。

在数据收集阶段，人工智能训练依赖海量数据，这一隐私保护存在天然冲突。例如，AIGC 的训练需要消耗大量数据，其中可能包含未脱敏的个人信息。智能音箱、摄像头、语音助手等智能设备，持续采集环境数据，用户难以察觉，采集过程模糊了“必要收集”

和“过度监控”的边界。通过设备 ID、使用时长等看似无害的数据，人工智能可推断用户生活习惯、健康状况等敏感信息，如通过运动手环数据预测疾病风险。

在数据使用阶段，数据在人工智能系统中存在不可控流转与放大效应风险，数据成为攻击载体，从输出反推敏感数据。例如，攻击者通过特定指令可从 AI 模型中提取训练数据原文，如泄露医疗记录事件，攻击者通过反复输入“糖尿病治疗方案”等指令，成功复原训练数据中的患者病历片段；结合不同场景数据，如网购记录和定位信息精准画像，导致“数据拼图”式隐私泄露；人工智能生成的“合成数据”规避隐私法规，但是深度合成数据仍可能通过特征组合反推真实个体特征，如人工智能生成的虚拟人脸可能与真实个体相似度极高，也可通过跨场景关联实现攻击。例如，结合智能家居温湿度传感器、可穿戴设备等采集到的数据，推断用户疾病史；通过外卖平台点餐记录、社交媒体情绪分析来构建心理健康画像。

人工智能系统的数据存储架构如同“数字火药库”，存储着从个人生物特征到商业机密的敏感信息。云端服务器的开放性与 AI 开发的高度技术依赖性，使数据在静态存储阶段面临多重复杂威胁。人工智能数据标注高度依赖人力密集型外包，如医疗影像标注、语音文本转录等，标注员可接触原始数据；标注平台普遍缺乏终端数据加密与操作留痕系统，员工可轻易复制未脱敏数据。

10.3　人工智能伦理与数字安全支撑体系

10.3.1　数据隐私保护

人工智能的广泛应用使数据成为驱动技术创新的核心燃料，但数据收集、存储与处理的规模化也使其成为隐私泄露的高危领域。

针对人工智能在数据全生命周期收集、使用、存储中的隐私风险，需要构建技术防御、法律规制、管理升级、用户赋权四位一体的应对体系。数据收集阶段进行数据最小化设计，在原始数据中注入可控噪声，确保单个用户数据无法被还原，开发浏览器插件，实时显示人工智能系统采集的数据类型及用途，提供“隐私泄露模拟器”，预测不同授权选择的风险后果；采用联邦学习框架，数据在本地设备完成特征提取，仅上传加密后的模型参数；开发主动遗忘机制，用户可要求删除特定数据对模型的影响。对智能设备进行隐私保护，如摄像头、麦克风默认采集模糊化数据，用户授权后恢复高清模式。用户通过区块链钱包精细控制数据使用权限；开发“数据遗嘱”功能，设定去世后个人数据的销毁或继承规则。欧盟的《数字服务法》要求人工智能企业对外包商进行安全能力认证，违者最高处全球营业额 10%罚款；加利福尼亚州 AB-2132 法案规定，数据标注员须通过背景审查并签署保密协议。数据存储也存在加密失效风险和权限滥用风险。如量子计算技术可能在未来 10 年内破解现行加密算法，导致历史数据大规模暴露；企业内部 AI 工程师可越权访问用户数据。

通过隐私增强技术，从被动防御到主动免疫。确保数据在加密状态下参与模型训练；在训练数据中添加噪声，使个体信息无法被逆向识别；利用 GAN 技术创建无真实个体关联的模拟数据；开发隐私风险评估框架，自动化检测模型的数据泄露风险；部署“隐私水印”技术，追踪人工智能生成物中的数据滥用行为。

通过法律法规，实现从属地管辖到全球共治。扩展隐私权定义，将“算法推断信息”纳入保护范围；建立“数据信托”制度，由第三方机构受托管理敏感数据，分离数据所有权与使用权；推动国际人工智能隐私认证互认，降低企业合规成本；对跨国人工智能企业实施“长臂管辖”，要求其遵守业务所在国的隐私标准。

10.3.2 人工智能伦理与算法治理

法律与伦理协同治理，通过“技术赋能监管、伦理内嵌设计”的创新路径，构建贯穿人工智能全生命周期的治理生态系统，包含如下几个方面。

1. 合规性框架建设

依据《生成式人工智能服务管理暂行办法》，实行“算法备案+安全评估”双轨制，要求训练数据来源合法性审查，建立深度合成内容标识制度，实施属地化内容过滤机制，形成中国生成式人工智能监管特色路径。

2. 高风险人工智能准入机制

实施金融风控人工智能备案制度，中国人民银行推行算法模型金融应用备案，要求银行等机构提交反洗钱、信贷审批等 AI 模型的风险评估报告，建立“双人复核+人工干预”机制。对自动驾驶分级认证，中国强制自动驾驶汽车通过封闭场地测试、道路测试、载人测试三级验证。

3. 伦理治理体系构建

在军事 AI 研发中嵌入伦理约束算法，如波士顿动力等公司联合签署“拒绝开发致命机器人”公约，在硬件层面设置武器化改造自毁装置。对教育资源配置进行算法治理，在高校招生算法中设置区域平衡系数，在线教育平台实施数字鸿沟补偿计划。避免就业歧视，中国企业建立残疾人就业算法配额制度。

4. 伦理治理实施路径

参照欧盟 ALTAI 评估工具，在人工智能开发生命周期引入 7 种评估维度：人类能动性、技术稳健性、隐私保护、透明度、多样性、社会福祉、问责机制。企业层面成立跨学科伦理审查委员会，国家层面设立人工智能伦理委员会。建立算法建议征集平台，针对公共领域人工智能系统举行公民陪审团听证。

10.4　数字社会责任与全球治理

人工智能的深度渗透不仅改变了技术范式，更重塑了社会关系与全球治理格局。从个体行为的数字化到技术资源的全球分配，人工智能既为社会发展注入新动能，也放大了伦理失序与结构性不平等的风险。本节聚焦网络行为规范、技术普惠与全球协作三大议题，探讨人工智能驱动的社会治理新路径。

10.4.1　网络行为规范与数字公民素养

人工智能的普及使网络空间成为虚实交织的“第二社会”，但算法推荐、深度伪造与自动化内容生成等技术正不断冲击传统网络行为规则，亟须重构数字公民素养框架。

人工智能驱动的网络行为异化。虚假信息的生产和传播门槛大幅降低，呈现出工业化趋势，AIGC（如深度伪造视频、伪造新闻）以低成本规模化生产误导性内容，破坏公共信任。推荐算法通过信息茧房加剧极端观点传播。聊天机器人被用于批量生成侮辱性言论或人肉搜索信息。传统事后删除模式难以应对人工智能内容的实时生成与跨平台扩散。

数字公民素养的重构应从以下几个方面展开。一是培养 AI 内容鉴别力。教育公众识别深度伪造痕迹，如瞳孔反光异常、语音韵律失真。二是培养算法批判思维。培养对推荐系统操纵性的认知，倡导主动打破信息茧房。三是增强数字身份责任感。强化匿名场景下的道德约束，抵制 AI 工具滥用。四是技术赋能。开发“AI 素养教育工具包”，如 Meta 公司的 Deepfake 检测浏览器插件；在社交平台引入“内容来源追溯”功能，强制标记 AI 生成内容。

10.4.2　技术普惠与包容性发展

人工智能的机遇分配失衡，技术鸿沟正从接入不平等演变为能力代际断层。实现技术普惠需突破数据、算法与资源的系统性壁垒。

人工智能普惠存在数据排斥、算法歧视、算力垄断等障碍。数据排斥，如残障人士、少数族裔等群体行为数据缺失，导致人工智能服务适配性低下。例如，语音助手对手语或方言的识别准确率不够高。算法歧视，如医疗补助、教育机会推荐等资源分配算法，因训练数据偏见加剧社会排斥。算力垄断，如全球 90%的人工智能算力集中于北美与东亚，非洲国家难以获取低成本训练基础设施。

包容性技术的发展，可通过低资源 AI 开发、参与式设计机制、公共政策创新等路径实现。低资源 AI 开发包括推广轻量化模型，使其在低算力设备运行灾害预警、农业诊断等关键应用；构建开源多语言数据集，减少技术语言霸权。参与式设计机制包括在 AI 开发中纳入弱势群体代表；采用反事实公平性标准，确保算法对少数群体的决策鲁棒性。公共政策创新包括设立 AI 普惠基金，资助发展中国家本土化 AI 应用；推行数字公共服务义务，要求企业将一定比例 AI 资源投入公益领域，如谷歌公司的 AI 社会影响力挑战赛。

10.4.3　全球协作与数字治理机制

人工智能的跨国流动性，如数据跨境、模型出口与传统主权概念的冲突日益尖锐，亟须构建兼顾创新与安全的全球治理体系。

全球人工智能治理存在价值观分裂、规则碎片化等问题。例如，民主阵营强调人权保护与算法透明，发展优先阵营则侧重技术主权与经济增长，威权模式利用人工智能强化社会监控，如阿联酋的 AI 警用巡逻机器人。

通过协作治理，建立区域性人工智能合规试验区，允许企业在统一规则下测试跨境人工智能服务；开发全球人工智能风险评级系统，为跨国合作提供基准。利用人工智能破解全球性难题，如 ClimateBERT 模型协助联合国分析各国减排承诺真实性；构建人道主义人工智能联盟，通过开源共享流行病预测、难民安置优化等算法等。

人工智能的社会治理是一场技术、权力与文明的对话。网络行为规范需以数字公民素养重塑人的主体性，技术普惠需以包容性设计弥合发展断层，全球协作需以多元共治超越文明冲突。唯有将人类命运共同体的理念植入算法基因，才能驾驭人工智能的浪潮而不被其吞没。

习题

问答题

1．人工智能素养的核心要素包含哪些层面？各层面的主要要求是什么？
2．人工智能对金融业的就业风险具体表现在哪些方面？
3．AIGC 的版权归属争议有哪些应对策略？
4．数据隐私保护在人工智能全生命周期中有哪些技术手段？
5．在人工智能使用的基本原则中，“公平与不歧视”的具体内涵是什么？

参考文献

柏先云，2024．WPS AI 智能办公从入门到精通（视频教学版）[M]．北京：化学工业出版社．

蔡自兴，刘丽珏，蔡竞峰，等，2021．人工智能及其应用[M]．6 版．北京：清华大学出版社．

程显毅，任越美，孙丽丽，2020．人工智能技术及应用[M]．北京：机械工业出版社．

程显毅，吴芳，2023．Python 编程基础与案例教程[M]．北京：机械工业出版社．

杨旭，远俊红，葛书荣，等，2023．Python 数据分析[M]．哈尔滨：哈尔滨工程大学出版社．